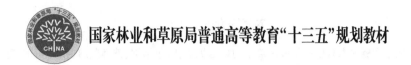
国家林业和草原局普通高等教育"十三五"规划教材

家具机械

李 黎 罗 斌 刘红光 主编

本书简介

本教材收集了实木和板式家具生产制造中常用的典型机械,既包括锯、铣、刨、磨、钻等切削类机械,也包括了封边、贴面、涂布非切削类机械,以及数控机床和定制家具生产线。教材结合家具生产制造的新技术和新工艺,系统介绍了各类家具机械的结构、工作原理、功能、用途和选用原则等。此外,本教材还介绍了木材切削基础理论,以及家具制造生产中最常用的锯、铣的基本切削原理和刀具选用原则,以便读者更加全面地掌握和灵活应用家具机械相关知识。

本教材是高等院校家具设计与工程专业专用教材,也可作为家具行业从业者、家具机床操作和维修人员的培训教材。

图书在版编目(CIP)数据

家具机械／李黎,罗斌,刘红光主编.—北京:中国林业出版社,2022.8(2024.8重印)
国家林业和草原局普通高等教育"十三五"规划教材
ISBN 978-7-5219-1819-9

Ⅰ.①家… Ⅱ.①李… ②罗… ③刘… Ⅲ.①家具-木工机械-高等学校-教材 Ⅳ.①TS664.04

中国版本图书馆 CIP 数据核字(2022)第 149466 号

中国林业出版社·教育分社

策划编辑:杜 娟	责任编辑:杜 娟 田夏青
电话:(010)83143559	传真:(010)83143516

出版发行	中国林业出版社(100009 北京市西城区刘海胡同7号)
	E-mail:jiaocaipublic@163.com 电话:(010)83143500
	http://www.forestry.gov.cn/lycb.html
经 销	新华书店
印 刷	北京中科印刷有限公司
版 次	2022年8月第1版
印 次	2024年8月第2次
开 本	889mm×1194mm 1/16
印 张	18
字 数	533千字
定 价	56.00元

未经许可,不得以任何方式复制或抄袭本书之部分或全部内容。

版权所有　侵权必究

本书数字资源

前言

我国家具行业的产量和产值均居世界第一位，目前定制家具生产过程中已基本实现了生产工艺信息化管理、工件自动化加工和网络化营销的智能化生产模式。随着新一代计算机信息管理技术与自动制造技术的深度融合，家具机械有了长足的技术进步，形成了专门的加工设备体系。因此，综合考虑行业发展和实际教学需求，根据相关院校家具设计与工程专业、木材科学与工程专业教学大纲的要求，编写了本教材。

根据以掌握加工工艺为主的培养目标，本教材的重点放在培养学生选择和使用家具机械的能力上，对各类机械的工作原理、结构和性能做了比较详细的介绍。教材编写内容立足于既符合家具制造行业要求，又体现先进家具机械的技术水平。

本教材主要针对高等学校家具设计与工程专业和木材科学与工程专业的教学需要，同时兼顾大专、职业院校相关专业教学的使用，也可以作为相关生产企业工程技术人员的参考书。

本教材是国家林业和草原局普通高等教育"十三五"规划教材，由北京林业大学李黎、刘红光、罗斌任主编，张扬、王明枝任副主编。全书由北京林业大学教师团队和相关生产企业技术人员共同编写完成，第1、5、6、7、8、13章由北京林业大学刘红光和罗斌编写，第2、3、4章由北京林业大学李黎和罗斌编写，第9、10章由北京林业大学刘红光、罗斌和广州弘亚数控机械股份有限公司罗康、陈志超、伍佳伟、黄旭丰、黄柱文编写，第11章由北京林业大学罗斌和佛山市万锐机械有限公司白靖莲、济南展鸿图机械设备有限公司李玉东编写，第12章由北京林业大学李黎、罗斌和青岛盛福精磨科技有限公司王庭晖、青岛威特动力木业机械有限公司白洋编写，第14章由北京林业大学李黎、罗斌和广州弘亚数控机械股份有限公司应俊华编写，第15章由北京林业大学李黎、罗斌和欧码(北京)机械设备有限公司邝春生、姚翔编写。

本教材由东北林业大学花军教授主审，花军教授对书稿进行了认真细致的审阅，并提出了极为宝贵的修改意见，对提高本教材的编写质量给予了很大的帮助，在此谨致以衷心的感谢！

本教材在编写过程中还得到了北京林业大学张健、郑妮华、孙萍、杜瑶、田彪、金家鑫、孙鑫淼、柳浩雨、张华磊、王世鑫、钟文锦，广州弘亚数控机械股份有限公司陈超辉、罗忠省，青岛威特动力木业机械有限公司周雪梅、宗鹏的大力支持和帮助，在此一并表示感谢！

由于编者的水平和条件所限，加之时间仓促，书中不妥之处在所难免，欢迎广大同仁和读者批评指正。

编 者
2021年12月

目 录

前 言

第1章 绪 论 ··· 001
    1.1 家具机械发展历史 ··· 002
    1.2 家具工业发展趋势 ··· 002
    1.3 家具机械发展趋势 ··· 004
    1.4 家具机械特点 ··· 005
    1.5 家具机械型号编制方法 ·· 006

第2章 木材切削 ·· 009
    2.1 基本概念 ··· 010
    2.2 切屑形态 ··· 014
    2.3 木工刀具材料 ··· 018
    2.4 木工刀具材料的合理选择 ··· 021

第3章 锯与锯切加工 ··· 025
    3.1 概述 ·· 026
    3.2 锯切运动 ··· 027
    3.3 带锯条 ·· 029
    3.4 圆锯片 ·· 032

第4章 铣削与铣刀 ·· 039
    4.1 铣削 ·· 040
    4.2 铣刀分类 ··· 041

第5章 锯 机 ·· 053
    5.1 锯板机 ·· 054
    5.2 数控锯板机 ··· 064
    5.3 排(框)锯机 ··· 067

第6章 刨 床 ·· 071
    6.1 平刨床 ·· 072
    6.2 单面压刨床 ··· 074
    6.3 双面刨 ·· 079
    6.4 四面刨 ·· 083

第7章 铣 床 ·· 091
    7.1 单轴铣床 ··· 092
    7.2 靠模铣床 ··· 098
    7.3 数控铣床 ··· 102

第8章 开榫机 107

- 8.1 单面框榫开榫机 108
- 8.2 双面开榫机 114
- 8.3 地板开榫开槽机 119
- 8.4 直角箱榫开榫机 120
- 8.5 圆弧与椭圆榫开榫机 123
- 8.6 数控开榫机 126

第9章 钻削与钻床 129

- 9.1 钻削与钻头 130
- 9.2 钻床分类 138
- 9.3 立式单轴木工钻床 139
- 9.4 圆榫榫槽机 141
- 9.5 多轴钻床 142

第10章 封边机 149

- 10.1 分类 150
- 10.2 双面直线平面封边机 152
- 10.3 双端自动封边线 157
- 10.4 封边机功能分析 161
- 10.5 异型封边机 172
- 10.6 曲直线封边机 174

第11章 贴面压机与真空气垫薄膜压机 177

- 11.1 工艺流程 178
- 11.2 短周期贴面压机 179
- 11.3 真空气垫覆膜压机 185

第12章 磨削与磨削机械 193

- 12.1 磨削分类 194
- 12.2 带式砂光机 197
- 12.3 异形砂光机 211

第13章 涂饰机械 215

- 13.1 分类及工艺流程 216
- 13.2 喷漆设备 217
- 13.3 辊涂设备 226

第14章 木工数控机床基础 229

- 14.1 数控加工 230

14.2 数控机床 ……………………………………………………………… 232
14.3 数控机床的结构 ………………………………………………………… 233

第15章 定制家具技术与设备 …………………………………………………… 241

15.1 定制家具生产技术 ……………………………………………………… 242
15.2 定制板式家具机械 ……………………………………………………… 253

参考文献 …………………………………………………………………………… 278

第1章 绪 论

- 1.1 家具机械发展历史
- 1.2 家具工业发展趋势
- 1.3 家具机械发展趋势
- 1.4 家具机械特点
- 1.5 家具机械型号编制方法

家具机械是指制造实木家具、板式家具等所用的机械设备。

1.1 家具机械发展历史

18世纪60年代，木材加工逐步走向机械化时代。在很长一段时间，家具以实木家具为主，家具机械以锯、铣、刨、磨和钻等实木加工形式为主，机械设备也以通用木工机械为主。

1791年，"木工机床之父"的英国造船工程师本瑟姆（S. Benthem）相继完成了平刨、铣床、镂铣机、圆锯机、钻床的发明。虽然当时这些机床的结构是以木材为主体，只有刀具和轴承是金属制造的，结构还很不完善，但与手工作业相比却显示出了极高的效率。1799年，布鲁奈尔（M. I. Bruner）发明了造船业专用木工机床，使得工作效率有了显著提高。

1802年，英国人布拉马（Bramah）发明了龙门刨床。它是将被加工的原料固定在工作台上，铣刀刀轴在工件上面旋转，当工作台往复运动时，铣刀对木材工件进行平面铣削加工。1808年，英国人威廉·纽伯瑞（Williams Newberry）发明了带锯机。但由于当时带锯条的制作与焊接技术水平较低，带锯并没有投入使用。直到50年后，法国人完善了带锯条的制造焊接技术，带锯机才获得普遍应用。

19世纪初，美国经济大发展，大量欧洲移民移入美国，需要建造大量的住宅、车辆和船只等，加上美国具有丰富森林资源这个得天独厚的条件，木材加工工业兴起，木工机床得到很大发展。1828年，伍德·沃思（Wood Worth）发明了单面压刨，它的结构是回转的铣刀轴和进给滚筒相结合，进给滚筒不但进料而且可以起到压紧木料的作用，可以将木料加工成规定的厚度。单面压刨还具有刨边、开槽的功能，工作效率很高。1860年开始，以铸铁替代木制床身。

1834年，美国人乔治·佩奇（George Page）发明了脚踏榫槽机；费伊（J. A. Fay）发明了开榫机。1876年，美国人格林·里（Green Lee）发明了最早的方凿榫槽机。1877年，美国的柏尔林工厂出现了最早的带式砂光机。1900年，美国开始生产双联带锯机。

20世纪，纤维板和刨花板实现工业化生产，带动了板式家具的大规模发展，板式家具取代了实木家具成为了家具市场的主流者。家具机械逐步从原来的木工机械中细分出来，实现了板式家具的大规模批量化生产，如封边机、排钻、CNC等。

21世纪，随着国内劳动力成本迅速提升和定制化市场需求，在家具生产中，推出了计算机信息化过程管理与自动化加工的混流生产线和相对应的机械、管理软件，使家具生产率先迈入了智能化生产的阶段。

1.2 家具工业发展趋势

随着现代科学技术迅猛发展和社会生活不断进步，现代家具生产市场发生了根本的变化，传统的大批量生产方式由于无法向用户快速地提供符合多样化和个性化需求的产品而遭到严峻挑战，传统的定制产品生产方式由于无法提供短交货期和低成本的产品而背负市场竞争的巨大压力。在这种背景下，大规模定制（mass customization，MC）方式正在迅速发展起来，成为信息时代家具制造业发展的主流模式。

1.2.1 我国家具工业现状

20世纪80年代，我国家具工业从欧洲引进了工业化大规模板式家具生产方式。板式家具生产最基本的特征是零部件具备互换性，可以组装化生产。生产过程中遵循"32mm标准装配系统"和"零部件即产品"的加工原则。板式家具生产主要加工工序为板材贴面装饰，板件锯裁、板件封边、板件钻联接安装孔，板件包装装配。

中国家具工业经过近 40 年发展，逐渐形成珠江三角洲、长江三角洲、环渤海地区、东北地区、西部地区、中部地区六大家具产业区。国家统计局统计数据显示，2020 年全国家具行业规模以上企业 6544 家，累计完成工业总产值 6875.4 亿元，下降 6.0%，规模以上企业累计利润总额 417.7 亿元，同比下降 11.1%。行业营收和利润下降，说明行业内竞争激烈，小规模家具生产企业生存空间被压缩，市场竞争力逐渐丧失。

1.2.2 我国家具工业面临的主要问题

国内劳动力成本迅速提升，劳动力市场供应日益趋紧，因此原东南沿海地区的家具生产企业纷纷搬迁到内地劳动力成本相对低廉的地区，家具生产企业急需提高机械设备的自动化水平，以取代劳动密集型加工方法使用的大量人力。

国际和国内市场需求日益多样化，家具产品小批量、多品种生产模式常态化，生产过程计算机信息化管理的要求日益迫切。国内家具工业正在对大规模、大批量工业化生产的板式家具生产方式进行改良。家具生产过程引入计算机信息化管理，利用计算机管理将小批量的家具订单，集中分类，将相同或相近的零部件成组排产，实现零件混流加工，提高生产效率，将单件、小批量生产集成为规模工业化生产。

目前，我国家具工业中典型的规模定制型生产方式从本质上看，还不是完全的工业 4.0 生产方式，仅是一种将生产过程自动化与生产管理信息化高度融合生产模式。

1.2.3 我国家具工业生产模式的演化及发展趋势

1.2.3.1 板式家具生产模式

20 世纪 80 年代初，我国从欧洲引进了板式家具生产模式，这使我国家具制造业走上工业化大规模生产的轨道。板式家具是指以人造板为主要基材，以板件为基本结构的拆装组合式家具。板式家具工业化生产最主要的特征是零部件组装化生产。板式家具设计与生产中应遵循的两个重要准则是"32mm 标准装配系统"和"零部件即产品"的准则。

1.2.3.2 规模定制生产模式

板式家具规模定制生产模式的典型做法是生产过程信息化解决方案。即从产品设计、工艺规划、加工生产、原材料、刀具、机械管理统统纳入中心计算机控制。将"工业信息化"和"产品制造"深度融合。

由于板式家具产品结构和生产加工工艺特点决定了其产品生产适合于计算机信息化管理，同时，当前国内和国际家具市场的需求也要求家具生产必须纳入计算机管理，两方面因素的促进，使板式家具生产首先走入了加工自动化和管理信息化高度融合的制造模式，在一定程度上提前跨入了工业 4.0 的范畴。

1.2.3.3 板式家具柔性化生产改造方案

柔性制造系统的三要素是数控加工设备、物流储运装置及计算机控制系统。定义为"批量为 1，准备为 0"，制造系统的柔性达到 100%。

生产计划逐日、逐批、逐一排产。生产管理采用中心计算机，精细生产规划软件，使生产能有条不紊进行。高科技的分拣架，零部件条码化，加工只认零部件不认产品，零部件混流生产提高效率。实现"零部件即产品"（即零部件混流）的生产准则。在锯板下料工段将电子数控裁板锯改造成一站式配料系统。钻孔工段从"点到点"加工中心到发展成为成组技术加工。封边及非标加工改造为数字监控加无动力回转装置。

1.3 家具机械发展趋势

随着科技不断地向前发展，新技术、新材料、新工艺不断地涌现。电子技术、数字控制技术、激光技术、微波技术以及高压射流技术的发展，给家具机械的自动化、柔性化、智能化和集成化带来了新的活力，使机床的品种不断增加、技术水平不断提高。综合起来其发展趋势有以下几个方面。

1.3.1 提高木材综合利用率

由于世界范围内的森林资源日趋减少，高品质原材料的短缺已成为制约木材工业发展的主要原因。因此，最大程度地提高木材的利用率，是木材工业的主要任务。发展各种人造板产品，提高其品质和应用范围是高效利用木材资源极为有效的途径。另外，发展全树利用、减少加工损失、提高加工精度均可在一定程度上提高木材的利用率。

1.3.2 提高生产效率和自动化程度

提高生产效率的途径有两个：一是缩短加工时间，二是缩短辅助时间。缩短加工时间，除了提高切削速度、加大进给量外，其主要的措施是工序集中。因为刀具、振动和噪声方面的原因，切削速度和进给量不可能无限制地提高，因此多刀通过式联合机床和多工序集中的加工中心就成了主要的发展方向，如联合了锯、铣、钻、开榫、砂光等功能的双端铣床，多种加工工艺联合的封边机，集中了多种切削加工工序的数控加工中心等。缩短辅助工作时间主要是减少非加工时间，采用附带刀库的加工中心，或采用数控流水线与柔性加工单元间自动交换工作台的方式，把辅助工作时间缩短到最低。

1.3.3 提高加工精度

目前普通机床的加工精度可达到 $1\sim5\mu m$，超精度数控加工机床的加工精度已经达到纳米级。由于家具机械加工对象自身的特点，决定了家具机械达不到金属切削机床的精度，但其加工精度正在逐年提高，如国外砂光机的定厚精度可达 0.01mm，步进电机与滚珠丝杠配合的带锯侧向进给机构的进尺精度可达 0.025mm，数控铣床的加工精度可达 0.02mm。

1.3.4 应用高新技术

随着科学技术的进步，一些新的加工方法将会在家具工业中得到广泛应用，如激光、超声波、电子束、等离子束、高压射流、磨料射流、电磁成型等非传统型加工方法。这些技术的应用会给传统加工方法带来一次革命性的变革，将有力促进家具工业向高精度、高速度、高质量、高效率方向发展。

1.3.5 发展柔性化、集成化加工制造系统

随着人们生活水平不断提高，家具市场需求开始日益个性化。为满足企业对多品种、小批量生产的需要，国外在20世纪80年代中期就已开发生产出了家具柔性加工系统。在1994年的米

兰和 1996 年的汉诺威国际木工机械博览会上，意大利 SCM 公司和德国 HOMAG 公司推出的厨房家具和办公家具柔性生产线，使家具的柔性生产系统进入了工业化大规模应用阶段。目前，国内外以家具为代表的木质家居制品制造业正步入到计算机信息化过程管理、自动化加工制造和网络化营销的阶段，各种计算机数字控制的加工中心、柔性加工单元、柔性制造系统、智能集成加工系统在板式家具、实木家具以及地板、木门制造业已经进入普及阶段。柔性化、智能化已成为家具机械制造业的发展趋势。

1.3.6　安全无公害加工生产系统

安全性差、噪声、粉尘是家具工业中的三大公害，虽经多年努力仍无法从根本上解决。随着人们生活水平的不断改善，环境保护的呼声越来越高，人们更加重视自身的生活质量。因此，家具机械的设计、制造和使用必须符合环保的要求，达到安全、低噪、无尘。所以，进一步解决这三大公害仍将是今后家具机械不断努力的方向。

1.4　家具机械特点

家具机械与普通机床有相同点，但也有很大的区别。由于家具机械的加工对象是木材，木材的不均匀性和各向异性，使木材在不同的方向上具有不同的性质和强度，切削时作用于木材纤维方向的夹角不同，木材的应力和破坏载荷也不同，促使木材切削过程发生许多复杂的物理化学变化，如弹性变形、弯曲、压缩、开裂以及起毛等。此外，由于木材的硬度相对不高，其机械强度极限较低，具有良好的分离性。木材的耐热能力较差，加工时不能超过其焦化温度（110～120℃）。上述所有，构成了家具机械独有的特性。

1.4.1　高速度切削

家具机械的切削线速度一般为 40～70m/s，最高可达 120m/s。一般切削刀轴的转速为 3000～12000r/min，最高可达 20000r/min。这是因为高速切削使切屑来不及沿纤维方向劈裂就被切刀切掉，从而获得较高的几何精度和较低的表面粗糙度，同时保证木材的表面温度也不会超过木材的焦化温度。高速切削对机床的各方面提出了更高的要求，如主轴部件的强度和刚度要求较高；高速回转部件的静、动平衡要求较高，要用高速轴承，机床的抗振性能要好；以及刀具的结构和材料要适应高速切削等。

1.4.2　有些零部件的制造精度相对较低

除一些高速旋转的零部件外，由于木制品的加工精度一般比金属制品的加工精度低，所以机床的工作台、导轨等的平行度、直线度以及主轴的径向圆跳动等要求要比金属切削机床低。但这只是相对而言，对于高速旋转的刀轴和微薄木旋切机的制造精度要求很高，并且随着木制品的加工精度和互换性要求的提高，家具机械的制造精度正在逐步提高。

1.4.3　家具机械的噪声水平较高

受高速切削和被切削材料性能的影响，家具机械的噪声水平一般较高。其主要噪声来源：一是高速回转的刀轴扰动空气产生的空气动力性噪声；二是刀具切削非均质的木材工件产生的振动和摩擦噪声以及机床运转产生的机械性噪声。一般在木材加工的制材和家具车间产生的噪声可达

90dB(A)，裁板锯的噪声可高达 110dB(A)，严重影响着工人的身心健康，成为公害之一。工业噪声污染日益受到人们的重视。国际卫生组织规定，木工机床中的锯、铣类机床的空转噪声要低于 90dB(A)，其他类机床的空转噪声水平不得高于 85dB(A)，否则，该产品为不合格产品，不准出厂。

1.4.4 家具机械一般不需要冷却装置，而需要排屑除尘装置

由于木材的硬度相对不高，在加工过程中，刀具与工件之间产生的摩擦热小，即使高速切削，也不易出现刀具过热而产生变形或退火现象。另外，木制品零部件的特点决定了其不能在加工过程中被污染，所以家具机械一般不需要冷却装置。但其在加工过程中产生大量易燃的锯末、刨花，需要及时排除，所以一般木工机床都应配有专用的排屑除尘装置。

1.4.5 家具机械多采用贯通式进给方式，工位方式少

由于木材工件质量轻、尺寸大、单次加工量大，所以为了减少机床结构尺寸和占地面积，家具机械一般多采用工件贯通式进给方式，如锯、铣、刨类机床等。

1.5 家具机械型号编制方法

1.5.1 家具机械型号表示方法

家具机械型号是家具机械的产品代号，用汉语拼音大写字母与阿拉伯数字按类、组、型代号及主参数组成。表示方法如图 1-1 所示：

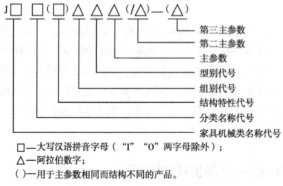

图 1-1 家具机械的型号表示方法

1.5.2 家具机械分类

家具机械分为八大类，用汉语拼音字母表示，见表 1-1。

表 1-1 家具机械分类及代号

板式家具机械	木家具机械	金属家具机械	塑料家具机械	竹藤家具机械	辅助家具机械	手提工具	其他家具机械
B	M	J	S	Z	F	G	Q

每类家具机械分为若干组、型,用阿拉伯数字组成,位于家具机械分类代号之后。

型号中的主参数用折算数值表示,位于组、型代号之后。当折算出现小数值时,小数部分舍去;当折算值小于1时,取1。

第二主参数用一位或者两位阿拉伯数字表示,折算系数可适当选取。

板式家具机械中压机允许增加第三主参数。

主参数的计量单位:尺寸以"毫米"计;压力以"千牛"计;功率以"千瓦"计;容积以"立方米"计。

机床除有普通型式之外,还具有某种结构特性时,则在分类名称代号之后用下列字母表示,见表1-2。

表1-2　家具机械其他结构特性代号

半自动	数字程序控制	低噪声	仿型	万能
B	K	D	F	W

1.5.3　家具机械型号编制示例

例1:精密裁板圆锯机,最大加工长度为2500mm,其型号为JBM112;

例2:双排多轴钻(排钻可翻转),总轴数为24个,其型号为JBD2024;

例3:(框架式)热压机,加工幅面为1220mm×2440mm,总压力为8000kN,热压板层数为10层,其型号为JBY114×8/8-10;

例4:液压单面压刨床:最大切削宽度为800mm,其型号为JMB128;

例5:立式单轴榫槽机,最大榫槽宽度为18mm,其型号为JMK361;

例6:单头弯管机,最大管口直径为30mm,其型号为JJG1130;

例7:注射成型机,注射容积为$30×10^{-5}mm^3$,其型号为JSZ1030;

例8:编制综棚机,工件宽度为1000mm,其型号为JZS1210;

例9:圆锯磨锯机,被加工圆锯最大直径315mm,其型号为JFR103;

例10:手提平刨,最大加工宽度为90mm,其型号为JG209。

第2章 木材切削

- 2.1 基本概念
- 2.2 切屑形态
- 2.3 木工刀具材料
- 2.4 木工刀具材料的合理选择

在实际生产中,尽管木材的切削方式不同,但是从切削运动和刀具几何形状组成来看,却有相同之处,都可以把他们看作是一把楔形切刀和一个直线运动所构成的直角自由切削过程。这个最简单、最基本的切削方式,在一定程度上,反映了各种复杂切削方式、切削机理的共同规律。

2.1 基本概念

借助于刀具,按预定的表面,切开工件上木材之间的联系,从而获得符合要求尺寸、形状和表面粗糙度的制品,这样的工艺过程,称为木材切削。大多数情况下,工件被切掉一层相对变形较大的称之为切屑的组织,以获取制品,如锯切、铣削、磨削、钻削等大部分切削方式;少数情况下,切下的切屑就是制品,如单板旋切、刨切等切削方式;还有,被切下的切屑和留下的木材均为制品,如削片制材。

2.1.1 切削运动

通常,欲从工件上切除一层木材,可以采用具备两种简单运动的刀具(图2-1):一种是直线运动刀具,如刨刀;另一种是回转运动刀具,如铣刀。刨削时,一般只要刀具相对工件做直线运动 V,便可以完成切削过程。有时切削层厚受刀具强度和加工质量等因素的限制,需要分数层依次切削。这时要求刀具切去一薄层切屑后,退回原处,让工件或刀具在垂直直线运动 V 的方向作直线运动 U,然后刀具再切下一层木材。如此交替进行,逐层切削,直至切完需要切除的木材。铣削时,仅仅依靠刀具的回转,只能切下一片木材,要切除一层木材,必须在刀具回转的同时,使工件与刀具间做相对的直线运动。由此可知,要完成一个切削过程,通常需要两个运动:主运动和进给运动。

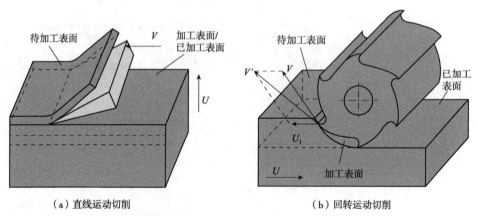

(a) 直线运动切削   (b) 回转运动切削

图 2-1 直线运动和回转运动切削时的加工表面

(1)主运动

从工件上切除切屑,形成新表面所需要的最基本运动,称之为主运动。与进给运动相比,主运动一般速度高,消耗功率大。主运动用切削速度 V 表示,通常主运动由刀具完成。主运动可以是直线运动,如刨削,也可以是回转运动,如铣削。主运动为回转运动时,主运动速度的计算公式见式(2-1):

$$V = \frac{\pi \cdot D \cdot n}{6 \times 10^4} \text{(m/s)} \tag{2-1}$$

式中：D——刀具（工件）或锯轮直径（mm）；

　　　n——刀具（工件）或锯轮转速（r/min）。

有些刀具，如成型铣刀，由于刃口上各点的速度因回转半径不同而异，因此在确定主运动速度时，应计算最大速度。这是考虑到速度大的刃口部分，发热磨损也大。

(2) 进给运动

使切屑连续或逐步从工件上切下所需的运动，称之为进给运动。进给运动可以用以下不同的进给量来表示：

进给速度 U 为单位时间内工件或刀具沿进给方向上的进给量（m/min）；每转进给量 U_n 为刀具或工件每转一周两者沿进给方向上的相对位移（mm/r）；每齿进给量 U_z 为刀具每转过一个刀齿，刀具与工件沿进给方向上的相对位移（mm/z）。

进给速度与每转或每齿进给量之间的关系见式（2-2）：

$$U = \frac{U_n \cdot n}{1000} = \frac{U_z \cdot z \cdot n}{1000} (\text{m/min}) \tag{2-2}$$

式中：z——铣刀，圆锯片齿数，带锯锯切时为锯轮每转切削齿数；

　　　n——刀具（工件）或锯轮转速（r/min）。

(3) 切削运动

主运动和进给运动可以交替进行，如刨削；也可以同时进行，如铣削。若同时进行，则产生的相对运动称之为切削运动。切削运动速度 V' 的大小为主运动速度 V 和进给运动速度 U 的向量和。即式（2-3）：

$$\vec{V'} = \vec{V} + \vec{U} \tag{2-3}$$

如图 2-1 所示，绝大多数木材切削过程的主运动速度比进给速度大许多，所以通常可以用主运动速度的大小、方向代表切削运动速度的大小和方向。由于刀、锯等刀具表面大部分是以直线或圆作为母线形成的，因此，构成切削运动的基本运动单元是直线运动和回转运动。任何切削加工方式，不管它多复杂，从切削运动观点来看，都是由基本运动单元按照不同的数量和方式组合而成的。常见的运动和运动组合有：一个直线运动，如刨削、刮削；两个直线运动，如带锯锯切、排锯锯切；一个回转运动和一个直线运动，如铣削、钻削、圆锯锯切；两个回转运动，如仿型铣削。

2.1.2　刀具和工件的组成部分

为了研究刀具几何参数，以认识其几何特征，需要对刀具和工件的各有关部分给予定义。工件一般分为三个表面，如图 2-1 所示。

①待加工表面　即将切去切屑的表面。

②加工表面　刀刃正在切削的表面。

③已加工表面　已经切去切屑而形成的表面。

这三个表面，在切削过程中随刀具相对工件的运动而变化。有些加工过程的已加工表面和加工表面重合，如图 2-1(a) 所示。木材切削刀具的种类虽然很多，但它们总是由两部分组成：一是外形近似一楔形体的切削部分；二是外形结构差异很大的支持部分。楔形切刀由以下主要部分组成（图 2-2、图 2-3）。

①前刀面　对被切木材层直接作用，使切屑沿其排出的刀具表面。

②后刀面　面向已加工表面并与其相互作用的刀具表面。前、后刀面均可以是平面，也可以是曲面。

③切削刃　前刀面与后刀面相交的部分，靠它完成切削工作。

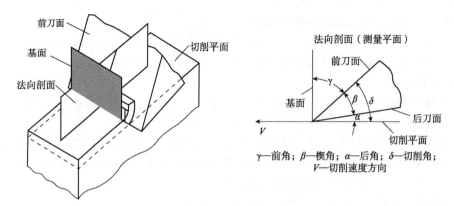

图 2-2　直线运动的刀具组成部分和角度

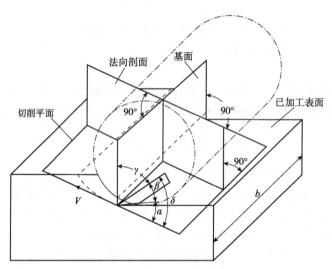

图 2-3　回转运动刀具的角度

2.1.3　刀具的角度

刀具是依靠其切削部分切削木材的。因此刀具的角度应该是指刀具的切削部分——楔形切刀的角度。实际上，楔形切刀本身只有前刀面和后刀面之间的夹角可以在切刀上直接测定，而影响切削的其他角度与刀具和工件的相对运动方向有关，需要借助坐标平面加以确定。为了便于反映刀具几何属性在切削过程中的功能，一般选取以下两个坐标平面：

①切削平面　通过切削刃与加工平面相切的平面。即主运动速度向量 V 和切削刃所组成的平面。主运动是直线运动且切削刃是直线时，切削平面和加工表面重合，如图 2-2 所示。主运动为回转运动时，切削平面的位置随刃口位置的改变而改变，如图 2-3 所示。

②基面　通过切削刃上某点垂直于主运动速度向量 V，也就是垂直于切削平面的平面。若主运动是回转运动，基面通过刀具或工件的轴线（图 2-3）。

在上述的坐标系中测量刀具的角度时，角度的大小随测量平面相对切削刃的位置不同而异。规定垂直于切削刃在基面投影的法向剖面为测量平面。在测量平面中量得的刀具的角度，是设计、制造刀具时，刀具工作图上标注的刀具角度参数，也是刀具刃磨时需要保持的刀具角度参数。刀具标注的角度参数如下：

①前角 γ　前刀面与基面之间的夹角，表示前刀面相对基面的倾斜程度，以便于切屑的变形。当前刀面与基面重合时，前角为零，在图 2-2 中前刀面相对基面顺时针方向倾斜，前角为

"+"值；逆时针方向倾斜，前角为"-"值。

②后角 α　后刀面与切削平面之间的夹角，表示后刀面相对切削平面的倾斜程度，用以减少刀具后刀面与工件之间的摩擦。

③楔角 β　前刀面与后刀面的夹角。它反映了刀具切削部分的锋利程度和强度。

④切削角 δ　前刀面与切削平面之间的夹角，表示前刀面相对切削平面的倾斜程度。

在切削过程中，切削角的作用和前角的作用相同，它是用相反的数量概念来表达跟前角一致的作用。换句话说，如果前角大，相应的切削角就小。因而用前角来表示刀具角度参数后，就无需再用切削角来表示。从以上诸角定义中可知式(2-4)：

$$\left.\begin{array}{l}\gamma+\beta+\alpha=90°\\ \delta=\beta+\alpha=90°-\gamma\end{array}\right\} \quad (2\text{-}4)$$

在实际切削过程中，刀具的角度将受切削运动、切削力和刀具磨损等因素的影响，发生变化。也就是说，刀具的工作角度不等于标注角度。

下面仅以切削运动对刀具的影响为例进行分析。决定刀具标注角度的坐标平面为切削平面，是主运动速度向量 V 和切削刃所组成的平面。如果刀具只靠一个主运动完成切削过程(图2-2、图2-3)，那么标注角度就是工作角度；如果刀具依靠同时进行的主运动和进给运动切削木材，那么由于相对运动速度向量 V' 偏离主运动速度向量 V 一个 α_m 角[$\alpha_m=\arctan(U/V)$]，相应的新切削平面也偏离原来切削平面一个 α_m 角，因此刀具的实际工作角度 $\alpha_w=\alpha-\alpha_m$(图2-4)，比原来减少了。通常主运动速度远远大于进给运动速度，α_m 角小于1°，因而可以用标注角度代替工作角度。只有在主运动速度与进给运动速度相差较小时，才需要考虑刀具的工作角度。

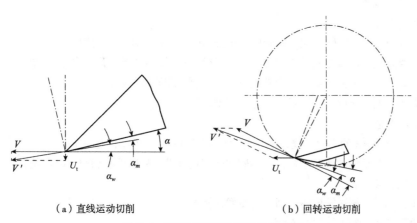

(a) 直线运动切削　　　　　(b) 回转运动切削

图2-4　刀具后角和标注后角的关系

2.1.4　切削层尺寸参数

刀具相对工件沿进给方向每移动一个每齿进给量 U_z、每转进给量 U_n 或每双行程进给量 U_s 后，一个刀齿正在切削的木材层，称为切削层。切削层的尺寸参数，指能反映刀具切削部分受力状况和切屑几何形状的参数——切削厚度 a 和切削宽度 b，且规定这两个参数在基面内测定(图2-2、图2-3)。

①切削厚度 a　主运动为直线运动时，切削厚度为相邻两个加工表面之间的垂直距离(图2-2)。直线运动时的切削厚度在刀具切削木材的过程中是一个常数；回转运动时的切削厚度即屑片厚度在切削过程中是变化的(图2-3)，它可以用式(2-5)计算：

$$a=U_z\cdot\sin\theta \quad (2\text{-}5)$$

式中：U_z——每齿进给量；

θ——运动遇角，即切削速度方向和进给速度方向的夹角。

由图 2-2 和图 2-3 可知，从刃口切入木材开始，到刃口离开木材，运动遇角由小变大，因而屑片厚度也相应由小变大。

②切削宽度 b　切削宽度是切削刃的工作长度在基面上的投影。当切削速度垂直于切削刃时，切削宽度等于切削刃的工作宽度。

③切屑面积 A　切削层在基面内的投影面积。它可以用式（2-6）计算：

$$A = a \cdot b \tag{2-6}$$

主运动为回转运动时，切削面积的大小，随切削厚度的变化而变化。在实际木材切削过程中，由于切削层木材的变形，切削层截面的形状会发生变化。但由于变化量较小，故可以用名义切削层截面的形状来代替实际切削层截面的形状，即用名义切削厚度、宽度和面积代替实际切削厚度、宽度和面积。通常切屑厚度、宽度和面积，就是指名义切削厚度、宽度和面积。

2.2　切屑形态

木材切削加工过程中出现的各种物理现象，如切削力、切削热、刀具磨损以及工件表面质量等，都和切削过程中木材的变形、切屑的形成密切相关。因此，要提高切削加工的生产效率和加工质量，降低生产成本，以至于改善切削加工技术本身，就必须对切削过程进行深入的研究。

木材切削的过程，实质上是被切下的木材层在刀具的作用下，发生剪切、挤压、弯折等变形的过程。由于木材是各向异性的材料，因而有必要区分不同的切削方向，分析切屑的类型、形成条件和切削区的变形。

（1）纵向切削

根据 N. C. Franz 的实验研究，纵向切削可分为以下三种主要切屑类型：

①纵 I 型切屑　屑瓣之间的界线分明或不甚分明，形成多角形切屑，即折断型切屑。

②纵 II 型切屑　表面光滑、连续螺旋形带状切屑，即流线型切屑。

③纵 III 型切屑　压碎、皱折切屑，即压缩型切屑。

（2）横向切削

根据 H. A. Stewart 的实验研究，横向切削和纵向切削有一项特征是共同的，即两种切削条件下刀具都是在纤维平面内切开木材，因而横向切削也有横 I 和横 III 型切屑，以及兼有横 I 和横 III 型切屑特征的过渡切屑。

①横 I 型切屑　屑瓣间界线清晰，屑瓣稀松相连。

②横 III 型切屑　屑瓣间界线不明。

（3）端向切削

端向切削的切屑主要是剪切破坏，屑瓣或连接较松或连接较紧，根据切削平面以下木材的破坏状况，W. M. Mckenzie 将端向切削分为端 I 和端 II 型切屑，端 I 型切屑形成时，切削平面以下的木材虽然弯曲，但破坏不大。端 II 型切屑形成时，切削平面以下的木材弯裂折断，破坏严重，乃至切削平面以下产生另一片切屑。

2.2.1　流线型切屑

流线型（flow type）切屑，发生于纵向切削时，切削角和切削深度都比较小的加工条件下，如切削角为 40°、切削深度为 0.5mm，切屑几乎没有发生压缩变形，沿刀具前刀面呈流线状生成，如图 2-5 所示。实验测定出流线型切屑的压缩率均在 5% 以下。由于刀具呈楔状作用于工件，切屑被连续从木材上剥离，所以流线型切屑又被称为剥离型切屑。

流线型切屑产生的机理是木材在纵向切削时，通常会在刀具刃口的前方发生超前劈裂，超前劈裂随着刀具刃口的前进而前进，就生成了连续带状切屑。为什么在木材切削中会发生超前劈裂呢? 因为刀具刃口前进时,木材纤维在刀具刃口的斜前方接近与纤维垂直的方向上产生剪切滑移,同时沿刃口的切削线上还受到横向拉伸力的作用。由于垂直纤维方向上的木材剪切强度是其抗拉强度的 5~6 倍,所以超前劈裂是最易发生的破坏形式。

产生流线型切屑时,切削力的水平分力在切削过程中几乎不变,因此,刀具刃口的振动很小,能得到一个良好的加工表面。但随着切削深度增加,超前劈裂的影响增加,切削表面质量下降。理想情况是在不发生超前劈裂的条件下进行切削,这样可以用刀具刃口直接切断木材纤维而得到最好的切削加工表面。已有研究结果表明,纵向切削不发生超前劈裂的最大切削深度,针叶材约为 0.1mm,阔叶材约为 0.05mm。

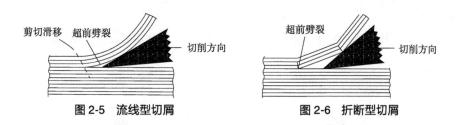

图 2-5 流线型切屑　　　　图 2-6 折断型切屑

2.2.2 折断型切屑

折断型(split type)切屑,发生于纵向切削时切削角和切削深度都处于中等时的加工条件,如切削角为 50°、切削深度为 2mm,折断型切屑的压缩率为零。折断型切屑形成的机理如图 2-6 所示,当刀具的刃口开始切入时,首先在刃口前方发生超前劈裂,切屑在刀具前刀面上像悬臂梁那样发生弯曲,随着刃口的前移,超前劈裂扩大,弯曲力矩增大。当弯曲力矩达到某一个极限值后,超前劈裂的基部折断,而生成一节切屑。随后刀具刃口再次到达超前劈裂的基部,重复同样的动作过程,不断生成折断型的切屑。从折断型切屑的生成机理可以看出,切削力的水平方向分力处于周期性变化状态中。

实际生产加工中,切削方向很难与木材纤维方向完全一致,经常会出现图 2-7 所示的顺纹或逆纹切削,顺纹和逆纹切削会出现差异很大的切屑形态和加工表面。即顺纹切削(cutting with the grain)时,如图 2-7(a)所示,超前劈裂发生在刃口的斜上方,使切屑的头部变细,超前劈裂基部易发生弯曲折断破坏。此后,因为剩余的切削是在更小切削深度下进行的,故能获得良好的切削表面。而逆纹切削(cutting against the grain)时,如图 2-7(b)所示,超前劈裂发生在刃口的斜下方,沿着木材纤维进入木材内部,使切屑的头部变粗,虽然超前劈裂的基部不易折断,但弯曲力矩达到某一个极限值后仍会折断,此时切屑会从木材已加工表面拉去一块,引起逆纹破坏性不平度,切削加工表面质量显著恶化。为了得到良好的切削加工表面,切屑厚度应尽可能地小,另外可在刃口的前方加一压梁,压梁产生的压力将阻止超前劈裂裂缝的延伸;或在刃口前方加一个断屑器,促使切屑提前折断,减少开裂长度,使超前劈裂不至于延伸到加工表面以下。

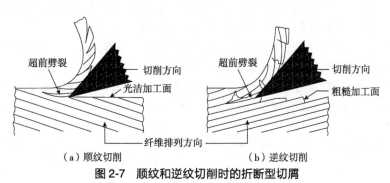

(a)顺纹切削　　　　(b)逆纹切削

图 2-7 顺纹和逆纹切削时的折断型切屑

2.2.3 压缩型切屑

压缩型(compressive type)切屑，发生于对较软木材纵向切削，且切削角较大，如切削角大于或等于70°的情况。由于被切下的切屑在刀具的前刀面受到压缩而引起破坏生成的一种切屑形态，压缩型切屑的压缩率，实验研究结果表明可高达30%~40%。

压缩型切屑形成的机理如图2-8所示，随着刀刃的前移，由于切削角比较大，被切下的木材受前刀面剧烈的推压作用，并不发生超前劈裂，但切屑从上向内发生剪切滑移，并且每一个滑移部分被分别压缩成蜷曲型，这样切屑整体看是一个连续带，其实是由一段一段的切屑构成的。

生成压缩型切屑时，切削力一般较大，并且伴有波动。因此切削表面质量比发生流线型切屑时要差很多。

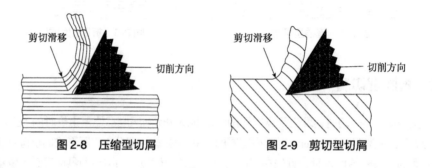

图2-8 压缩型切屑　　图2-9 剪切型切屑

2.2.4 剪切型切屑

剪切型(shear type)切屑，发生于纤维倾角较大时的顺纹切削。在刀具刃口的斜上方，一边产生剪切滑移，一边连续形成切屑。一般情况下，剪切角与纤维倾角一致。

剪切型切屑发生的机理如图2-9所示，刀具刃口一开始切入木材，刀具前刀面前的木材被慢慢地压缩，因受到平行于纤维方向的剪切力的作用而引起剪切滑移，随着刃口的前移，由压缩引起的剪切滑移，将在靠近刃口的地方保持一定的间隔而断续发生。从如此的生成机理可知，切削力水平方向上的分力的变动较小，力的变化频率与剪切滑移发生的频率一致。

生成剪切型切屑时，由于和折断型切屑发生时同样是顺纹切削，因此切削加工表面质量比较好。

2.2.5 撕裂型切屑

撕裂型(tear type)切屑发生于刀具刃口不锐利的端向切削或逆纹切削时，大切削角和大切削深度的加工条件下，如切削角为80°、切削深度为0.3mm的切削条件。

撕裂型切屑产生的机理如图2-10所示。在刀具刃口的正下方，刃口的前移给木材纤维一个横向拉力，从而导致在刃口下沿纤维方向发生开裂破坏。与此同时，在刀具的前刀面上，被切木材内侧发生由于压缩变形而引起的弯曲或剪切破坏，其结果是形成的切屑是无规则地从木材工件上撕裂的碎片。由于切削时伴随有如此严重的破坏现象，切削力水平方向的分力大，且变化非常剧烈。

形成撕裂型切屑时，由于切屑变形大，木材上也留有比较大的破坏痕迹，所以切削面质量十分恶劣。

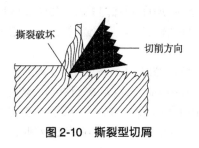
图 2-10　撕裂型切屑

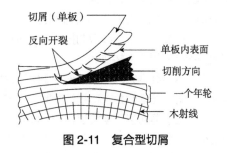
图 2-11　复合型切屑

2.2.6　复合型切屑

以上五种切屑形式都发生在纵—端向切削。复合型切屑发生在木材横向切削时,它像卷帘子一样,切屑很容易从被切削木材上剥离出来。这时的切屑形态因木材材种、含水率和切削条件的不同而呈现出流线型、剪切型、折断型的切屑或复合型切屑。

复合型切屑形成的机理如图 2-11 所示,当切削角和切削用量都比较小时,切屑在刀具前刀面上顺利地流出,切屑的形态接近流线型,此时,刀具直接切开木材组织,所以切削表面质量良好,如单板刨切加工。但随着切削用量的增加,切屑在刀具前刀面上发生横向压缩变形,切屑内表面在刃口斜上方一定的间隔上产生裂纹(反向裂纹),此时切屑形态接近于折断型。形成上述切屑时,切削力水平方向的分力呈细微的变化,显示比较小的值。

发生复合切屑时,切削表面的质量较差,特别是当刀具作用产生的裂纹出现在木材工件已加工表面时,切削表面质量显著下降。为了获得高质量的单板(切屑)或平整的加工表面,应采用较小的切削角,即较大的前角和较小的刀具楔角,或在刀具刃口上方加压尺,或让刀刃与刀刃运动方向呈一定的角度,或对被切削木材进行水热处理等措施。

切屑形态与切削力水平分力的关系,如图 2-12 所示。切屑形态不同,切削力数值和变化范围也就不同,发生流线型切屑时,所需的切削力较小,切削力随切削角的增大而增大;发生压缩型切屑时,所需的切削力较大,且切削力的变化范围也较大。

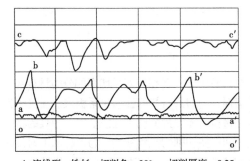

a—a′ 流线型,铁杉,切削角:20°,切削厚度:0.25mm;
b—b′ 折断型,铁杉,切削角:50°,切削厚度:0.25mm;
c—c′ 压缩型,红松,切削角:70°,切削厚度:0.50mm。

图 2-12　切屑类型与切削力的关系

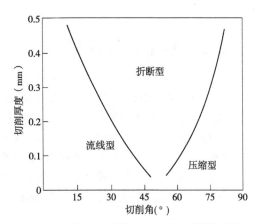

图 2-13　切削角、切削厚度与切屑类型的关系

2.2.7　加工条件与切屑形态的关系

在实际木材切削过程中,受加工条件的影响,上述的单一切屑形态很少会发生,大多数情况下出现的是这些切屑形态的变种或复合形态。切屑形态因加工条件的变化而变化,此处只对基本

切屑形态与加工条件的关系进行说明。

以纵向切削杉木气干材的径切面为例说明加工条件与切屑形态的关系，如图 2-13 所示，随着切削角增大，切屑形态从流线型向折断型、再向压缩型转变。切削用量增大，切屑形态一般会从流线型或压缩型向折断型转变。

切削方向与木材纤维方向的关系对切屑形态的影响如图 2-14 所示。此时，有必要对顺纹和逆纹切削区分考虑，纤维倾角在顺纹切削时，随着纤维倾角的增大(从 0°到 90°)，切屑形态依次从流线型、折断型、剪切型、撕裂型转变。随着切削用量的增大，切屑从折断型向剪切型转变的纤维倾角变小，另外，当逆纹切削时，纤维倾角无论如何变化，只有切削用量很小时，会出现折断型切屑，其余情况下都会产生撕裂型切屑。

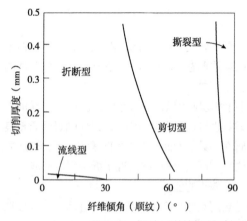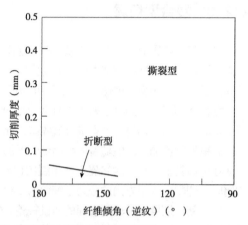

图 2-14　顺纹、逆纹切削时纤维倾角、切削厚度与切屑类型的关系

随着切削速度的增加，在切削用量较小而切削角较大时，切屑形态由压缩型向轻度压缩型转变；切削用量较小而切削角中等时，切屑形态由轻度压缩型向流线型转变；当切削用量和切削角都较大时，切屑形态从有压缩变形的折断型向折断型转变；切削用量较大而切削角处于中等时，切屑形态从折断型向流线型转变；切削用量较大而切削角较小时，切屑形态从折断型向伴随有轻微开裂的流线型转变。

2.3　木工刀具材料

刀具能否进行正常的切削，切削质量的好坏，经久耐用的程度都与刀具切削部分的材料密切相关。切削过程中的各种物理现象，特别是刀具的磨损，与刀具材料的性质关系极大。在机床许可的条件下，刀具的劳动生产率基本上取决于其本身材料所能发挥的切削性能。木工刀具的特点是要求在高速并且承受冲击载荷的切削条件下，长时间保持切削的锐利性能。为此，木工刀具的材料，必须具备必要的硬度和耐磨性，足够的强度和韧性，一定的工艺性(如焊接、热处理、切削加工和磨削加工性能等)。目前能满足这种要求的主要有以下几种材料。

2.3.1　碳素工具钢

碳素工具钢是指含碳量在 0.65%～1.35% 的优质高碳钢，如 T8、T8A、T10A 等。以钢中 S 和 P 含量的多少，分为优质钢和高级优质钢。优质钢用来制造载荷小，切削速度低的手工工具，高级优质钢用来制造机用刀具。碳工钢具有价格低廉，刃口锋利，热塑性好以及切削加工性能好等优点。它维持切削性能的温度低于 300℃，淬火后的常温硬度 HRC60—64。这类钢不足之处是热变形大，淬透性差，热硬性不太高。

2.3.2 合金工具钢

在工具钢中加入 Cr、W、Ni、V、Co、Mo、Si、Mn 等合金元素便成为合金工具钢,如 9CrSi, CrWMn 等。近年来,轴承钢 GCr15 等也可代替合金工具钢使用。

木工刀具的合金工具钢,合金元素的含量范围:Cr<1%,W = 1%~2%,Ni = 1%~1.5%,V<0.3%。

国内木工刀具用的碳素工具钢和合金工具钢常用牌号和化学成分见表 2-1。

表 2-1 碳素工具钢和合金工具钢常用牌号和化学成分

钢号	化学成分(质量%)									
	C	Si	Mn	Cr	Ni	W	V	S	P	B
T8	0.75~0.84	0.15~0.35	0.20~0.40					≤0.030	≤0.035	
T8A	0.75~0.84	0.15~0.30	0.15~0.30					≤0.020	≤0.030	
GCr15	0.95~1.05	0.15~0.35	0.20~0.40	1.30~1.65				≤0.020	≤0.027	
65Mn	0.62~0.70	0.17~0.37	0.90~1.20	≤0.25	≤0.25	Cu≤0.25		≤0.040	≤0.040	
60Si2Mn	0.56~0.64	1.50~2.0	0.60~0.90	≤0.35	≤0.35	Cu≤0.25		≤0.040	≤0.040	
50CrVA	0.46~0.54	0.17~0.37	0.30~0.50	0.80~1.10	≤0.35		0.10~0.20	≤0.030	≤0.035	0.035
50CrMn	0.46~0.54	0.17~0.37	0.70~1.0	0.90~1.20	≤0.35	Cu≤0.25		≤0.040	≤0.040	
CrWMn	0.90~1.05	0.15~0.35	0.80~1.10	0.90~1.20		1.20				
6CrW2Si	0.55~0.65	0.50~0.80	0.20~0.40	1.00~1.30		2.20~2.70				
8MnSi	0.75~0.85	0.30~0.60	0.80~1.10							
8CrV	0.80~0.90	≤0.35	0.30~0.60	0.45~0.70			0.15~0.30			
CrMn	1.30~1.50	≤0.35	0.45~0.75	1.30~1.60						

2.3.3 高速钢

提高合金钢中 W、Cr、V、Mo 等的含量便成为高速钢,又称锋钢。按重量计,高速钢中约含 Cr4%,W 和 Mo10%~20%,V1%以上。按用途分,高速钢分为通用和特殊用途两种;按基本化学成分分,高速钢分为钨系,钨—钼系(W>Mo),钼—钨系(Mo>W)和钼系(Mo>2%以上)。在高速钢中,W 和 Mo 的作用基本相同,由于钢中合金元素含量较高,一部分 W 和 Fe、Cr 一起构成高硬度的碳化物,一部分 W 则溶于基体中,采用接近熔点的淬火温度,得到细晶粒的高合金化的马氏体组织。所以,它的热硬性和耐磨性都比碳工钢和合金工具钢高,淬火后的硬度 HRC62—70,维持其切削性能的温度可达 540~600℃。

由于高速钢的抗弯强度和冲击韧性比硬质合金高,并且切削加工方便,磨削容易,又可以锻造和热处理,因此高速钢刀具的速度发展很快,品种不断增多。我国常用的是钨系高速钢 W18Cr4V。因为 W6Mo5Cr4V2 有热塑性好,使用寿命长等优点,国外 W18CrV 逐渐被钼系高速钢 W6Mo5Cr4V2 等代替。目前,W6Mo5Cr4V2 主要用作锯齿堆焊强化材料。

为了提高高速钢的性能,国外主要通过增加 Co 和 C 含量的办法。例如 M14—M47,其特点是综合性能好,硬度高达 HRC70,热硬性在同类钢中名列前茅,可磨性也好。但是钴高速钢的价格约为普通高速钢的 5~8 倍。我国钴资源较为匮乏,为了节省昂贵的钴资源,采用加 Al 增 C 的方法,即在 W6Mo5Cr4V2 基础上加入 1% Al,C 从 0.8%~0.9%提高到 1.05%~1.2%,制成 501 钢(W6Mo5Cr4V2Al)。它的高温硬度、抗弯强度和冲击韧性与 M42 相当,价格便宜(价格约为钴类高速钢的 20%)。

国外为了更进一步提高高速钢的制造质量,20 世纪 60 年代末,用粉末冶金消除高速钢中碳化物的偏析,使钢中碳化物的大小和分布均匀性更加理想,产生粉末高速钢。这类钢与普通冶炼高速钢相比,硬度提高了,达到 HRC70,韧性大,材质均匀,热处理变形小,耐磨性能提高。国内用雾化法已制出粉末高速钢 155W12Cr4V5Co5。几种高速钢的性能见表 2-2。

表 2-2 几种高速钢的性能比较

材种	常温硬度 HRC	高温硬度(HRC)		抗弯强度 /GPa	冲击韧性 /(kg/cm²)
		500℃时	600℃时		
W18Cr4V	63~66	56	48.5	2.94~3.33(300~340)	1.8~3.2
W6Mo5Cr4V2	65~66		47~48	4.41~4.61(450~470)	−5.0
110W1.5Mo9.5Cr4VCo8(M42)	67~69	60	55	2.64~3.72(270~380)	2.3~3.0
W6Mo5Cr4V2Al(501 钢)	67~69	60	55	3.68~4.61(376~470)	1.0~2.6

2.3.4 硬质合金

硬质合金是由硬度极高,难熔的金属碳化物(WC、TiC),用 Co、Mo、Ni 等做黏合剂烧结而成的粉末冶金制品。它的性能主要取决于金属碳化物的种类、性能、数量、粒度和粘结剂的用量。硬质合金的硬度 HRC74—81.5,其硬度随粘结剂含量的增加而降低。硬质合金中高温碳化物的含量超过高速钢,所以热塑性好,能耐高达 800~1000℃ 的切削温度。600℃ 时超过高速钢的常温硬度,1000℃ 时超过碳钢的常温硬度。随着人造板工业和木材加工工业自动化的发展,硬质合金这种高耐磨性的材料已成为主要的木工刀具材料。

但是,硬质合金是脆性材料,抗弯强度约为普通高速钢的 1/4~1/2,冲击韧性约为普通高速钢的 1/30~1/4,刀刃也不能磨得象高速钢那样锋利。

硬质合金种类很多,我国主要分为 WC-Co,即 YG 类;WC-TiC-Co,即 YT 类;WC-TaC (NbC)-Co,即 YA 类;WC-TiC(TaC)-Co,即 YW 类。木工刀具主要使用较耐冲击、硬质相为 WC、粘结相为 Co 的 YG 类,如 YG8,YG10,YG15 等。牌号中的 Y 和 G 分别代表硬质合金和钴,后面的数字表示 Co 的含量,数字越大,钴的含量越高,越耐冲击。

近年来,国外研制一种高硬度、高强度兼备的超微粒硬质合金。该合金中含有 Cr3C2,使 WC 微粒细化至 1μm 以下,同时增加粘结剂,使粘结层保持一定的厚度,其硬度为 HRC90—92.5;$\sigma_{bb} = 1.96~3.43$ GPa(200~350kg/mm²)。由于强度比一般的硬质合金高得多,而切削性能又比高速钢好,所以,它的应用范围扩大到原来用高速钢制造的刀具上,如钻头等。木工刀具用国产硬质合金性能和成分见表 2-3。

表 2-3 木工刀具用国产硬质合金性能和成分

牌号	化学成分/%				硬度 HRA	抗弯强度 /GPa	相当于 ISO	备注
	Co	WC	TaC	Cr3C2				
YG6X	6	94			91	1.32	K10	
YG6	6	94			89.5	1.37	K20	
YG6C	6	94			88.5	1.47		
YG8	8	92			89	1.47	K30	
YG8C	8	92			88	1.67		

(续)

牌号	化学成分/%				硬度 HRA	抗弯强度/GPa	相当于 ISO	备注
	Co	WC	TaC	Cr3C2				
YG10H	10	其余		0.5	91.6	2.06		
材-10	8-10	其余	2.5	0.5	91.2	1.58		
YG11C	11	89			87	1.96		
YG15	15	85			87	1.96		
YG20	20	80			85.5	2.55		
YG25	25	75			84.5	2.65		

2.3.5 立方氮化硼

立方氮化硼(CBN)是一种硬度仅低于金刚石的新型超硬材料,它是用高温高压方法制成的。用立方氮化硼铣刀端铣刨花板边($V=60$m/s,$U_z=0.22$mm,切削深度 $=0.2$mm)时耐磨性比硬质合金铣刀高20倍。

立方氮化硼的缺点是抗弯强度低于一般硬质合金,成本高,焊接性能差,易崩刀,目前还处于试验阶段,其性能还有待进一步研究。

2.3.6 金刚石

天然金刚石的结晶是一种各向异性体,不同晶面的强度、硬度及耐磨性相差达100~500倍。因此,选择适宜的结晶方向制作刀具能大幅度地提高刀具的耐磨性。天然金刚石不仅来源少,且价格昂贵,还存在质地较脆、加工困难、刀具刀刃长度有限等缺陷。因此工业上制作刀具所使用的金刚石是一种人造聚晶金刚石(poly crystalline diamond, PCD),其晶体各向同性,相互间有很强的结合力,刀具的耐磨性不随方向而变化,材质稳定,切削性能可以预测,虽然硬度比天然金刚石小,但强度及韧性优于天然金刚石,不易碎裂损坏,故使用寿命更长。

金刚石刀具按其成分和制造方法不同可分为:整体聚晶金刚石刀片、聚晶金刚石复合刀片和气相沉积金刚石薄膜涂层刀片。

聚晶金刚石复合刀片是使用一定粒度的金刚石微粒(表层)与硬质合金(基体衬垫)在高温高压下烧结成的复合烧结体。聚晶金刚石复合刀片主要用于强化木地板、多层实木复合地板、竹地板和实木门等制品的切削加工。

2.4 木工刀具材料的合理选择

木工刀具的切削对象是木材或木质复合材料,它们硬度大大低于金属材料,但又是构造不均匀的各向异性材料。此外,大多数木工刀具是在不连续切削条件下工作的。这些条件造成木工刀具的切削速度多高于金工刀具,承受的冲击大于金工刀具。在选择木工刀具材料时,刀具材料的硬度、强度和韧性等性能,必须适应木工刀具的上述特点。此外,必须对刀具材料的性能、特点作较系统、全面、综合的分析研究。图2-15为刀具材料的硬度和耐热性比较。表2-4为刀具材料的性能比较。同时,必须满足生产、安装以及刀具制造工艺的要求;为了节省贵重金属材料和经济上的合理性,一般刀具切削部分和刀体可以用不同的材料制造,通过焊接或机械装夹的方式结合。

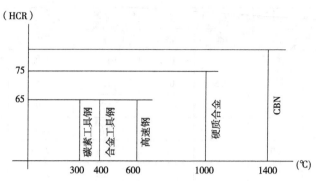

图 2-15 刀具材料的硬度和耐热性比较

表 2-4 刀具材料性能比较

性能	碳素工具钢	合金工具钢	高速钢	硬质合金
	T7、T8 为例	CrWMn	W18Cr4V	YG 类
使用硬度	HRC54-60	HRC58-62	HRC60-65	HRA86-93
耐磨性	差	中等	较好	好
耐冲击性	较好	中等	较差	差
淬火不变形	差	中等	中等	
热硬性	差	较差	好	好
被切削性	好	中等	较差	差
其他	价廉，刃磨容易		价高	性脆，价高

刀具材料的合理选择必须考虑上述因素，显然，它们之间并不是孤立的，而是有联系甚至是相互制约的。例如，刀具材料的硬度和热硬性满足了要求，但是，韧性较差或热处理变形较大，不一定能使用在木工刀具上。因此，在具体选择刀具材料时，可以重点考虑如何满足主要要求，其他方面只要影响不大可以忽略。

目前，对于在不同条件下工作的木工刀具，应该采用何种材料为好，还没有很准确的资料，有待进一步深入研究。

碳素工具钢一般用于制造锯和刨刀等刀具。碳含量是决定其性能的主要成分。当碳元素含量增加时，钢的硬度和耐磨性提高，塑性和韧性下降。碳素工具钢具有较好的淬火性能，一般木工刀具所用钢材的含碳量为 0.7%~1.0%。带锯条用钢中的碳含量小于其他刀具用钢，大约在 0.7%~0.8%，这是因为带锯条材料要求高塑性和高疲劳极限。

机用木工刀具、人造板加工刀具以及带锯条和圆锯片还广泛采用合金工具钢制造。这是因为合金工具钢中加入了合金元素 W、Mn、Mo、Cr、V、Si、Ni、Co 等后影响钢的相变过程，使钢的可淬性、耐磨性、韧性等性能得到改善。钨(W)主要提高钢的硬度，改善可淬性而可塑性不降低；锰(Mn)能提高钢的硬度和可淬性，消除钢中的硫，但降低了钢的韧性；钼(Mo)可提高钢的可塑性、可淬性和硬度；铬(Cr)能提高钢的可淬性和高碳钢的耐磨性；钒(V)可提高钢的硬度、可塑性，改善可淬性，少量的钒能使钢的组织变细，降低热敏感性；硅(Si)可提高钢的弹性、可塑性，改善可淬性，但降低了钢的可塑性；镍(Ni)能提高钢的韧性和可塑性，改善耐蚀性，但钢的硬度略有降低；钴(Co)能使钢的耐磨性提高，但降低可淬性。

目前，国内圆锯片主要用碳工钢 T8A 和弹簧钢 65Mn 制造，带锯条主要由 65Mn、T8、T8A 制造，而 60Si2Mn、50CrVA、50CrMn 等为试验新的带锯条钢种。国外圆锯片用 0.75%<C<1.0% 的碳素工具钢和性能类似的合金工具钢制造，带锯条用碳素工具钢或含 Ni 的合金工具钢、铬钒钢等制造。对于带锯条用钢，国外一种意见认为应增加 Ni 和 V 的含量，最好含 Ni = 1%~1.5%，

而含少量 V；另一种意见则认为应增加 Cr 和 Ni 的含量，其中 Cr = 1.5%，Ni = 1.8% ~ 2.5%。一致认为 S、P 的含量均应小于 0.02%。这些都是有待研究的问题。

对于高生产率的木工机床使用的刀具如刨刀、铣刀等，多用高速钢如 W18Cr4V 等。高速钢因为价格较高，所以多做成复合刀具，即把高速钢用焊、锻等方法镶在刀具的刃口上，这样既节省了高速钢又增加了刀具的耐磨性。

当加工有胶层的产品时，由于胶料具有磨料的作用，使刃口迅速变钝。为此，越来越多地使用硬质合金焊接和机械装夹的木工刀具，以延长刀具的使用寿命。硬质合金圆锯片已经被广泛地应用在国内木材工业中。在选择硬质合金作木工刀具时必须要注意以下几点：

(1) 元素含量

木工刀具应选用韧性较大的 YG 类硬质合金。在 YG 类中，一方面随 Co 含量的增加，σ_{bb} 增加，较耐冲击，并且刃磨时剥落少，使刀具刃磨锋利；另一方面当 Co 的含量增加时，因为 WC 含量相应减少，使合金耐磨性下降。此外，Co 的含量高时（如 YG15），当温度超过 400℃ 以后，σ_{bb} 会显著降低。所以，当选用 YG 类时必须按刀具的工作条件而定。当切削速度高，冲击载荷较大时，选用 Co 含量较多的 YG 类，当 U_z 小时，为了更合理地利用硬质合金的硬度和耐磨性，应选用含 Co 较少的 YG 类。目前，国产的硬质合金以 YG25 耐冲击性能最好。例如，由于锯片是在冲击载荷下锯切木材，宜采用耐冲击的硬质合金，因此锯齿多用 YG6、YG8 等。

(2) 颗粒类型

YG 类中有粗颗粒、细颗粒和一般颗粒之分。成分相同时，粗颗粒合金的强度高，而硬度和耐磨性稍低。细颗粒合金能提高硬度，增加耐磨性，而强度无明显降低。如 YG6C、YG6、YG6X，这三种材料 Co 的含量相同，但是强度有所不同。

$$YG6：\sigma_{bb} = 1.42 GPa(145 kg/mm^2)，HRA89.5$$
$$YG6X：\sigma_{bb} = 1.37 GPa(140 kg/mm^2)，HRA91$$
$$YG6C：\sigma_{bb} = 1.47 GPa(150 kg/mm^2)，HRA88.5$$

(3) 楔角

硬质合金较脆，要按其牌号和被加工材料、进给速度等切削条件，合理选择楔角后才能用于木材加工。

从图 2-16 可见，在选择牌号时先要考虑被加工材料的性质，如层积板的硬度大，加工时切削速度不能太大，这样受到的冲击载荷较小，所以选用 YG6。而当加工软木时，由于木材本身硬

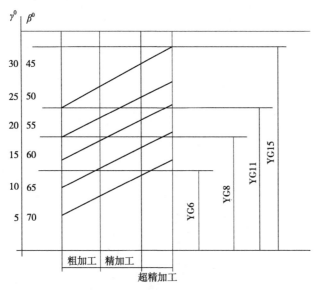

图 2-16 硬质合金牌号的选择

度小，因此切削速度可以提高，选用 YG15。若选用的硬质合金是耐冲击的，楔角可以选小些，如加工软木选用 YG15，楔角 β 可以小些($45°\sim50°$)，但其加工质量较差。

（4）形状

正确地选择硬质合金的牌号后，还要合理地选择硬质合金制品的型号，即选择制品的形状。其中国内切削用硬质合金制品有 24 种形状，分为 A、B、C、D、E、F 六类 239 种规格。

第3章
锯与锯切加工

- 3.1 概述
- 3.2 锯切运动
- 3.3 带锯条
- 3.4 圆锯片

3.1 概述

锯切是木材切削加工中应用历史最久、最广泛的加工方式。锯切主要用来把木材剖分或截断成两部分。

锯的种类很多,绝大多数的锯都是由锯身及在边缘上做出的锯齿所组成(图 3-1、图 3-2)。锯主要分为圆盘形和条(带)形两大类。用厚度和宽度、长度或直径表示其尺寸参数。锯切时,直接切削木材的部分是锯齿。

锯齿按其切削木材时相对于的木材纤维方向,主要分为纵剖齿和横截齿。锯齿根据刃磨方式的不同分为直磨齿和斜磨齿。纵剖齿多数直磨,横截齿基本为斜磨。下面通过带锯和横截圆锯的齿形为例,说明纵剖直磨齿(图 3-1)和横截斜磨齿(图 3-2)的齿形参数。

①齿尖(1)　纵剖齿为主刃,横截齿为刃尖。连接各齿尖,条形锯得齿尖线 1-1-1,圆锯片得齿尖圆 1-1-1。

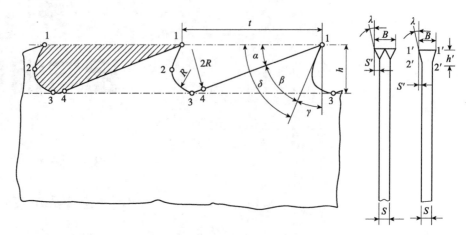

R—齿根圆半径;h—齿高;B—锯路宽;h'—锯料高;S—锯身厚度;S'—锯料量;λ—锯料角。

图 3-1　纵剖直磨锯齿

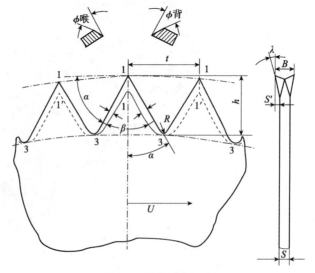

图 3-2　横截斜磨锯齿

②前齿面(1-2)　又称齿喉面，分平面和弧面。
③齿腹面(2-3)　半径为 R 的齿根圆的圆弧面。
④齿底(2)　锯齿的最低部分。连接齿底各点可得齿底线3-3-3。
⑤后齿面(3-4-1)　又称齿背面，可分为平面、折面、弧面。齿腹面与后齿面之间有时用一段半径为 2R 的弧面 3-4 过渡。
⑥齿室　由前齿面、齿腹面、后齿面和齿顶围成的容屑空间，又称齿槽。
⑦齿顶　锯齿的上半部。
⑧齿根　锯齿的下半部。

锯齿的主要尺寸如下：
①齿距　相邻两齿沿齿顶线的距离。
②齿高　齿顶和齿底之间最短的距离。

锯齿的主要角度如下：
①前角 γ　通过齿尖并与齿尖连线垂直的直线(基面线)与锯齿前面线之间的夹角。规定图示中，从上述过齿尖的垂面或锯片径向线向前齿面顺时针量得的前角为"+"。
②后角 α　锯齿的后面线(或后面线的切线)与齿尖线(或齿尖线的切线)之间的夹角。圆锯片的后角是通过齿尖的齿尖圆的切线与后齿面之间的夹角。若后齿面为弧面，则以通过齿尖弧形后齿面的切线作为后齿面。
③楔角 β　前齿面与后齿面之间的夹角。

锯料主要分为压料和拨料。直磨齿以压料为主，斜磨齿只能拨料。锯料量的大小用锯料的宽度和锯料角表示。

3.2　锯切运动

3.2.1　带锯锯切

带锯机是以封闭无端的带锯条张紧在回转的两个锯轮上，使其沿一个方向连续匀速运动，而实现锯割木材的机床。

带锯锯切时，绕在上、下锯轮上由下锯轮驱动的锯条，利用其做直线运动的锯齿切削木材工件(图3-3)。此时，锯条切削木材的主运动和垂直锯条方向的木材进料运动同时进行，两者均为等速直线运动。

主运动速度见式(3-1)：
$$V = \frac{\pi \cdot D \cdot n}{6 \times 10^4} (\text{m/s}) \tag{3-1}$$

进料速度见式(3-2)：
$$U = U_n \cdot n \cdot 10^{-3} (\text{m/min}) \tag{3-2}$$

式中：D——切削圆直径(mm)
n——转速(r/min)
U_n——每转进给量(mm/min)

3.2.2　圆锯锯切

圆锯机是以圆锯片为切削刀具，使其绕定轴作连续匀速回转运动，而实现锯割木材的机床。

圆锯工作时，锯片装在锯轴上等速回转，木材工件以不变的速度向锯片进料(图3-4)。齿尖的相对运动轨迹应该是同一时间内做圆周运动的齿尖的位移和做直线运动的木材位移的向量和。

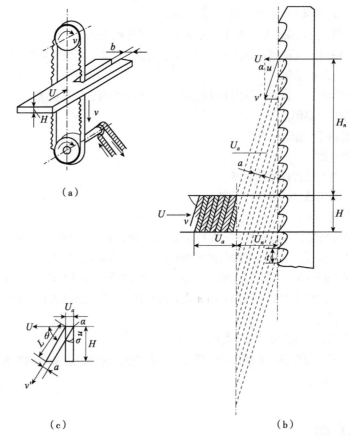

图 3-3 带锯锯切简图

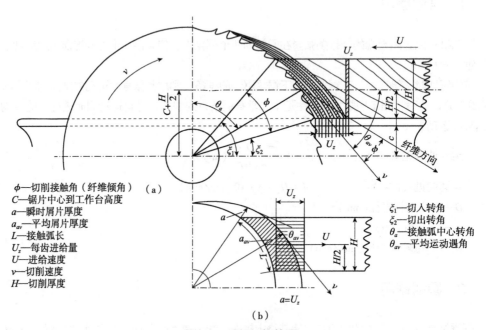

ϕ—切削接触角(纤维倾角)
C—锯片中心到工作台高度
a—瞬时屑片厚度
a_{av}—平均屑片厚度
L—接触弧长
U_z—每齿进给量
U—进给速度
v—切削速度
H—切削厚度

ξ_1—切入转角
ξ_2—切出转角
θ_a—接触弧中心转角
θ_{av}—平均运动遇角

图 3-4 圆锯锯切简图

3.2.3 排锯锯切

排锯机是以张紧在锯框上的锯条为切削刀具,锯框作往复直线运动,从而实现锯割木材的机床。

排锯锯切时,曲柄连杆机构带动锯框,使装在锯框上的一组锯条做往复运动切削木材(图3-5)。因此,排锯的主运动速度就是锯框的运动速度,见式(3-3)。

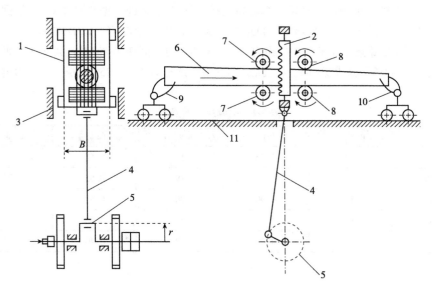

1—锯框;2—锯条;3—导轨;4—连杆;5—曲柄;6—工件;7—前进给辊;8—后进给辊;
9—前工件进给机构;10—后工件进给机构;11—地面轨道。

图3-5 排锯锯切简图

$$V_a = \frac{dS_a}{dt} \tag{3-3}$$

式中:S_a——锯框在曲柄转角时的位移量。

排锯的进给运动分为推动和连续进料两种,前者木材工件做间歇运动,后者木材工件做等速直线运动。

3.3 带锯条

带锯条的结构单一,只有宽窄和单双面齿之分。

宽锯条主要应用于制材和木材加工中的备料。窄锯条主要应用于锯切曲面线的细木工带锯。
带锯条由直接切削木材的锯齿和支持锯齿、补充新锯齿的锯身两部分组成。

3.3.1 锯身

带锯条的锯身特征参数有锯身长度 L、宽度 B 和厚度 s。

(1)锯身长度

锯身的长度主要决定于带锯机锯轮的直径 D 和上、下锯轮中心距 l。即式(3-4):

$$L = \pi \cdot D + 2l \tag{3-4}$$

锯轮直径为914~1524mm 的锯机,使用6~9m 长的锯条。

(2)锯身宽度

锯身宽度包括锯齿在内的锯身初始宽度 B 决定于锯机结构。锯身的标准宽度为 50mm、75mm、100mm、125mm、150mm、180mm、205mm。当锯条宽度磨损到初始宽度的 1/3~1/2 时,应予报废。锯机生产率要求不高,进料速度容许略为放慢时可以取上限。

(3)锯身厚度

锯身的厚度与锯身承受的应力有关。在锯身承受应力中,弯曲应力所占比例最大。根据锯身的弯曲应力公式 $\sigma = E \cdot s / [(1-\mu^2) \cdot D]$,锯钢弹性模数 E 和泊松比 μ 在锯钢一定时是恒定的,因此要控制锯条的弯曲应力,必须根据锯轮直径 D 的大小来选择锯身厚度 s。一般锯厚小于 1.45mm(17号)的锯条,其厚度 $s \leq D/1000$;锯厚大于 1.45mm 的锯条,$s \leq D/1200$。

国际上通用的锯条厚度表示法主要有公制"mm"和英国伯明翰铁丝规格"B.W.G."两种。两种锯厚表示法的换算关系见表 3-1。我国常用制材带锯条的厚度为 1.25~0.9mm(18~20号)。

表 3-1 锯厚尺寸的换算

mm	B.W.G	mm	B.W.G	mm	B.W.G
2.40	13	1.25	18	0.65	23
2.10	14	1.05	19	0.55	24
1.85	15	0.90	20	0.50	25
1.65	16	0.80	21	0.45	26
1.45	17	0.70	12	0.40	27

3.3.2 锯齿

(1)尺寸参数

①齿距 t 齿距是锯齿的主要尺寸参数。齿距决定后,齿高随之而定。齿距小,齿数多,在相同的切削条件下,每齿切削量小,锯齿坚固,材面光洁。但齿距变小后,齿室容量相应减少,排屑困难,磨擦热增加,锯齿易钝。小齿距通常用于切削速度大,进料速度小,锯路高度小,拨料齿的薄、窄锯条。齿距的具体值可参考表 3-2 选择。

表 3-2 带锯齿齿距   mm

锯厚	齿距		锯软(硬)材时齿距增(减)量极限
	压料	拨料	
1.25 (18号)	38	32	6
1.05 (19号)	35	28	6
0.90 (20号)	32	25	
0.80 (21号)	28	23	4
0.70 (22号)	25	22	4
0.65 (23号)	22	20	
0.55 (24号)	20	19	
0.50 (25号)	19	17	2
0.45 (26号)	17	16	

②齿高 h　锯齿增高,齿室的容屑空间加大,排屑良好。但锯齿强度变弱,容易跑锯。一般锯硬材,或使用薄、窄锯条时,齿高要小。

齿高与齿距是密切相关的。在选择齿高时应同时考虑齿距值。齿高与齿距的比值可参照表 3-3。一般可取 $h=10s$（s 为锯厚）。

表 3-3　带锯齿齿高与齿距的比值（h/t）

锯材种类	锯厚 1.25~0.90mm 18~20 号	锯厚 0.80~0.65mm 21~23 号	锯厚 0.55~0.45mm 24~26 号
软材	0.40~0.37	0.35~0.32	0.30~0.27
硬材	0.35~0.32	0.30~0.27	0.25~0.22

(2) 角度参数

①前角 γ　前角主要影响锯屑变形所消耗的力。前角大,下锯轻快,推料省力,锯齿切削锐度良好。但前角过大,后角一定时,楔角必然减少,造成齿体强度下降,容易跑锯。通常被锯材料软,锯身厚,前角宜选大。软材可取 25°~35°,硬材取 15°~25°。

②后角 α　锯齿需要后角,是为了减少后齿面与锯路底木材的磨擦。后角值的大小要合适,否则当前角一定时后角过大,会减小楔角,削弱齿体。一般取 15°~25°。加工树脂较多的松木时,由于齿尖容易黏附树脂,使锯齿不锋利,可以适当加大后角。

③楔角 β　楔角是反映锯齿本身强度和锐度的角度。楔角小,齿体虽然尖锐,但锯齿强度下降。通常在锯软材时取 35°~45°,锯硬材时取 45°~55°。

锯齿的三个基本角度是相互影响的,具体选择时,先确定能保证锯齿强度的楔角,而后定锯切时后齿面与木材磨擦最小的后角值,最后根据上述角度值推算出前角。一般条件下,锯软材时楔角取 35°~45°,后角取 15°~25°,前角取 25°~35°；锯硬材时楔角取 45°~55°,前角取 15°~25°。

3.3.3　锯室

在确定了锯齿的主要尺寸和角度后,齿室的大小已基本确定。通过齿形的调整,齿室只能在小范围内改变其大小。

齿室的形状应保证锯屑在齿室内畅行无阻。为此,锯齿的前齿面、齿腹、齿底、后齿面等交接部分应平滑。另外,为了防止齿底因应力集中过大而开裂,齿底的圆弧半径应足够大。一般 $R=0.15t$。

一般齿室的容积等于或略大于齿体的体积。直背齿 [图 3-6 (a)] 的齿室容积大于齿体体积,曲背齿 [图 3-6 (b)] 的齿室容积约等于齿体体积。锯条厚,锯路高度大,进料速度快,锯切湿材、软材、树脂材等,应加大齿室容量。

3.3.4　齿形

已知齿距、齿高、前角、楔角等主要齿形参数,以及齿室容量后,便能根据不同锯切要求,确定一种合适齿形。按照不同的齿形参数和齿室形状,可以组合成不同的

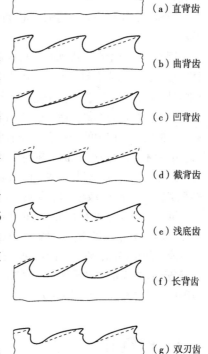

图 3-6　带锯齿齿形

(a) 直背齿
(b) 曲背齿
(c) 凹背齿
(d) 截背齿
(e) 浅底齿
(f) 长背齿
(g) 双刃齿

齿形(图 3-6)。例如：

(1) 直背齿

直背齿是一种常用的、典型的带锯齿形。其他齿形可以看作是以这种齿形为基础演变而成的。锯齿的切削锐度，锯齿的强度，锯齿的排屑能力均要求保持中等时，这种齿形较为合理。适宜锯切一般的软硬材。齿距为齿高的 3 倍。前后齿面均为平面。易磨出整齐划一的齿形。一般 $\gamma = 25° \sim 32°$，$\beta = 41° \sim 45°$，$\alpha = 17° \sim 23°$。标准角度为 $\gamma = 25°$，$\beta = 45°$，$\alpha = 20°$。

(2) 曲背齿

后齿面呈弧形凸起，增加锯齿的抗弯强度。适宜锯剖硬材。锯齿的切削锐度差，锯屑不易排除，后齿面与锯路底木材磨擦剧烈。标准角度为 $\gamma = 30°$，$\beta = 44°$，$\alpha = 16°$。

(3) 凹背齿

与曲背齿相反，后齿面弧形凹入。齿尖锐利，排屑性能好，但锯齿强度低。适宜加工杨木，杉木等软材。标准角度为 $\gamma = 30°$，$\beta = 35°$，$\alpha = 25°$。

3.3.5 锯料

带锯齿主要采用压料齿。小带锯特别是手工进料的锯机或手工锯多采用拨料齿。

锯料的大小可用锯料宽度 B(或锯料量 s') 和锯料高度 h'(或锯料角 λ) 表示(图 3-7)。由于锯路壁木材有一定的弹性恢复，所以锯料宽度略大于锯路宽度。一般取锯料宽度等于锯路宽度。锯料高度 h' 通常为齿高的 $1/4 \sim 1/3$(薄锯取小值)。

锯料角较小，难以测定。压料齿在前、后齿面的压料角不等。前齿面 $\lambda = 10°$，后齿面 $\lambda = 20°$。拨料齿后齿面的 λ 角比压料齿的小。锯软材时，拨料齿 $\lambda = 10° \sim 15°$，压料齿 $\lambda = 20° \sim 25°$。锯软材宜选择比锯硬材大的锯料角。

习惯上，锯料的大小用锯料宽度或锯料量表示。一般采用锯料量表示锯料大小。

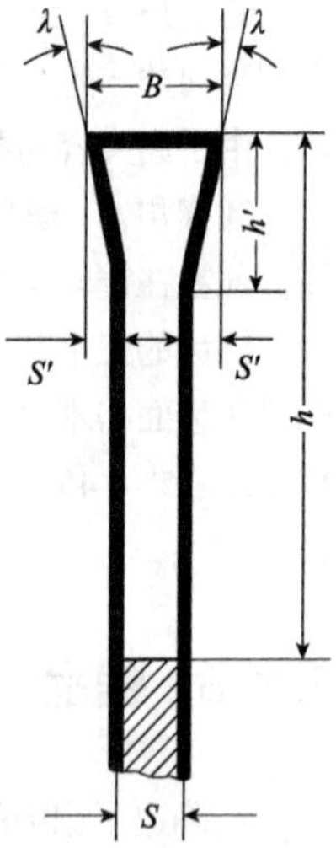

锯齿的锯料量在锯齿切削木材的过程中会逐渐变小。所以比较锯机的锯料量时，以初始锯料量为准。由于锯齿数多，锯料不易保证均匀，测定锯料量时应间隔一定齿数。先测定锯齿两侧的锯料量，然后求其平均值。

图 3-7 锯料参数

初始锯料量应选择合适。压料齿的锯料量如果过大，锯料两尖端易磨损；拨料齿当其锯料量超过一倍时，锯路中间会剩下一部分木材没有被锯齿切削，造成切削不良，锯料不稳定，锯到木节，齿尖还会被打弯、折断。锯料量大一些，虽然可以减少锯身修整工作量，而且加一次料后，锯料的保持时间也可以长一些。但却增加了木材和电力的消耗。所以从节约原料和减少能量的消耗角度看，应采取有效措施，尽可能选取小一些的锯料量。

锯料量可以在 $0.2 \sim 0.45s$ 范围内选取。厚锯条选小值，薄锯条选大值。折算成锯料宽度即为 $B = (1.4 \sim 1.9)s$。锯料量选择的一般原则是锯料宽度不能超过锯厚的一倍，即 $B \leq 2s$。

为了防止夹锯，锯软材比锯硬材的锯料量要大。为了防止锯料过快损坏，拨料齿比压料齿、薄锯条比厚锯条的锯料量要小。锯剖湿材、树脂材、含胶质木纤维的木材时，锯料量宜大；锯剖特硬材、冻结材时，锯料量宜小。

3.4 圆锯片

圆锯片除用于的锯剖、横断外，还常用来开槽。

3.4.1 锯片种类

圆锯片的种类远较其他锯的种类多。圆锯片按锯身横截面的形状不同，可以分为平面锯身、内凹锯身和锥形锯身三类；按锯切方向和齿形不同，可以分为纵锯圆锯片、横锯圆锯片和纵横锯圆锯片；按锯齿与锯身的连接方法不同，可以分为整体圆锯片和镶齿圆锯片；按其功能不同，可分为锯剖用圆锯片、变屑切削圆锯片和开槽锯片。下面用图3-8表示锯剖用圆锯片的分类：

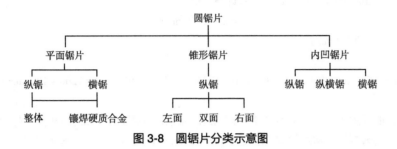

图3-8 圆锯片分类示意图

3.4.2 锯片结构

锯片由锯身和锯齿组成。

（1）锯身

按锯身横截面形状分为平面锯身[图3-9（a）]、锥形锯身[图3-9（b）~（d）]和阶梯锯身[图3-9（e）]，可以用不同的尺寸参数和角度参数表示其各自的结构特征。所有的锯片都可以用锯片的外径、厚度和孔径作为锯身结构特征的主要参数。

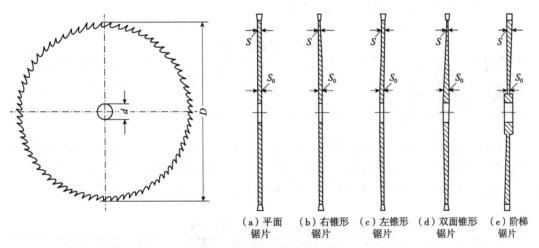

图3-9 不同结构的圆锯片

①外径 D　一般先根据被锯木材的最大锯路高度和锯机的结构参数计算出锯片的外径，然后考虑锯片使用中多次刃磨后半径方向的磨损余量，而适当增加锯片的外径。后一因素对于硬质合金圆锯片则无需考虑。

在同一工作条件下，小直径的圆锯片具有以下一系列的优点：减少动力遇角，而降低切削功率消耗；减少每齿进料量，而改善切削质量；缩小锯料量，而减少木材和能量消耗；提高锯片稳定性；便于锯片修磨等。所以锯片的磨损余量不宜选大。当锯片磨损到不宜在原用锯机上工作后，可以换到其他类型的圆锯机上去使用。

制材用圆锯片的直径，根据锯片厚度的不同，可以选取最大锯路高度的2~3倍。如果被锯原木需要超过1.5m外径的锯片锯切，可考虑改选上、下一对小直径的锯片，以减少因锯片过厚而造成的木材和能源浪费。

我国生产的平面锯身的圆锯片，外径为150~1500mm，内凹锯片的外径为200~500mm，两种锯片都是每隔50mm进一级。一般用于制材的圆锯片外径为700~1200mm，用于单板整理的锯片外径为350~450mm，用于胶合板、纤维板、刨花板和木质层积塑料板锯切的锯片外径为200~300mm，用于刨花板铺模锯切用的锯片外径为400mm。

②厚度 s 圆锯片的厚度可按式(3-5)计算。

$$s = K \cdot D^{1/2} (\mathrm{mm}) \tag{3-5}$$

式中：D——锯片外径(mm)；

K——系数。

其中，$D=150$mm 时取 0.065；$D=650~1200$mm 时取 0.075；$D=1200~1800$mm 时取 0.11；平均取 0.07。

同一直径的锯片中，有数种不同厚度的规格。如果锯片钢质好，或者锯切软材，可以选取同一径级锯片中的薄锯片。常用的锯片厚度在 0.9~3.2mm 内变化，其中锯厚小于 1.1mm 的锯片，每隔 0.1mm 进一级；大于 1.1mm 的锯片，每隔 0.2mm 进一级。

内凹锯身的锯片，比同一径级的普通锯片要厚，厚度为 1.8~3.2mm，每隔 0.2mm 进一级。

③孔径 锯片的一个安装尺寸。锯片的中心孔孔径随锯片外径增加而增加。有些锯片的中心开有单面或双面键槽，也有的锯片在锯身中心孔旁另开销孔。

(2) 锯齿

①齿数 Z 圆锯片和带锯条不同。锯条用旧变窄后，齿锯还保持不变。圆锯片重复使用后，锯片直径逐渐缩小，如果仍按原来的齿数刃磨锯齿，齿锯也随着变小。这时继续用齿锯反映锯齿的疏密和强弱，显然已不适合。圆锯片应该用齿数数量代替齿锯的大小表示齿锯的基本尺寸。

锯片出厂时对于同一个径级的锯片提供有数种齿数。齿数如不符合要求，可根据以下原则参考表 3-4 决定合适齿数，去掉旧齿，重开新齿。

表 3-4 圆锯齿齿数   mm

直径		700~850	900~950	1000	1050	1100~1150	1200
齿数	纵锯	70~72	72~74	72~74	74~76	74~76	78
	横锯	80~120	80~110	80~100	80~90	—	—

横截锯齿数多于纵剖锯齿数；精加工锯齿数多于粗加工锯齿数；直背齿齿数大于截背齿和曲背齿齿数；锯剖硬材的齿数多于锯剖软材的齿数；拨料齿齿数多于压料齿齿数。

②齿高 h 纵锯圆锯齿齿高的选择原则同带锯齿。其齿高与齿锯的比值可参照表 3-5 选取。

表 3-5 纵锯圆锯齿齿高与齿距的比值 (h/t)

锯材种类	锯厚 2.10~1.85mm 14~15 号	锯厚 1.65~1.45mm 16~17 号	锯厚 1.25~1.05mm 18~19 号
软材	0.50~0.44	0.40~0.35	0.32~0.30
硬材	0.45~0.40	0.35~0.30	0.27~0.25

③角度参数 圆锯片由于它加工的材种、锯切方向等条件，不像带锯条那样单一，因而锯齿形状比较多，锯齿的角度参数相应也变化大。具体角度值可参看表 3-6。

纵锯木材的直磨齿，其前角、后角、楔角等角度值的选择原则和带锯齿类似。对于斜磨齿，横截圆锯片的斜磨角取 25°~20°，加工硬材时取 10°~15°。

表 3-6 圆锯齿的角度参数

锯片类别	参数	纵锯齿种类			
		直背齿	截背齿	截背斜磨齿	曲背齿
	齿形				
木材加工圆锯片	用途	锯边	粗锯	再锯	粗锯
	齿喉角 $\gamma(°)$	20~26	30~35（硬材取最小值）	25	30~35
	齿尖角 $\beta(°)$	40~42	40~45	45	40~45
人造板加工圆锯片	用途	单板整修、刨花板铺装锯切和纤维板锯边	木质层积塑料锯切		硬材单板整修锯切
	齿喉角 $\gamma(°)$	10~20（锯纤维板取小值）	0~10		20~30
	齿尖角 $\beta(°)$	40~50	45~55		40~55

表 3-7 上锯轮的结构形式

锯片类别	参数	横锯齿种类			
		等腰三角斜磨齿	不等腰三角斜磨齿	直背斜磨齿	截背斜磨齿
	齿形			$\gamma=0$	$\gamma=0$
木材加工圆锯片	用途	软材原木截断	横锯	板材、板条锯锯	硬材原木截断	板材、板条横锯
	齿喉角 $\gamma(°)$	-(25~30)	-15	0	-(10~20)	0
	齿尖角 $\beta(°)$	50~60	45	40	80~85	70
人造板加工圆锯片	用途		单板整修锯切胶合板横向锯边或硬木胶合板纵横锯切	胶合板纵向锯边或软木胶合板纵横锯切		木质层积塑料锯切
	齿喉角 $\gamma(°)$		-(5~20) -(20~30)	0		0
	齿尖角 $\beta(°)$		55~60 45~55	45~50		45~55

④齿室　纵锯圆锯齿的齿室大小和形状，考虑原则同带锯齿。齿底圆的圆弧半径 $R=(0.10~0.15)t$。

⑤齿形　圆锯片的齿形变化繁多，通常圆锯片按锯切方向不同，可分为纵剖锯齿、横截锯齿和组合锯齿三大类。

纵锯齿(表3-6)：纵锯齿和带锯的直背齿、曲背齿及截背齿相同，大部分是直磨的。也有的纵锯圆锯齿，斜磨齿背，变成斜磨的截背圆锯齿。虽然这种锯齿看上去像截背斜磨横锯齿，但截背斜磨的纵锯齿的前角一定大于零度。

横锯齿(表3-7)：横锯齿的特征是锯齿前、后面斜磨，而且前角 $\gamma \leqslant 0°$。横锯圆锯齿中用的最早的齿形是斜磨的等腰三角齿和不等腰三角齿。不等腰三角齿的前角降到零度变成齿刃锋利的直背斜磨齿。硬材原木截断，或木质层积塑料锯切，不仅做成负前角而且做成截背的齿形。

组合齿(图3-10)：组合齿可以在纵向、横向和任意方向锯切木材。具备这种齿形的锯身，多数采用内凹形状。组合齿锯片的锯齿，成组出现。每组锯齿由2只或4只斜磨直背的横锯齿(切齿)和1只直背的纵锯齿(刨齿)构成。两种齿的锯片半径方向相差0.3~0.5mm。

整体圆锯片常采用拨料齿加宽锯路，压料齿只用在平面锯片上。硬质合金齿圆锯片一般都用加宽齿尖的方法防止夹锯。

圆锯片锯料量的大小与被锯材料的种类，木材的含水率，锯片旋转精度，锯片切削时抵抗侧向力的稳定性，锯机的精度，材料进给的正确性等因素有关。一般加工干材、硬材、冻材时，锯片稳定性好；锯片旋转和材料进给精确时，锯料量可取小(表3-8)。

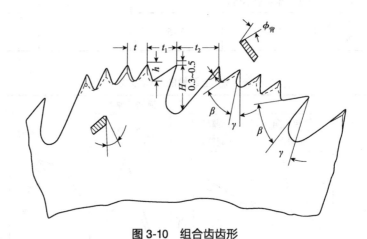

图3-10　组合齿齿形

3.4.3　硬质合金圆锯片

硬质合金圆锯片在木材制品加工中应用已非常广泛，其锯齿用硬质合金材料镶焊而成，因此其耐热和耐磨性很高，锯片使用寿命大大延长；锯切各种含树脂的人造板材，耐磨性可以提高近百倍；还可以用它锯切层积塑料板、铝合金和其他金属材料。

表 3-8　平面锯片的锯料量 s'　　　　　　　　mm

锯剖形式	锯片直径	s'			阔叶材
		针叶材			
		$W<30\%$	$W>30\%$	$W>60\%$	
截断	300~500	0.45~0.55	0.60~0.75	0.40~0.55	0.40~0.50
再剖	500~800	0.55~0.65	0.65~0.80	0.50~0.65	0.40~0.50
板条锯	300~800	0.45~0.55	0.60~0.75	0.40~0.55	0.40~0.50
枕木锯	1000~1500	0.80~0.90	1.00~1.20	0.80~0.90	0.70~0.90
截断	各种尺寸	0.30~0.50	0.40~0.55	0.30~0.50	0.35~0.45

硬质合金锯片锯齿角度跟普通锯片一样包括前角 γ、楔角 β、后角 α 和内凹角 λ，另外还用斜铲角 τ 来减少锯齿与锯路壁的磨擦，用前面斜角 ε_γ 和后面斜角 ε_α 代替斜磨角表示锯齿前、后面斜磨的程度（图3-11）。

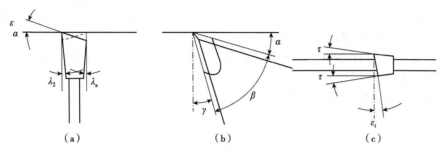

图 3-11　硬质合金锯齿齿形

上述大部分角度变化很小。其中后角 α 一般取 $10°$，有时取 $13°$。内凹角 $\lambda = 2°$。斜铲角 $\tau = 2°$。前面斜角 $\varepsilon_\gamma = 5°$，后面铲角 $\varepsilon_\alpha = 5°$ 或 $10°$。

硬质合金锯片的齿数比普通锯片少。一般木材横锯时 $Z = 30 \sim 80$，加工质量要求高时，齿数更多。人造板锯方时 $Z = 40 \sim 60$，木材再锯时 $Z = 80$。划线锯片因直径很小，要求锯路光滑，$Z = 24$。

根据锯齿前面在基面上的投影形状不同，锯齿可分为内凹正梯形、倒梯形和近似梯形齿（图3-12）。具体如下：

①内凹正梯形齿[图3-12(a)]　应用最广泛，绝大多数纵剖锯片采用这种齿形。前角可以根据被加工材料的性质在 $-5° \sim 30°$ 范围内选择。

②倒梯形齿[图3-12(b)]　此种锯片用来在刨花板、层积塑料板等人造板上锯线槽。这种锯片直径较小 $D = 100 \sim 180 \mathrm{mm}$，齿距 $t = 16 \sim 24 \mathrm{mm}$，$b_1 = 3.0 \sim 3.0 \mathrm{mm}$，$b_2 = 3.6 \sim 5 \mathrm{mm}$。

③近似梯形齿[图3-12(c)]　用于贴面板的锯裁和加工质量要求高的刨花板锯边或铝合金材料的锯切。

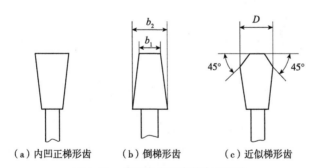

(a) 内凹正梯形齿　(b) 倒梯形齿　(c) 近似梯形齿

图 3-12　硬质合金锯齿前齿面形状

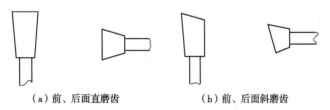

(a) 前、后面直磨齿　　　(b) 前、后面斜磨齿

图 3-13　硬质合金锯齿面直、斜磨形状

内凹正梯形齿又可根据前、后齿面的斜磨不同分为以下几种：

①前、后面直磨齿[图3-13(a)]　主要用于干燥木材工件的纵向锯切和裁边。

②前、后面斜磨齿[图 3-13(b)] 跟普通斜磨齿的圆锯片一样，相邻两只锯齿交替斜磨前、后面。斜角 $\varepsilon_\gamma = 5°$，$\varepsilon_\alpha = 10°$。主要用于干燥木材工件的横向锯切，胶合板、单板和层积塑料板的锯切。锯片参数为 $\gamma = 15°$，$D = 200~400\text{mm}$，$t = 19\text{mm}$，$s = 1.3~1.9\text{mm}$(极薄合金锯片)。

前面直磨、后面斜磨齿用于表面加工质量要求高的贴面装饰板的锯边，亦可用来开槽和截断。单板贴面板锯边时，为了保证锯边质量，在用普通合金锯片锯边以前，用带有上述锯齿的划线锯在板材底部锯出一条线槽。划线锯($D = 80~150\text{mm}$，$t = 14\text{mm}$)可采取顺向进料方式。

另外，单向斜磨后面的锯齿还可用在要求加工质量良好的纤维板、刨花板锯切中($D = 225~450\text{mm}$，$s = 2.6~3.6\text{mm}$)。

上述两种后面斜磨的锯齿 $\varepsilon_\alpha = 10°$，$\gamma = 5°$。

第4章
铣削与铣刀

↳ 4.1　铣削

↳ 4.2　铣刀分类

铣削加工是应用很广的一种木材切削加工方法。铣削是以切削刃为母线绕定轴旋转,由切削刃对被切削工件进行切削加工,形成切削加工表面。铣削加工的特点是屑片厚度随切削刃切入工件的位置不同而变化。在木材加工中,铣削用在各种以铣削方式工作的单机、组合机床或生产线上,如平刨、压刨、四面刨、铣床、开榫机、削片制材联合机等,用来加工平面、成型表面、榫头、榫眼及仿型雕刻等。铣削加工在人造板及制浆造纸工业中还被用来削制各种工艺木片。在各种铣削形式中,直齿圆柱铣削是最基本、最简单和应用最广的一类铣削形式。

4.1 铣削

根据切削刃相对铣刀旋转轴线的位置以及切削刃工作时所形成的表面,可将铣削分为以下三种基本类型:

①圆柱铣削　切削刃平行于铣刀旋转轴线或与其成一定角度,切削刃工作时形成圆柱表面如图 4-1(a)所示。

②圆锥(角度)铣削　切削刃与铣刀旋转轴线成一定角度,切削刃工作时形成圆锥表面如图 4-1(b)所示。

③端面铣削　切削刃与铣刀旋转轴线垂直,切削刃工作时形成平面如图 4-1(c)所示。

由以上三种基本铣削类型,还可以组合成如图 4-1(d)~图 4-1(h)所示的各种复杂铣削类型和成型铣削。而每一种铣削类型又可分为不完全铣削[图 4-2(a)]和完全铣削[图 4-2(b)]两类。在不完全铣削时,刀具与工件的接触角小于 180°;完全铣削时其接触角等于 180°。

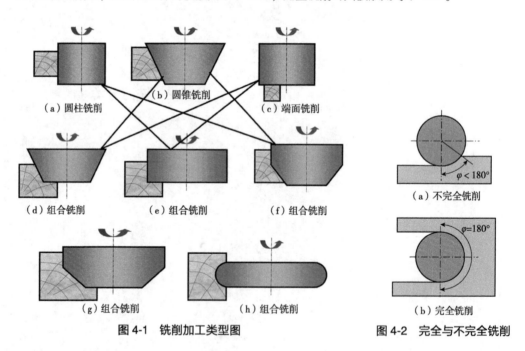

图 4-1　铣削加工类型图　　图 4-2　完全与不完全铣削

根据铣削时刀具上有几面切削刃参加切削,可将铣削分为开式铣削(一面切削刃参加切削)、半开式铣削(两面切削刃参加切削)和闭式铣削(三面切削刃参加切削)三种形式,如图 4-3 所示。

另外,根据进给运动相对主运动的方向,还可将铣削分为顺铣和逆铣两类。顺铣时进给方向和切削方向一致,逆铣时两者方向相对,如图 4-4 所示。

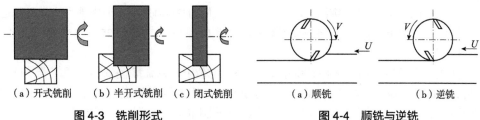

图 4-3 铣削形式　　　　　　　图 4-4 顺铣与逆铣

4.2 铣刀分类

铣刀是木材切削加工中种类最多、应用最广的一类刀具，它被广泛应用于以铣削方式加工的各类机床上。铣刀分类见表 4-1。

表 4-1 铣刀分类

分类方式	铣刀名称
按装夹方式分类	套装铣刀，柄铣刀
按结构形式分类	整体铣刀，装配铣刀，组合铣刀
按铣刀齿背形式分类	铲齿铣刀，尖齿铣刀，非铲齿铣刀
按加工用途分类	平面铣刀，开槽铣刀，成型铣刀，等等
按铣刀外形分类	圆柱铣刀，圆锥铣刀，圆盘铣刀，柄铣刀，等等

4.2.1 焊接式整体铣刀

近年来，人造板及改性和复合材料等基材被广泛使用，在木制品加工工艺中，为了适应这些材料的切削加工要求，普遍采用高硬度、高耐热性的刀具材料，其中主要是硬质合金，也包括表面强化处理的工具钢刀片或用焊接方式将其焊接在刀体上构成整体铣刀，如图 4-5 所示。

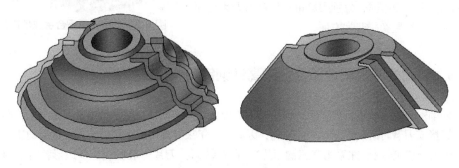

图 4-5 整体焊接式铣刀

为了刃磨后不改变(或尽量小的改变)铣刀原有形状和尺寸，专业生产刀片的厂家，往往先精制出各种形状和规格的硬质合金刀片，再由刀具生产厂商将其焊接在刀体上，以构成整体焊接式铣刀。

为防止刃磨刀片所用的金刚石砂轮与铁质材料(刀体)的亲和作用而堵塞砂轮，减少修磨工时，一般情况下，焊接刀片均突出刀体 1~1.5mm。为使刀片切削时的切削用量均匀，切削运动平稳，提高加工表面质量，一般将刀齿刃磨成后角为 10°~15°，前角为 25°~35°，楔角为 40°~55°的斜面。

这种铣刀另一种新结构，具有切削用量限制器，它位于刀齿前面，轮廓形状和刀齿一样，但低于齿尖刃 0.5~1.0mm。如果每齿进给量大于此值时，限制器就会碰到工件。这种铣刀的特点是切削力变化小，工作平稳安全，特别适合手动进给机床使用，如图4-6所示。

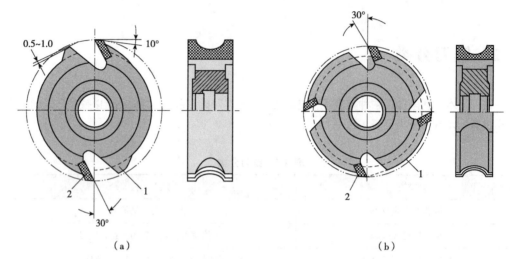

图4-6 整体焊接式硬质合金铣刀

4.2.2 组合式硬质合金成型铣刀

刃口形状复杂的成形硬质合金刀片不易加工制造，所以可用几个形状简单的硬质合金刀片组合来代替复杂轮廓形状的合金刀片，但它只适用于直线形状组合而的刀，一般是将几个齿形简单的盘铣刀，套装在特制套筒上组合成一个整体组合铣刀(图4-7)。为了安装调整和排屑的方便，一般刀片交错安放，有键、销或其他机构固定其相互位置。刃磨时，分别刃磨每一片铣刀刀齿后面，若有损坏可单独更换，非常方便。

图4-7 组合式硬质合金成型铣刀

4.2.3 装配式不重磨硬质合金或高速钢铣刀

在切削木材或木质复合材料时，焊接式硬质合金铣刀的损坏往往不是由于刀齿磨损，而是由于高温焊接或刃磨时磨削热所带来的弊病，因此，近年来国外广泛采用装配式不重磨硬质合金或高速钢铣刀(切削软材往往采用高速钢刀片)。此种铣刀上刀片一般做成正多边形，常见的为等边三角形和正方形，直接用螺钉安装在刀体上，并可转位使用，刀片每一边或一个角均为一个切削刀刃，磨损后只要松开螺钉，把刀片转到另一个刃，即可继续使用。另一种类型的转位铣刀，除了刀片可以转位使用外，刀片连同夹持的刀体部分也可以在套筒上转动一定的角度，以适应不同角度加工的需要，如图4-8所示。

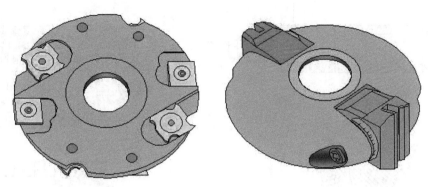

图 4-8　装配式不重磨铣刀

不重磨铣刀除了能避免焊接式硬质合金铣刀的缺点外，还减少了砂轮消耗和刃磨工时，刀片转位使用又节约了换刀和调整刀具的辅助工时，刀具寿命比焊接结构要长，磨钝后可以集中收回。

近年来，在木工平刨、压刨床上还开始使用高速钢的装配式不重磨铣刀轴，这种铣刀轴的刀片夹紧方式与一般铣刀轴相同，但刀片不必重磨，刀尖的位置精度靠刀片在刀体上的齿形定位以及刀片自身的制造精度来保证。与一般铣刀轴相比，它的优点是无须调刀、装换方便。

有些装配式不重磨铣刀还可以组合成组合铣刀。有些装配式铣刀经过适当调换组合可以加工出不同的形面，如加工企口榫槽所用的组合铣刀(图 4-9)。

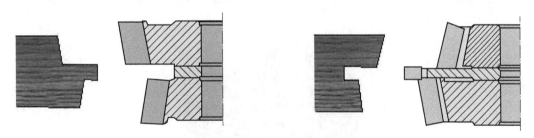

图 4-9　企口地板榫槽专用的组合铣刀

4.2.4　螺旋铣刀轴

在木工平刨和压刨上，目前常用的切削机构大都是由装配在刀轴上的 2~4 片直刃刀片组成的。这种刀轴在高速切削条件下，会产生较大的噪声和冲击，影响表面加工质量。螺旋刃铣刀能克服上述缺点，可降低噪音 15~20dB。但螺旋刃铣刀的加工制造和刃磨难度较大，所以，在实际应用中多以分段铣刀来替代。如图 4-10 所示，即将铣刀轴分成若干段，在长度方向上刀齿依次错开，做成不连续的、近似螺旋形的阶梯形铣刀轴，但降噪效果比螺旋刃铣刀差，刀轴刚性也有所降低。

4.2.5　不重磨组合式榫槽铣刀

如图 4-11 所示，该铣刀是由多把圆盘铣刀组合而成，有多个切削刃、不必重磨，提高了加工效率，节省大量辅助工作时间。圆盘铣刀和刀齿的数量可按需要进行不同的组合。

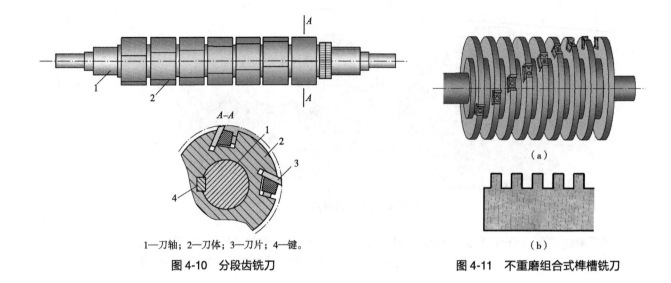

1—刀轴；2—刀体；3—刀片；4—键。

图 4-10　分段齿铣刀

图 4-11　不重磨组合式榫槽铣刀

4.2.6　指榫铣刀

指榫纵向接长是充分利用木材原料的一种方法，广泛用于建筑木制品、门窗、地板和家具的板件、框架等。指榫铣刀（图 4-12）有单片组合和多刀组合（有 4 刃或 6 刃）两种，刀片镶焊高速钢或硬质合金。按照齿形的结构和尺寸，指接铣刀可分为微形指榫铣刀和巨型指榫铣刀两种。

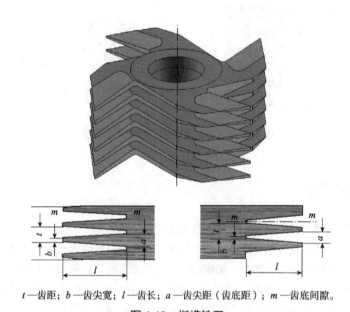

t—齿距；b—齿尖宽；l—齿长；a—齿尖距（齿底距）；m—齿底间隙。

图 4-12　指榫铣刀

4.2.7　复合榫头铣刀

复合榫头铣刀是在圆柱形铣刀上套装一个可移动调节的锯片。根据加工需要，可以在圆柱铣刀上移动锯片位置，以获得所需木制品榫头的长度尺寸，如图 4-13 所示。

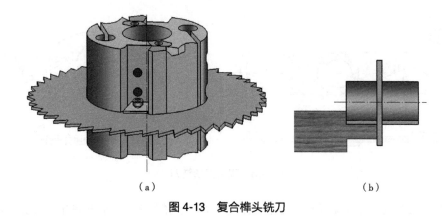

图 4-13 复合榫头铣刀

4.2.8 铲齿成型铣刀

对于成型铣刀要求在多次重磨后,仍能保持切削加工工件的截面的轮廓尺寸和形状不变和原设计的角度参数不变,或者变化很小。铲齿成型铣刀由于其每一个齿都是在铲齿车床上用同一把成型车刀按照同一曲线铲制而成,所以这种铣刀只要按照原来的前角去重磨就能满足上述要求,如图 4-14 所示。

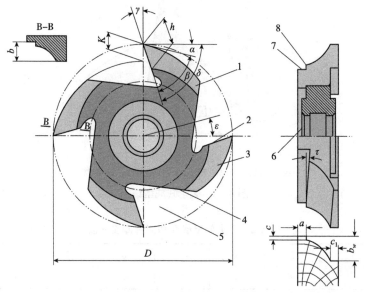

γ—前角;α—后角;β—楔角;δ—切削角;h—前刀面高度;τ—斜磨角;ε—退刀角;K—铲齿量;
b—刀齿轴向剖面高度;b_w—工件截形高度;a、c、c_1—工件截形尺寸;1—刀齿;2—刀齿前面;
3—刀齿侧面;4—齿槽后面;5—齿槽;6—夹持端面;7—主刃;8—侧刃。

图 4-14 铲齿成型铣刀

4.2.9 双齿榫槽铣刀

在铣床上开直角箱榫,广泛采用双齿钩形(S 形)铣刀或双齿榫槽铣刀,如图 4-15 所示。这种铣刀制造简单,节省材料。切削直径一般为 140~250mm;刃口宽度取决于加工要求,一般为 4~12mm;角度参数取决于被加工材料:后角 $\alpha = 15° \sim 20°$,前角 $\gamma = 25° \sim 30°$,楔角 $\beta = 60° \sim 65°$。

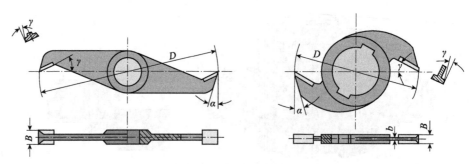

图 4-15 双齿榫槽铣刀

在铣床上成排加工直角箱榫时，为了使各齿依次进入切削，减少切削的冲击和振动，应把各个刀齿相互错开，呈螺旋状排列在机床主轴上。

4.2.10 装配式成型铣刀

为了克服方刀头铣刀刀片装夹强度差、安全性能差的缺点，现多采用圆柱装配式成型铣刀。这种铣刀采用离心楔块压紧的方法紧固刀片，使之装夹强度更加牢固可靠。如图 4-16 所示。为了保证刃片强度，刀尖伸出量和刀片厚度应有一定比例，见表 4-2。

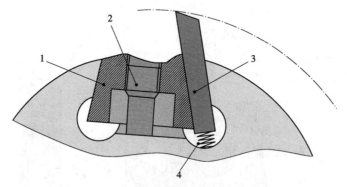

1—楔型压块；2—紧固螺钉；3—成型刀片；4—弹簧。

图 4-16 装配式成型铣刀

表 4-2 刀尖伸出量 h 和刀片厚度 s 值   mm

刀尖伸出量 h	5	10	15	20	30	40	50
刀片厚度 s	3	4	5	6	7	8	10

4.2.11 装配式槽榫铣刀

(1) 刀片直装的直角框榫铣刀

这种铣刀的特点是刀刃平行于铣刀的旋转轴线，并在刀体端面上装有 2~3 片割刀，割刀刀刃突出主切削刃 0.5~0.8mm，以便先于主切削刃割断木材纤维。割刀采用不重磨刀片，4 个切削刃可以转位使用，开榫刀也是不重磨刀片，一边磨钝后，调转 180°再用。

(2) 刀片斜装的直角框榫铣刀

为了改善切削时的受力状况和提高榫头表面质量，这种铣刀的主刃相对于铣刀旋转轴线倾斜

一定角度 λ（$10°\sim15°$）。

(3) 开槽圆盘铣刀

常见的开槽圆盘铣刀如图 4-17 所示。刀片 4 嵌装在刀盘 1 的楔形槽内，转动紧固螺钉 3 使楔块 2 将刀片压紧在刀盘上，开槽圆盘铣刀加工的榫槽较深，可达 $35\sim100$ mm，宽度为 $6\sim12$ mm。一般常用的刀盘直径有 250mm、300mm、350mm 等，刀盘的厚度取决于刀片的宽度，刀片宽度有 5mm、7mm、9mm、11mm、12mm、14mm 几种，楔角通常为 $40°$。齿侧斜铲 $1°\sim4°$，刃磨后刀面。可镶焊高速钢或硬质合金刀齿，或用不重磨刀片。

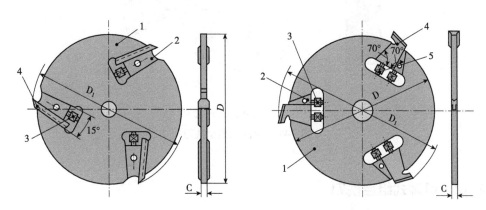

1—刀盘；2—楔块；3—紧固螺钉；4—刀片；5—调节螺钉。

图 4-17　开槽圆盘铣刀

(4) 指榫铣刀

当加工的指榫尺寸较小时，可采用如图 4-18 所示的圆弧形指榫铣刀。当加工大尺寸的指榫时，可采用如图 4-19 所示的装配式铣刀，它的结构与前述的圆柱型铣刀相同，刀片用高速钢制造。

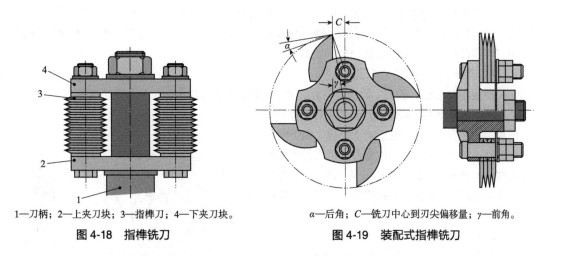

1—刀柄；2—上夹刀块；3—指榫刀；4—下夹刀块。

图 4-18　指榫铣刀

α—后角；C—铣刀中心到刃尖偏移量；γ—前角。

图 4-19　装配式指榫铣刀

4.2.12　装配式仿型铣刀

如图 4-20 所示，这种铣刀主要用在仿型铣床上，加工类型包括衣柜弯脚、椅子腿之类的实木异形工件，这种铣刀加工时主要是作横向切削，而且吃刀量很不均匀，为提高加工表面质量，铣刀前角较大，刃口磨得很锋利。

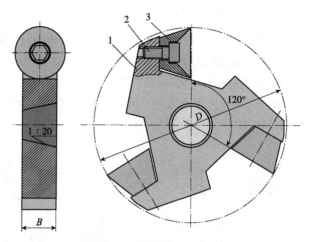

1—刀体；2—紧固螺钉；3—刀片。

图 4-20　装配式仿型铣刀

4.2.13　可调式组合铣刀

当被加工的工件截面形状较复杂，用整体成型铣刀加工难度较大时，需要采用组合铣刀。组合铣刀是由两个或两个以上的铣刀组合而成的。为了保证重磨后，被加工工件的截面形状不变，组合铣刀一般被设计成可调式的，以补偿刀齿轮廓形状重磨后的变化。常用的调节方法有自身并拢调节、螺纹套筒调节、垫圈调节等。

(1) 并拢调节的组合企口地板铣刀

木制品中经常会遇到使用企口联接的方式，因此要求企口具有一定的尺寸精度，而且在刀具重磨后，加工出来的企口尺寸不变。这对于大批量生产，且互换性要求高时，尤为重要。

为了满足上述要求，可以采用靠自身并拢调节的组合企口地板铣刀来实现。铣刀刀齿采用相互交错的嵌合配置方式，即左右两片铣刀交错配置高低齿，高齿加工沟槽、低齿加工槽的两肩。用三个销钉将两片铣刀组装在一起。如图 4-21 所示。

(2) 并拢调节的组合成型铣刀

如图 4-22 所示，铣刀 1 的齿背向左斜铲 3°，铣刀 1 和 2 仅在刀齿前面以线接触。

在铣刀重磨后，两把铣刀原先接触的地方会出现间隙，所以需要把它们再次并拢。由于两把铣刀的斜铲方向相反，所以重磨后再次并拢的铣刀加工出来的工件截形宽度不变。靠铣刀本身并拢来实现调节的铣刀，结构简单，适用于大多数组合铣刀。

(3) 螺纹套筒调节的组合开榫铣刀

如图 4-23 所示，这种铣刀的结构，左右两把铣刀 1、2 各自按相反方向斜铲 2°~3°，用三个螺钉 4 连接、重磨后的间隙靠螺纹套筒 3 来调节补偿。螺纹套筒拧在右边的铣刀上，套筒一端顶在左边铣刀的凹槽内，另一端有刻度。在装配时，调节筒上的刻度应对准 0。

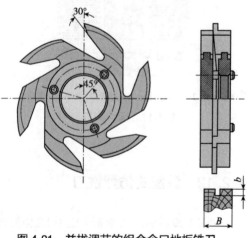

图 4-21　并拢调节的组合企口地板铣刀

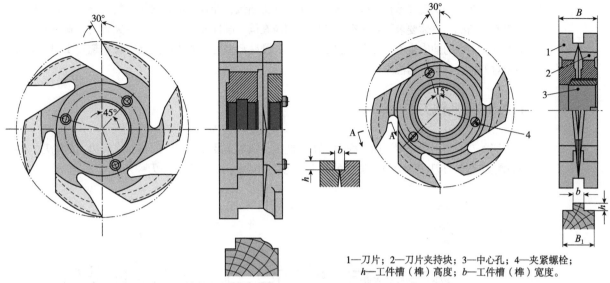

1—刀片；2—刀片夹持块；3—中心孔；4—夹紧螺栓；
h—工件槽（榫）高度；b—工件槽（榫）宽度。

图 4-22　并拢调节的组合成型铣刀　　　　图 4-23　螺纹套筒调节的组合开榫铣刀

（4）复合刀具

为了加工截面形状更加复杂的工件，常采用由几把不同刀具组和而成的复合刀具，如图 4-24 所示。

4.2.14　圆柱铣刀

这里所说圆柱铣刀是指木工平刨、压刨等机床上加工平面用的铣刀，由于加工的平面一般都较宽，且需经常重磨刀具，所以这类铣刀通常都做成装配式的，而且往往把刀体与机床主轴做成一体，称为刀轴。

刀轴的结构取决于机床的结构、用途以及刀片在刀体上的装夹方式。现代木工刨床多采用圆柱形刀轴，圆柱形刀轴刀片的装夹方法合理、可靠，转动时空气动力性噪音小，允许的转速高(如压刨可达 4500~6000r/min)，刀片伸出量的调节方便。

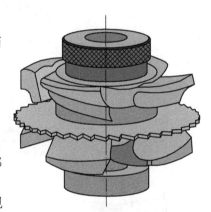

图 4-24　复合刀具

刀片常见形式是薄型、厚型两种，楔角 β 为 30°~40°，软材取 30°，硬材取 40°；后角 α 一般为 10°~20°。薄型刀片的结构有全钢和镶钢两种，全钢刀片大部分是由 65Mn、GCr15、T8 等钢材制作，而镶钢多采用高速钢(W18Cr4V 或 W6Mo5Cr4V 等)做刃口，45 钢做刀体。如图 4-25 所示。

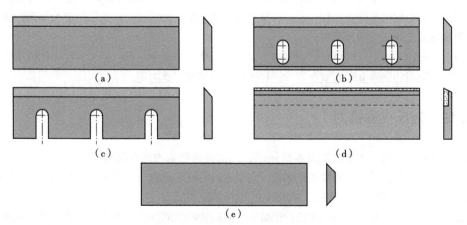

图 4-25　常见圆柱铣刀刀片形式

刀片在刀轴上安装是否正确,不但影响到加工质量,而且关系到操作者的安全,以及刀具和机床磨损情况,具体要求是:所有刀片的刀刃应在同一圆柱面上;刀片的装夹应当牢固可靠,定位要好;刀片的伸出量不应过多,加工平面时,圆柱形铣刀刀片的伸出量一般不超过 1~1.5mm,并应对刀轴进行动平衡检验。

4.2.15 柄铣刀

柄铣刀主要用于开槽、加工榫眼、仿型铣削、雕刻以及加工工件的侧面或周边。柄铣刀的侧面和端部都有刀刃(图 4-26)。侧面的刀刃称为主刃或侧刃,端面的刀刃称为端刃。

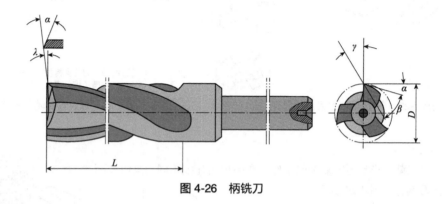

图 4-26 柄铣刀

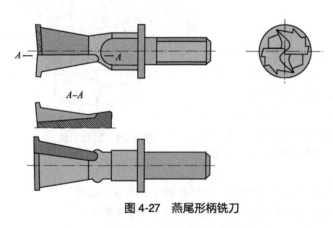

图 4-27 燕尾形柄铣刀

根据铣刀的形状,可分为圆柱形柄铣刀、梯形柄铣刀(燕尾形)和成形柄铣刀,并有直柄、锥柄、螺纹柄铣刀和直齿、螺旋齿柄铣刀之分。

铣刀直径 $D = 3~26$mm。当 $D = 3~15$mm 时,直径级差为 1mm;当 $D>15$mm 时,直径级差为 2mm。燕尾形铣刀的直径通常为 $D = 12~17$mm。图 4-27 为燕尾形柄铣刀的结构。

铣刀长度 L 主要依据刀体的刚度和加工槽深度 h 来确定。考虑柄铣刀刀体刚度时,取 $L=(3~8)D$(mm);考虑加工槽深度 h 时,取 $L=h+(10~15)$(mm)。当直径 $D<10$mm 时,柄铣刀多为单齿;$D=10~15$mm 柄铣刀多为双齿;当 $D>15$mm 时,柄铣刀多为三齿。单齿柄铣刀的齿背可以是圆心偏移的圆弧曲线,也可以是直线,双齿和三齿柄铣刀,为了刃磨和制造方便,齿背一般均做成直线,齿槽为圆弧。

目前,柄铣刀的刀片的材料已由高速钢发展为硬质合金或金刚石,另外,在碳化钨基体表面沉积聚晶金刚石的聚晶金刚石复合刀片已经得到了越来越广泛应用。

4.2.16 液压夹紧铣刀

液压夹紧铣刀的工作原理如图 4-28 所示,铣刀夹紧轴套内部有环形封闭空腔,在此空腔内冲有液压油,固紧铣刀时,拧紧加压螺栓,向空腔内的液压油施压,腔内油压升高,轴套腔体薄壁在压力的作用下膨胀,消除铣刀、轴套和主轴间的配合间隙,均匀地包紧刀轴和刀具,完成刀具的装夹。拆卸刀具时,将加压螺栓拧松减压,使轴套腔体薄壁在弹性恢复力的作用下回复到原始的尺寸,即可取下铣刀。这种铣刀液压夹紧装置具有夹紧精度高,传递扭矩大,结构对称性好等特点，由于油腔结构具有一定的阻尼作用，液压夹紧铣刀除具有极高的夹持回转精度和良好的动平衡特性外，还具有良好的减振阻尼性能，能够适应极高的回转速度，可应用于刀具回转切削加工的机床，如铣床、双端开榫机、封边机、数控加工中心、四面刨等。

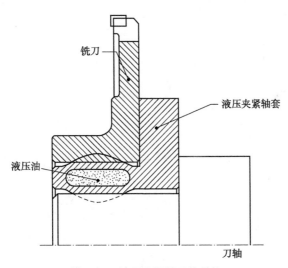

图 4-28　液压夹紧铣刀的结构

第5章
锯　机

↘ 5.1　锯板机

↘ 5.2　数控锯板机

↘ 5.3　排(框)锯机

5.1 锯板机

随着加工工艺技术的进步，人造板作为加工基材的大量应用，尤其是板式家具生产技术的迅速发展，传统的通用型木工圆锯机在加工精度、结构形式以及生产率等都已不能满足生产要求。因此，各种专门用于板材下料的圆锯机、锯板机获得了迅速的发展。从生产效率较低的手工进给或机械进给的中小型锯板机，到生产效率和自动化程度均很高的、带有数字程序控制器或由计算机优化，并配以自动装卸料机构的各种大型纵横锯板系统，机床品种、规格繁多，设计、制造在不断地进步。但不论是哪种形式的锯板机，其主要用途都是将大幅面的板材（基材）锯切成符合一定尺寸规格及精度要求的各种板件。这些大幅面的基材表面可以未经装饰，也可经过装饰。通常要求经锯板机锯切后，获得的规格板件要尺寸准确，锯切表面平整、光洁，无须进一步的精加工就可进入后续工序（如封边、钻孔等）。

板件生产线工艺布置如图 5-1 所示。其生产能力和自动化程度均较高，图 5-1 中 A、B 两部分即构成了一个完整的自动纵横锯板系统，从自动装料、进给、纵横锯切，直至自动堆垛送出，都可以自动完成。

我国国家标准 GB/T 12448—2010《木工机床 型号编制方法》中在锯机类中为锯板机专设一组，其中，按结构特点又被分成带移动工作台锯板机（MJ61）、锯片往复运动锯板机（MJ62）和立式锯板机（MJ63）。这几个系列的锯板机也是目前家具生产工艺中最常用的机型。此外，还有多锯片纵横锯板机。

5.1.1 立式锯板机

立式锯板机最主要的优点是占地面积小，与卧式锯板机相比，约可节省一半以上的空间；其次是工件的装卸放置比较方便，调节、操作也较简便灵活，尤其适用于小批量生产和装饰装修现场。

立式锯板机按锯轴与工作台的位置关系，可分为下锯式和上锯式，前者锯轴装在工作台的下方，后者锯轴装在工作台上方。

5.1.1.1 下锯立式锯板机

（1）结构组成

各种下锯式立式锯板机的结构形式基本相似，如图 5-2 为国产 MJ6325 型立式锯板机。

机床主要由机架、切削机构、进给机构、工作台、定

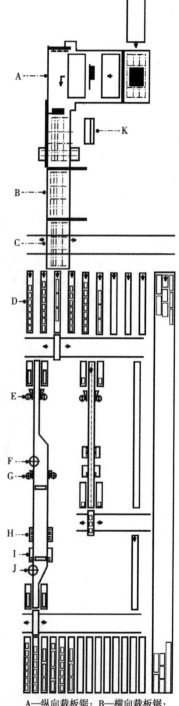

A—纵向裁板锯；B—横向裁板锯；
K—操作台；C、D—横向运输和码垛；
E—对中系统；F、J—修边刀；
G、H、I—底面辊涂辊。

图 5-1 板件生产线工艺布置图

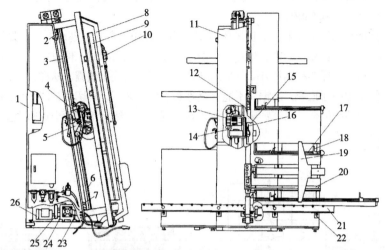

1—机架；2、7—行程开关；3—滑动导轨；4—锯片升降气缸；5—锯座溜板；6、23—链条；8—压紧架；
9—压板；10—压紧气缸；11—工作台；12、25—传动带；13、26—电动机；14—锯片平行度调节机构；
15—防护罩；16—锯片；17、20—标尺；18—旋转挡板；19—垂直挡板；21—托料架；22—螺栓；24—减速器。

图 5-2　MJ6325 立式锯板机

位机构、气动压紧机构、操作机构和电气控制系统等组成。

（2）主要部件的结构及工作原理

①机架　机架 1 为钢架结构，能保证机床的稳定性。滑动导轨 3、工作台 11、压紧架 8、托料架 21 等均固定在机架上。

②切削机构　切削机构主要由主电机 13、传动带 12、锯片 16、锯片升降气缸 4、锯片平行度调节机构 14 以及防护罩 15 等组成，它们全部装在锯座溜板 5 上。而该溜板与机架上的滑动导轨 3 相结合，在进给链条 6 的拖动下可做往复运动。

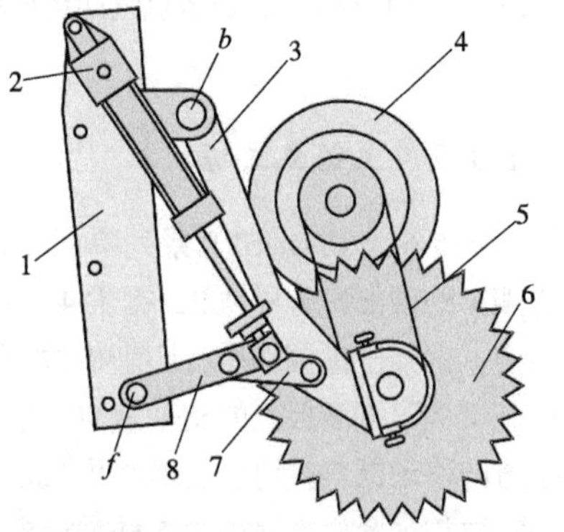

其切削机构的工作原理如图 5-3 所示。主运动由主电机 4 经 V 形带 5 升速驱动，使锯片 6 获得 4000r/min 的转速，切削速度可达 74.35m/s。较高的切削速度能保证锯切表面光洁平整。锯切时气缸 2 的无杆腔进气，活塞杆外伸，推动曲柄 8 绕 f 点摆动，曲肘 7 使锯架 3 相对于锯座

1—锯座溜板；2—气缸；3—锯架；4—主电机；
5—V形带；6—锯片；7—曲肘；8—曲柄。

图 5-3　MJ6325 立式锯板机切削
机构的工作原理

溜板 1 绕 b 点右摆抬起，使锯片切削圆超出工作台及其工件，即可对工件进行锯切；反之，空程返回时，气缸 2 活塞杆腔进气，锯架下落，锯片降至工作台以下，可确保操作者的安全。

③工作台　工作台 11（图 5-2）固定在机架上，其下部有托料架 21 作为放置工件的水平基准面，由螺栓 22 调整其水平。工作台上设有垂直挡板 19 和旋转挡板 18 作为工件的另一个定位基准面，其位置可以根据所需锯件的尺寸调节，数值分别由标尺 17、标尺 20 指示。

④压紧装置　主要由压紧架 8、压板 9 和压紧气缸 10 等组成。换向阀操纵压紧气缸动作可使压板向下压紧或向上松开工件，该装置是一个平行四边形机构，能保证压板同时压紧整个工件；电气系统能保证压紧工件在先，锯切运动在后的顺序，以确保安全生产。

⑤进给运动　由电机 26 经传动带 25、减速器 24、驱动链条 23、带动进给链条 6，拖动切削机构的锯座溜板 5 实现运动，减速器带有变速机构，可按被加工件材质及锯切厚度在 10~14m/min 内无级调节，以选择最佳的进给速度返程运动由进给电机反转获得。行程开关 2 和行程开关 7 起上、下限位的作用。

⑥气动系统　图 5-4 所示为机床的气动系统图，换向阀 1 控制锯架升降气缸 3，换向阀 2 控

制压紧气缸4，锯架的起落速度以及压板上、下行的速度均可分别通过各自的单向节流阀调节，气动系统的工作压力为0.5MPa。

为适应某些板材的加工需要，该机床还设置了另一种加工方式：划切加工，如图5-5所示。利用同一圆锯片在一次往复运动中，先对工件做划线加工，返程时对工件进行锯切加工。作划线加工前应先调整机床，需要在锯片升降气缸活塞杆上加一个划线用垫圈，这样，气缸使锯片下落时，活塞杆不能全部缩回缸内，圆锯片不能完全落到工作台之下，其切削圆的一小部分暴露在工作台之上；由电气系统配合，保证锯座由下位上升时锯片作划线加工，而当锯座由上而下时，锯片抬起作正常锯切加工。

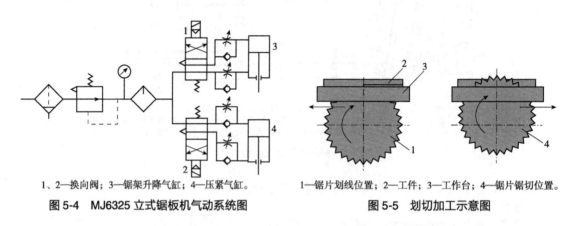

1、2—换向阀；3—锯架升降气缸；4—压紧气缸。

图5-4 MJ6325立式锯板机气动系统图

1—锯片划线位置；2—工件；3—工作台；4—锯片锯切位置。

图5-5 划切加工示意图

5.1.1.2 上锯立式锯板机

图5-6为UniverSVP系列单锯片立式锯板机外形图。锯片被安置在被锯切工件的上方。机床机架1的顶部设有导轨2，锯梁4可沿导轨做水平方向的移动；切削机构3的拖板与锯梁由导轨结合，锯梁位置调整后，切削机构可沿锯梁上、下移动，实现锯片对工件作垂直(横向)锯切；切削机构可绕溜板上的支轴做90°的回转调整，将锯片调成水平且在高度方向调到适当位置，水平方向移动锯梁就可以实现水平(纵向)锯切。锯片对锯梁导轨或对机架顶部导轨平行度有精确的定位和锁紧机构保证。这种锯板机在工件需作纵横两个方向的锯切加工时比较灵活，加工性能优于下锯式。

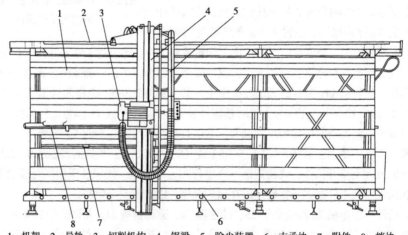

1—机架；2—导轨；3—切削机构；4—锯梁；5—除尘装置；6—支承块；7—附件；8—挡块。

图5-6 UniverSVP系列单锯片立式锯板机外形图

机床在锯切较大幅面工件时，可利用机架下部的下支承块(或支承辊)6作为基准，上、下料十分方便；在锯切较小幅面工件或锯切短料时，可利用附件 7，这样可保持适当的操作高度，利于操作人员作业。机床的锯梁上装有数根标尺，它们分别以下支承块(辊)和附件 7 位置作为基准，因而不论以何者作为加工基准都可以直接、方便地读出锯切板件的宽度；板件长度方向用 4~6 个挡块 8 进行定位，并可由标尺直接读出相应的数值。机床上还装有除尘装置 5，收集排除锯屑。有的锯板机带有可倾斜锯切的支承附件，如图 5-7 所示。

图 5-8 为 TEMPOMAT 型立式锯板机。该机在操作方式和工作循环上更趋合理。机床设置了可上下移动的夹紧器 3 和辅助工作台 1，因而允许大板工件 2 在一次定位后就能进行多次水平方向和垂直方向的锯切，得到符合最终所需尺寸的板件，操作过程中不必将板材从机床上多次搬上、搬下。其工作顺序如下：

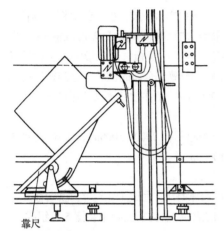

图 5-7 锯板机上可做 0°~45°倾斜锯切附件

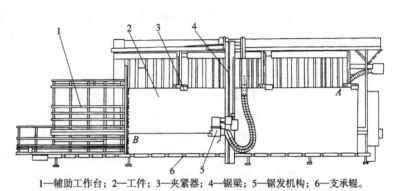

1—辅助工作台；2—工件；3—夹紧器；4—锯梁；5—锯发机构；6—支承辊。

图 5-8 TEMPOMAT 型立式锯板机

① 从机床右侧通过支承辊 6 装上工件(大幅面板材)并支承在支承辊上。

② 夹紧器 3 从机架顶部下降并牢牢夹住工件 2 的上部。

③ 夹紧器将工件稍稍提起，工件的底边若不是光边，则可将锯片调至适当位置并水平移动，在板材底边处锯去一窄条，起裁边作用。

④ 夹紧器下降，将工件重新放到支承辊 6 上，并以此为基准，锯片调整到所需高度(最大为 1.2m)进行如图 5-8 所示的水平锯切。在该锯切过程中，工件的上面部分 A 始终被夹紧器牢牢夹住，这样可以避免工件下压而增加锯片锯切时的摩擦力，以及由此可能造成的夹锯现象。

⑤ 锯片由水平位置转换成垂直位置，同时锯梁移到左边规定的锯切位置。

⑥ 如图 5-9 所示，经水平锯切裁下的下面部分工件 A 自右向左移动直至碰到按规定尺寸设置的挡块和限位开关。

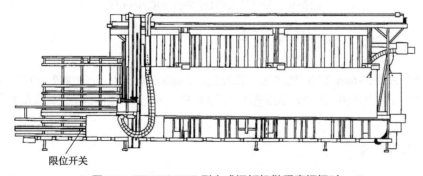

图 5-9 TEMPOMAT 型立式锯板机做垂直锯切时

⑦工件按规定的长度作垂直锯切,锯得符合所需尺寸板件,并从机床上取下。

⑧重复⑥~⑦的动作,直至工件A锯切完毕。

⑨锯片转回到水平位置,由夹紧器悬挂的部分工件A随压紧器下降,直至工件的下边沿接触支承辊,锯片按所需尺寸调整高度并进行水平锯切,重复④~⑧的动作,直至工件锯切完毕。

锯切可以手工操作进给,也可采用自动进给。机床主要技术参数为最大加工板件尺寸5200mm×2100mm,板厚80mm;最大水平锯切高度1200mm;最大锯切长度2500mm;主电机功率5.5kW,包括液压部分总功率8.9kW;机床噪声低于80dB(A)。

5.1.2 带移动工作台锯板机

带移动工作台锯板机应用广泛,不仅能用作软材实木、硬材实木、胶合板、纤维板、刨花板以及用薄木、纸、塑料、有色金属薄膜或涂饰油漆装饰后板材的纵剖、横截或成角度的锯切,以获得符合产品尺寸规格要求的板件;同时还可用于各种塑料板、绝缘板、薄铝板和铝型材等切割,有的机床还附设有铣削刀轴,可进行宽度在30~50mm的沟槽或企口的加工。这类机床的回转件都经过了动平衡处理,在平整的地面平放即可使用;加工时,工件放在移动工作台上,手工推送工作台,使工件实现进给,操作方便,机动灵活。

机床规格已成系列,主参数为最大锯切加工长度,一般范围在2000~5000mm。国产的带移动工作台锯板机主要有三种规格:2000mm、2500mm、3100mm。

机床结构组成如下:

图5-10是带移动工作台锯板机的典型布局。机床主要由床身1、固定工作台4、纵向移动工作台7、横向移动工作台9、锯切机构6、导向靠板3、导向靠板8、防护和吸尘装置5等组成。

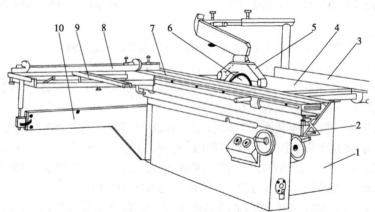

1—床身;2—支承座;3、8—导向靠板;4—固定工作台;5—防护及吸尘装置;
6—锯切机构;7—纵向移动工作台;9—横向移动工作台;10—伸缩臂。

图5-10 带移动工作台锯板机的典型布局

5.1.2.1 床身

床身大多采用5~6mm钢板焊接而成,稳固美观,能保证加工中不产生倾斜或扭曲变形。固定工作台固定于床身顶部,大多采用铸造件,要求平整、不变形。工作台上设有纵向导板及其调节机构。

5.1.2.2 锯切机构

锯切机构通常包括锯座及其倾斜调整机构、主锯片、划线锯片及其升降机构、锯片调速等机构。图5-11为锯轴可作45°倾斜调整的切削机构原理图。

主锯片及其调节机构如图5-11(a)所示,装有主锯片8的主轴被置于主锯架7的轴承座内,主锯架与锯座板12为销轴连接,操纵手轮2经丝杠—螺母机构,可使主锯架绕c点摆动,实现主锯片的升降调节,以满足工件切削厚度变化的需要;四杆机构可保证锯架7作平面运动。主锯片的直径一般为315~400mm,由主电机11通过V形带传动,根据锯片直径和工件材种的不同,主锯片可应用塔轮13进行变速,塔轮变速结构简单,属恒定功率输出,较符合机床加工的实际需要。主电机功率一般在4~9kW。为使调速简便采用专用V形带,以保证单根带就能满足所需功率的传递。调速时,拧动丝杠9即可改变两塔轮间的中心距。此外,应用带传动还能起到过载保护的作用。主锯片采用逆向锯切工件,锯切速度一般在50~100m/s变动。锯切削速度高,要求机床制造精密,应严格控制锯轴的加工精度和形位公差,选用精度级别较高的轴承,并在锯轴的轴承座等处采用橡胶圈等减振措施,尽量减小锯片的抖动,以确保工件加工后的表面光滑平整。为防止纵锯时产生夹锯现象,主锯片后带有分离用劈刀。

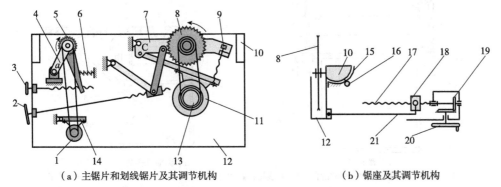

(a) 主锯片和划线锯片及其调节机构　　(b) 锯座及其调节机构

1—划线电动机;2、3、20—手轮;4、7—锯架;5—划线锯片;6—弹簧;8—主锯片;9、17—丝杠;10—半圆形滑块;11—主电动机;12—锯座板;13—塔轮;14—支座;15—半圆形导轨;16—压轮;18—螺母;19—锥齿轮;21—连杆。

图5-11　带移动工作台锯板机锯切机构原理图

划线锯片及其调节机构如图5-11(a)所示,划线锯片5装于可绕锯座板a点摆动的锯架4上,用手轮3作升降调节。弹簧6可保持划线锯片调整和工作平稳。划线锯片的作用是先于主锯片锯切开板材的表层,通常仅露出工作台面1~3mm,采用顺向锯切在主锯锯切之前先将工件底面表层锯开,以免在主锯片锯切时造成工件底面锯口处起毛。划线锯片直径较小,通常在120mm左右,由划线电机1经高速绵纶带升速传动,转速在9000r/min左右,其锯切速度一般在56~60m/s。划线锯片可以采用单片或两片对合、间距可调的形式,其厚度应与主锯片厚度相等或略厚(一般比主锯片厚0.05~0.2mm),其锯齿锯切平面应与主锯片锯齿锯切平面处于同一平面内。划线锯片的传动带常靠划线电机1及其支座14的自重来张紧。主锯片与划线锯片之间的距离一般为100mm。

锯座及其调节机构如图5-11(b)所示,锯座由锯座板12和固定在其两端的半圆形滑块10等组成。半圆形滑块10放置在床身的半圆形导轨15中,并由压轮16使其贴紧。操纵手轮20,通过锥齿轮19、丝杠17、螺母18、连杆21使锯座滑块在床身半圆形导轨内滑动,从而使整个锯座,包括安置在其上的主锯和划线锯一起旋转。倾斜调节的范围为0°~45°。

5.1.2.3　工作台

移动工作台主要由双滚轮式移动工作台、横向移动工作台和支撑臂等组成(图5-12)。这部分是机床的进给机构,滑台及安置其上的导向靠板是被锯切板材的定位基面。滑台移动时的运动精度是保证锯板质量的关键。因此,要求滑台导轨有较高的平直度,以保证加工质量。一般在精密的带移动工作台锯板机上作纵向锯切时,每2m切割长度上,锯切面的直线度可达±0.2mm,我国机械行业标准 JB/T 9950—2014 规定每1m长度上为0.15mm。

双轮式移动滑台，其结构通常有两种类型。如图5-12(a)所示为普通型，即机床锯轴不作倾斜调节；如图5-12(b)所示为锯轴倾斜型，用于锯轴须作0°~45°倾斜调节的锯板机。两者结构相似，仅剖面形状不同。支承座6固定于机床床身，大多采用型材，既可保证强度又可减轻重量。普通型为矩形断面，锯轴倾斜型则为矩形与等边三角形的组合，支承座上置有三角形导轨8。移动滑台2大多采用耐磨铝合金异型材制成，重量轻；其锯轴倾斜型的截面较为复杂，由矩型与三角形组合而成，能保证强度，并为锯片的倾斜留有足够的空间。滑台下置有三角形导轨4，三角形导轨常用耐磨夹布酚醛制造，耐磨无声。其间为双滚轮3，它直径较大，加之滑台又轻，故其空载推力甚小，通常小于10N，最轻的仅需3N，为减少支承座的长度，双滚轮式滑台采用了行程扩大机构。

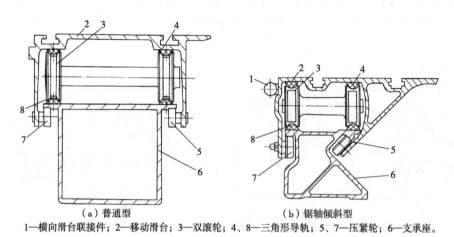

(a) 普通型　　(b) 锯轴倾斜型
1—横向滑台联接件；2—移动滑台；3—双滚轮；4、8—三角形导轨；5、7—压紧轮；6—支承座。

图5-12　双轮式移动滑台

如图5-13所示，推动滑台1，双滚轮2在支承座的导轨上每向前滚动一周(πd)时，滑台前移距离加倍($2\pi d$)，这样可使支承台长度大为缩短。

横向滑台用于横截、斜切和较大幅面板材的锯切，其一侧可安装在双滚轮移动滑台圆导轨的适当位置上，如图5-12(b)中1所示；另一侧则由可绕床身支座转动的可伸缩支撑臂(图5-10中10)支撑。

横向滑台大多采用型材焊成，轻巧可靠，上设可调至一定角度的靠板和若干挡块，以满足工件定位的需要。精密锯板机在作直角锯切时，每1000mm锯切长度上锯切面对基准面的垂直度达±0.2mm。

图5-14为可伸缩支撑臂的示意图，伸缩臂3套装在旋转臂2中，由四个滚轮4导向，各滚轮上均包覆有尼龙，保证伸缩臂移动轻松、方便、无噪声且寿命长。旋转臂与床身为铰销联接，能绕销轴1摆动，丝杠6通过螺母支撑横向滑台，并可起调平作用。

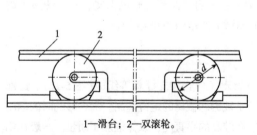

1—滑台；2—双滚轮。

图5-13　双轮式移动滑台行程扩大机构

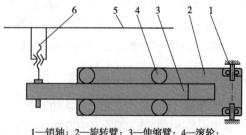

1—销轴；2—旋转臂；3—伸缩臂；4—滚轮；
5—横向移动工作台支架；6.丝杠。

图5-14　可伸缩支撑臂的示意图

5.1.2.4 其他机构

锯片上部常设有防护装置，罩住锯片露出工作台面部分，以防止事故的发生。简单的防护仅罩住锯片上部的不切削部分，较为完善的防护装置常做成带压紧滚轮，能给工件以适当压力的封闭型防护装置，如图 5-10 中 5 所示。

机床的床身上都设有排屑口，通过管道可以接到车间的吸尘系统或单独设置的吸尘器上，有的机床在锯片防护罩上部也设置排屑口，并用管道接入吸尘系统，使机床除尘效果更好。

5.1.3 锯片往复木工锯板机

锯片往复式锯板机具有通用性强，生产率高，原材料省，锯切质量好，精度高，易于实现自动化和计算机控制，可用两台或数台机床进行组合，可纳入板件自动生产线等特点。

这类机床以最大加工长度作为主参数，其范围在 1500~6500mm，我国行业标准规定锯片移动式锯板机有 2000mm、2500mm、3150mm 三个规格。

这类机床的操作和控制包括装卸和工件进给等，有手工方式、机械方式及计算机数控等方式。

这类机床切削速度较高，并设有主锯片、副锯片，可实行预裁口，有较高的锯切精度，一般锯切面的直线度为 0.1~0.5mm，如德国 Holzma 公司生产的这类锯板机工件的定位精度可达 0.1~0.2mm；奥地利 Schelling 公司的产品定位精度可达 0.1mm；德国 Anthon 公司和意大利 Giben 公司生产的这类锯板机定位锯切精度可达 0.15mm。

这类机床允许多块板材叠合锯切。单机使用时常同时对两叠或多叠基材进行锯切。这类机床进给速度也较高，因此其生产率比立式锯板机和带移动工作台锯板机要高得多。图 5-15 为手工装卸和推送工件的锯板机，主要由床身 7、工作台 8、切削机构、进给机构、压紧机构 2、定位器 4、定位器 10 以及电气控制装置组成。

锯片往复锯板机的工作循环如图 5-16 所示，具体流程：①压梁下降压紧工件；②起动主、副锯片电机并提升锯架；③进给电机工作实现锯切；④至规定或末端位置时停止进给；⑤锯架下降；⑥进给电机反向切削机构返回；⑦同时压梁上升，复位。

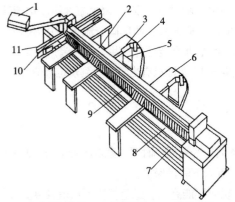

1—电气控制装置；2—压紧机构；3—延伸挡板；
4、10—定位器；5—导槽；6—支承工作台；
7—床身；8—工作台；9—防护栅栏；11—靠板。

图 5-15 手工装卸和推送工件的锯板机

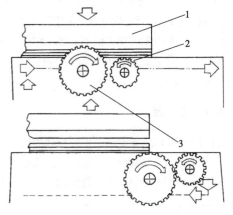

1—压梁；2—副锯片；3—主锯片。

图 5-16 锯片往复锯板机的工作循环

5.1.3.1 切削机构与进给机构

切削机构常安装在小车上。图 5-17 为典型切削机构原理图。主锯片 2、副锯片 4 由各自的电机单独驱动，副锯架 5 可绕支座 6 摆动，以调节副锯片高度，主锯架 11 可绕支座 10 摆动，由气缸 1 使其升降；小车 9 进给时，锯片露出工作台面，可进行锯切；小车返回时下落。主锯片直径通常为 300~500mm，个别重型机床可达 550~600mm。其升出工作台面的高度一般不调节，切削速度为 60~70m/s，一般不变速，功率为 4~9kW，重型机床可达 15~20kW。小车 9 置于床身导轨上，由进给电机经减(变)速装置拖动链条 8 实现进给；依靠电机反转返回。电机功率一般在 0.75~1.5kW，重型机床则为 2.5~3kW。

5.1.3.2 压紧与定位机构

如图 5-18 所示，压梁 1 可在压紧气缸的作用下在锯切全长上从锯路两侧压紧工件。工件定位如图 5-15 所示，气动定位器 4 装在支承工作台 6 侧面的导槽 5 中，对作纵向锯切的工件定位。当所裁板条较窄，定位器不能伸入主工作台区域时，可装上延伸挡板 3。此外气动定位器还有单杆、指状等形式。机械式定位器 10 固定于靠板 11 上方的导槽内，用于横切定位。

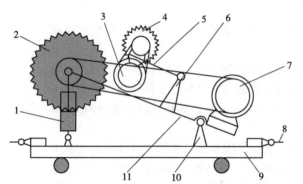

1—气缸；2—主锯片；3—副锯电动机；4—副锯片；5—副锯架；
6、10—支座；7—主电动机；8—链条；9—小车；11—主锯架。

图 5-17　锯片往复锯板机切削机构的原理图

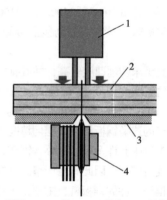

1—压梁；2—工件；3—工作台；4—锯轴。

图 5-18　锯片往复锯板机压梁压紧工件示意图

5.1.3.3 气动系统

图 5-19 为锯片往复锯切机的典型气动系统图。换向阀 9 控制锯架升降气缸 8 驱动锯架升降，压力由调压阀 11 调节；换向阀 5 控制压紧气缸 7 驱动压梁升降，两单向节流阀 6 分别调节压梁升降速度，压力由调压阀 3 调节；多个定位气缸 13 可根据需要任意选用，不用者应关闭相应的截止阀 14。定位缸动作由换向阀 15 控制。压力继电器 10 保证只有当气压达到规定数值时，机床主电机才能启动。

5.1.3.4 安全防护

为保障人身和设备安全，设计与选用锯片往复运动的锯板机时要注意机床安全防护方面的性能。除常规的电气过载及短路保护外，通常还应设置以下联锁保护：

①压缩空气压力小于规定数值(如 0.4MPa)时机床不能启动，以免气压不足造成事故或影响加工质量。

②进给电机做进给运转时，压紧气缸不能放松，即使误按下压紧气缸的放松按钮，也不应放开。

③进给电机反转，小车返回时，锯架只能处下位，保证锯片切削圆位于工作台面之下。

④进给电机正反转相互联锁。

⑤在压梁的两侧应悬挂片状栅栏，如图 5-20 所示，可在锯切过程中护围切割区域，覆盖未补充工件占用的部分，防止手意外伸入而造成事故的发生。

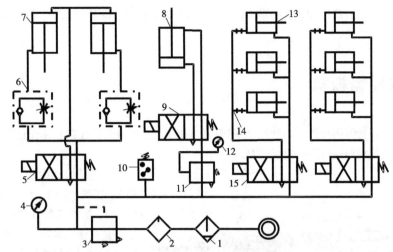

1—分水滤气器；2—油雾器；3、11—调压阀；4、12—压力表；5、9、15—换向阀；
6—单向节流阀；7—压紧气缸；8—锯架升降气缸；10—压力继电器；13—定位气缸；14—截止阀。

图 5-19 锯片往复锯板机的典型气动统图

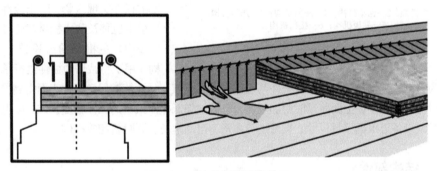

图 5-20 片状栅栏防护装置

⑥压梁两侧应装有安全挡杆，如图 5-21 所示。停机时压梁处上位，手可伸入切削区，这时若意外启动机床，则压梁下降，安全挡杆首先触及人手，触动开关，可使机床立即停止运行，压梁升至上位，避免发生事故。

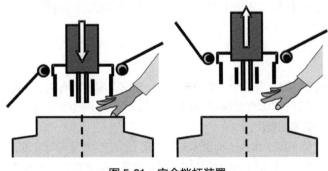

图 5-21 安全挡杆装置

⑦设置锯片固定装置，以便更换锯片时的安全。

⑧锯切通道两侧的工作台面应镶嵌有塑料板条，以防锯片未对准通道时，运行碰到工作台造成损伤；而更重要的是可避免产生危险的火花，利于防火。

⑨电气箱处应设置联锁，只有当电源断开时，才可打开箱盖；或电气箱盖打开时电源自动

切断。

⑩控制板应设有急停按钮，遇事故，按下急停按钮，锯机立即停止工作，锯架下降到工作台之下，压梁升至上位。

5.2 数控锯板机

实际生产中数控锯板机又叫数控裁板锯（图 5-22），主要用于板式家具制作过程中，根据家具设计所需的原材料进行自动定长切割。

数控裁板锯由主机架 1、锯车机构 2、压料机构 3、接料机构 6、送料机构 4、靠板机构 5 等组成。主机架上安装有横向导轨，锯车机构能够在导轨上实现往复式移动锯切。送料机构位于主机架后端，上面布置有工夹，用于抓取板件实现自动送料。主机架上方设置有压料机构，用于将裁切的板件实现压紧，防止板件在裁切过程中位移及防止板材裁切过程中锯口爆边。主机架前端设置有接料结构，用于将裁切的板件进行承接，因接料台为气浮式工作台，能够减少板件与工作台面的摩擦，从而能够保证板件表面得到很好的保护，同时可以使板件在上面移动时更加轻便，有效地降低操作人员的工作强度。综合以上功能特点，此类型设备可根据板料尺寸、数量进行多张、自动定长、同时叠切等操作。

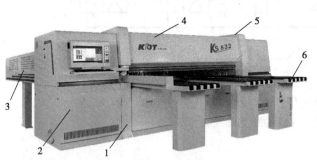

1—主机架；2—锯车机构；3—压料机构；4—送料机构；
5—靠板机构；6—接料机构。

图 5-22 数控裁板锯外形图

5.2.1 结构部件

5.2.1.1 主机架

主机架（图 5-23）作为设备结构的主体，其主要作用为锯车移动提供支撑，同时为裁切板材加工的工作平面。其由前、后工作台通过压料立柱、支腿、工作台底座连接成为一个龙门式框架结构，其结构特点是具有很好的抗扭特性。前后工作台侧面安装有相对平行的导轨，锯车机构可沿导轨实现往复式移动。

5.2.1.2 锯切机构

锯切机构作为核心部件，安装于主机架导轨上，锯车内部安装有主、副锯片，电机通过皮带传动，带动锯片高速旋转。机构侧面安装有驱动电机，为锯车移动提供动力，驱动锯车沿导轨移动，从而实现锯片移动裁切板件。

如图 5-24 所示，锯车架 1 作为机构主体支架，其上面安装有移动导轮 5，用于锯车往复运动的导向；锯车架 1 分为主、副两个独立的区域，锯片旋转机构通过锯片 4 升降导轨安于锯车架 1 上，通过安装在底部的升降气缸 9，实现锯片上下升降功能；电机 10 和 11 安装于旋转机构上，通过皮带 8 带动锯片 2 和 3 旋转；安装于锯车架侧方的减速机 6，通过驱动电机 7 驱动锯车移动。工作过程中，首先升降气缸 9 将锯片升起，电机 10 和 11 驱动锯片 2 和 3 高速旋转，驱动电机 7 驱动锯车前进实现板件锯切；锯切完成后，升降气缸 9 驱动锯片下降，驱动电机 7 驱动锯车返回锯切待料点，实现整个锯切循环（图 5-25）。

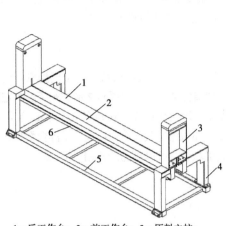

1—后工作台；2—前工作台；3—压料立柱；
4—支腿；5—机架底座；6—锯车导轨。

图 5-23　主机架

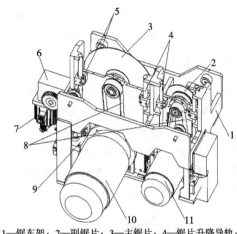

1—锯车架；2—副锯片；3—主锯片；4—锯片升降导轨；
5—移动导轮；6—减速机；7—驱动电机；8—传动皮带；
9—升降气缸；10—主电机；11—副电机。

图 5-24　锯切机构

图 5-25　锯片工作循环位置示意图

5.2.1.3　压料机构

在整个加工过程中，压料机构主要用于将被裁板件在切割过程中进行压紧固定，保证裁切质量。其结构位于主机架上方，由立柱、压料横梁、升降气缸、同步机构等主要结构组成。

如图 5-26 所示，立柱 2 安装固定于工作台 1 上方，立柱 2 内安装有升降气缸 3，升降气缸 3 杆端连接压料横梁 4 左右两端，将压料横梁 4 置于工作台 1 于立柱 2 之间，通过升降气缸 3 升降，实现压料横梁 4 相对于工作台 1 上下运动。压料横梁 4 中间安装有同步杆 5，同步杆 5 两端连接有同步齿轮 6，同步齿条 8 安装于立柱 2 内，与同步齿轮 6 配合安装。压料横梁 4 上下运动时，因左右两边升降气缸 3 运动存在不同步问题，安装此同步结构用于保证压料横梁 4 升降过程中同步。当被裁板件 9 放置位置不在压料横梁 4 中间时，可以保证压料横梁 4 对板件 9 的压力均

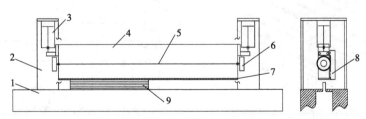

1—工作台；2—立柱；3—升降气缸；4—压料横梁；5—同步杆；6—同步齿轮；7—压料胶条；8—同步齿条；9—板件。

图 5-26　压料机构

匀。压料胶条7用卡槽式或粘接的方法安装于压料横梁4下发，主要用于保护被裁板件9的表面，可以有效防止板件压伤。同时因板件存在厚度及平整度误差，压料横梁4与被裁板件9之间增加一层软质压料胶条7，可以消除板件厚度及平整度误差，使压料更加稳定。

5.2.1.4 接料机构

如图5-27所示，接料机构主要作用为承接已加工好的板件，当板件被裁后会推出到气浮台面板3上；气浮台2内部中空，上面安装有浮台3面板，两者安装后，使气浮台2形成密闭的内空腔体；高压风机7安装于地面，通过风管8连接到气浮台2上；浮台面板3上安装有气浮珠4，当浮台面板3有工件时，板件会将气浮珠4推开，使气浮台2内部压缩空气释放，在板件于浮台面板3之间形成一层气膜，从而达到保护板件与减少板件及浮台面板3之间摩擦力的作用（图5-28）。

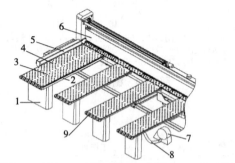

1—浮台支腿；2—浮台；3—浮台面板；4—气浮珠；5—基础靠尺；
6—压料横梁；7—高压风机；8—风管；9—出料导轮。

图5-27 接料机构

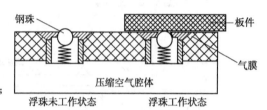

图5-28 气浮珠工作台工作示意图

5.2.1.5 送料机构

送料机构主要用于将被裁板件进行抓取定长送料，所裁板件尺寸由此机构执行完成。此机构安装于主机架后端，主要由送料导轨、送料横梁、工夹等部件组成。

如图5-29所示，送料导轨1分别安装于主机架后端左右两侧，通过支腿8固定于地面，左右支腿8之间通过连接梁4连接形成框架式结构；拖料梁6安装于连接梁4上，拖料梁6上安装有滚轮7，用于支撑板件；工夹2用于抓取板件，安装于送料横梁3上；送料横梁3两侧安装有送料导轮9，送料导轨1上加工有导轨平面，送料横梁3通过送料导轮9安装于送料导轨1上，可在导轨上往复运动；送料横梁3中间安装有驱动电机5，通过驱动电机驱动送料横梁3移动，从而实现板件送料动作。送料横梁传动示意如图5-30所示。

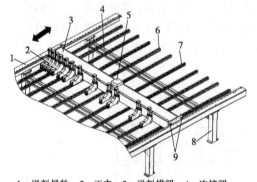

1—送料导轨；2—工夹；3—送料横梁；4—连接梁；
5—驱动电机；6—拖料梁；7—滚轮；8—支腿；9—送料导轮。

图5-29 送料机构

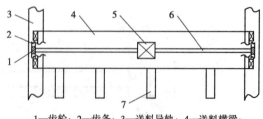

1—齿轮；2—齿条；3—送料导轨；4—送料横梁；
5—驱动电机；6—传动轴；7—工夹。

图5-30 送料横梁传动示意图

5.2.1.6 侧向基准靠尺

要用于将被裁板件靠紧于基准靠尺上,板件在裁切送料过程中始终与锯片切割线成垂直状态,使被裁板件裁切后的相邻板边垂直度得到保证。

如图 5-31 所示,侧靠梁 4 安装于立柱 3 上方,侧靠梁 4 上安装有导轨 7、传动电机 8,侧靠移动座 6 通过滑块安装于导轨 7 上,通过传动链条 5 连接到传动电机 8 上,电机驱动侧靠移动座 6 实现前后移动;侧靠移动座 6 侧面安装有升降气缸 9,气缸端头连接有靠轮 10,靠轮 10 通过升降气缸 9,可以实现靠轮上下升降。

工作过程中,侧靠座先根据被靠板件宽度,移动到指定位置,升降气缸驱动靠轮下降,电机驱动侧靠座往前移动,使靠轮靠紧板件贴紧基准靠尺,实现靠板动作。

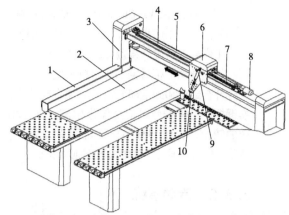

1—基准靠尺;2—板件;3—立柱;4—侧靠梁;5—传动链条;
6—侧靠移动座;7—导轨;8—传动电机;9—升降气缸;10—靠轮。

图 5-31 侧向基准靠尺

5.2.2 技术参数

国内外数控裁板锯主要技术参数见表 5-1 和表 5-2。

表 5-1 国产数控裁板锯主要技术参数表

参数名称	技术参数值	参数名称	技术参数值
裁板宽度/mm	2850/3200/4300	最大送料速度/(m/min)	85
最小裁板宽度/mm	45	主锯片转速/(r/min)	4000
裁板厚度/mm	75/105/120	副锯片转速/(r/min)	5200
最快锯切速度/(m/min)	120	最大锯片直径/mm	450

表 5-2 国外数控裁板锯主要技术参数表

参数名称	技术参数值	参数名称	技术参数值
裁板宽度/mm	3200/4300	最大送料速度/(m/min)	65
最小裁板宽度/mm	35	主锯片转速/(r/min)	4000
裁板厚度/mm	75/105/120/150	副锯片转速/(r/min)	5200
最快锯切速度/(m/min)	180	最大锯片直径/mm	520

5.3 排(框)锯机

随着家具、门窗、地板等加工业的发展和优质木材资源的日益减少,一种小型精密框锯机应运而生。以捷克 NEVA 公司的 Classic 系列框锯机和奥地利 Winterseiger 公司的 DSG 系列框锯机为代表的薄锯条小型框锯机,除了在高档铅笔加工中应用外,在家具、门窗、地板加工中的应用越来越活跃,表现出很大的发展潜力。

5.3.1 整体结构

图 5-32 为 NEVA Classic150/200 型框锯机外形图。其中锯切及出料装置 3 固定在机座 4 上,工作台 1 与进给装置 2 由开合电机驱动,可在机座导轨上相对锯切及出料装置 3 对开,同时开合部分和固定部分前后均装有铰接门。换锯框、检查维修时使两部分相离,打开相应的铰接门,使调整和检修机器极为方便,这是 NEVA 公司生产的框锯机的独特之处。

1—工作台;2—进给装置;3—锯切及出料装置;4—机座。

图 5-32 NEVA Classic150/200 型框锯机外形图

5.3.2 传动系统

NEVA Classic 系列精密框锯机的机械传动系统如图 5-33 所示。主锯切机构由主电机 1、传动带 2、曲柄连杆机构(主曲柄 3、主连杆 4、锯框 5 及机架)组成。锯条张紧在锯框 5 上做上、下往复运动,实现对工件的锯切。

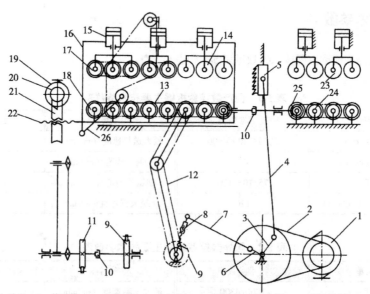

1—主电动机;2—传动带;3—主曲柄;4—主连杆;5—锯框;6—副曲柄;7—进给连杆;8—摇杆;
9—进给棘轮;10—离合器;11—止逆棘轮;12—连杆-链条组合机构;13—传动链;14—压紧滚筒;
15—气缸;16—移动床身;17—上进给滚筒;18—下进给滚筒;19—移动床身驱动电动机;20—蜗杆;
21—蜗轮;22—床身移动丝杠;23—后压紧滚筒;24—出料滚筒;25—锥齿轮;26—摆杆。

图 5-33 NEVA Classic 系列精密框锯机传动系统图

进给机构主要由自动棘轮进给系统组成,实现间隙进给、锯框锯切行程进给和空回行程停止。为提高生产效率,进给机构在锯条到达上止点前提前进给,即工作行程提前进给以消耗除间隙,提高生产效率,提前角为 17°~25°。

工件的进给采用上、下滚筒驱动的滚筒进给方式。为保证在锯框空回行程工件停止进给,采用间歇式进给。进给机构由副曲柄 6、进给连杆 7 组成。摇杆 8 驱动进给棘轮 9 间歇摆动,将运动传至连杆-链条组合机构 12,经传动链 13 驱动上进给滚筒 17 和下进给滚筒 18 间歇转动。上进给滚筒分为两组,分别由气缸 15 驱动,进给时根据工件进给位置,由光电传感器控制先后压紧工件。另外,两组进给滚筒后布置一组弹性压紧滚筒 14 对紧工件。上、下进料滚筒通过链传动联接,以保证两者同步运动。上驱动滚筒在气缸带动的上、下移动过程中，链条的张紧由装在摆杆 26 上的张紧链轮完成。

为防止锯框 5 空回行程时工件反退，在下次工作行程时造成空切，在与进给棘轮 9 的同一轴上装有止逆棘轮 11，与进给棘轮反向安装，保证在工件受反向力作用时不会反退。

进给速度的调整，靠调整由丝杆螺母组成的摇杆 8 的长度完成。调整摇杆的长度，副曲柄旋转一周，摇杆 8 的转角即得到调整。调整时采用手轮经钢丝软轴驱动摇杆上的丝杠完成。

出料机构由一组出料驱动滚筒 24 组成。出料滚筒与进料滚筒由离合器 10 连接同步运动。出料时由一组后压紧滚筒 23 对工件施加压力，气压传动系统中保证了其用较小压力施压，避免压裂锯好的薄板。

在检修和更换锯框时，切断离合器 10 与出料机构的动力，由移动床身驱动电机 19 驱动蜗杆机构（蜗杆 20、蜗轮 21），经床身移动丝杠 22 使进料机构与工作台向对锯切与出料装置移动，实现对开。连杆-链条组合机构 12 自动适应移动部分与固定部分的相对位置变化。

为减少空回行程锯齿后齿面与锯路底的摩擦磨损，提高锯机锯片的使用寿命，框锯采用斜装的让锯方式，在空回时自动产生与锯路底的间隙。锯框斜装结构如图 5-34 所示，斜装量可由调整螺钉调整。

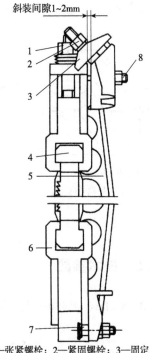

1—张紧螺栓；2—紧固螺栓；3—固定爪；
4—定厚压块；5—锯架；6—可换锯框；
7—定位销；8—调整螺钉。

图 5-34　锯框斜装结构示意图

5.3.3　锯条滚筒压

框锯锯条要求滚筒压适张，其目的是在锯条背部引入预应力，锯条张紧后，背部应力转换为有齿部应力，以提高锯条稳定性，减少锯路损失。滚筒压后在锯条背部产生一定的背弓，具体要求见表 5-3，测量方法如图 5-35 所示。

表 5-3　滚筒压形成的背弓量　　　　　　　　　　mm

锯条长度	380	420	455	505	610
背弓量 y	0.3~0.5	0.4~0.6	0.5~0.7	0.7~0.9	0.8~1.0

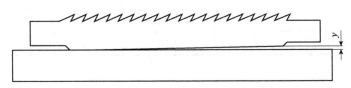

图 5-35　背弓量测量示意图

5.3.4　导向方式

NEVA Classic 系列框锯机根据不同工件规格设计了不同的导向系统。图 5-36(a) 为侧导轨导向方式，用于一次进给一块工件，适合于高 $A=45~250$mm、宽 $B=45~150$mm 的工件，可以加工毛料。图 5-36(b) 为中导轨导向方式，用于一次进给两块工件，适合于高 $A=80~250$mm、宽 $B=$

30~75mm 的工件。图 5-36(c) 为多导轨导向方式，用于一次进给多块工件，适合于高 A = 45~250mm、宽 B = 15~65mm 的工件。

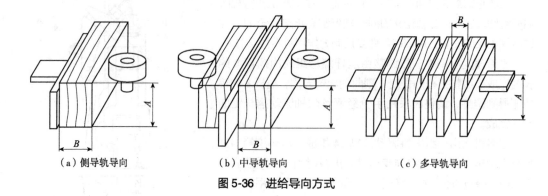

（a）侧导轨导向　　（b）中导轨导向　　（c）多导轨导向

图 5-36　进给导向方式

5.3.5　技术参数

NEVA Classic 系列框锯机主要技术参数见表 5-4。

表 5-4　NEVA Classic 系列框锯机主要技术参数

参数名称	150/75 型	150/120 型	150/200 型	150/250 型
主电机功率/kW	11	11	11	11
刨切电机功率/kW	1.5	1.5	1.5	1.5
开合电机功率/kW	0.25	0.25	0.25	0.25
进给速度/(m/min)	0.2~2.0	0.2~2.0	0.2~2.0	0.2~1.0
锯框行程/mm	210	210	210	210
锯切频率/(次/min)	500	400	400	400
锯切高度/mm	60~75	45~120	45~200	120~250
锯切宽度/mm	150	150	150	150
下进给滚筒数量	12~14	12~14	12~14	12~14
上进给滚筒数量	4~8	4~8	4~8	4~8
长	2500	2500	2500	2500
宽	750	750	750	750
高	1550	1500	1550	1550
机床质量/kg	2300	2300	2300	2300

第6章
刨 床

↘ 6.1 平刨床

↘ 6.2 单面压刨床

↘ 6.3 双面刨

↘ 6.4 四面刨

在木材加工工艺中，刨床用于将毛料加工成具有精确尺寸和截面形状的工件，并保证工件表面具有一定的表面粗糙度。这类机床绝大部分是采用纵端向铣削方式进行加工，也可称为卧式铣床，只有少数采用刨削方式进行加工。

刨床根据不同的工艺用途，可分为平刨床、压刨床、四面刨床和精光刨等。

平刨床可分为手工进给平刨床和机械进给平刨床。手工进给平刨床只加工工件的一个表面。这类机床可以附加自动进料和边刨刀轴。机械进给（滚筒进给或履带进给）平刨床可以是单轴的，也可以是双轴的，双轴平刨床一般采用直角布局。在双轴刨床上同时刨切工件相邻的两个表面，并保证其夹角精度（通常是直角）。

压刨床全都采用机械进给（一般是滚筒进给）。压刨床可分为单面（或单轴）压刨床和双面压刨床。双面压刨床装有两根水平工作刀轴和履带进给机构。履带进给机构运送工件依次通过两根刀轴。

三面刨床和四面刨床是用于对工件的三个面或四个面进行刨切的机床。由于都采用机械化进料，所以生产效率较高并采用多刀轴加工，故机床的调整较烦琐、费时，不适用于小批量生产，而适用于大批量生产。这类机床在细木工、建筑木构件及车厢、家具等生产中获得广泛应用。

6.1 平刨床

6.1.1 用途和特点

平刨床是将毛料的被加工表面加工成平面，使被加工表面成为后续工序所要求的加工和测量基准面；也可以加工与基准面相邻的一个表面，使其与基准面成一定的角度，加工时相邻表面可以作为辅助基准面。所以，平刨床的加工特点是被加工平面与加工基准面重合。

6.1.2 分类

平刨床的主参数是最大加工宽度，即工作台的宽度尺寸。目前使用的平刨床中，手工进给的平刨床占绝大多数。平刨床按其工作台宽度尺寸可分为：轻型平刨床，工作台宽度在 200~400mm；中型平刨床，工作台宽度在 500~700mm；重型平刨床，工作台宽度尺寸在 800~1000mm。

6.1.3 结构

平刨床（图 6-1）一般由床身，前、后工作台，刀轴，导尺和传动机构等组成。

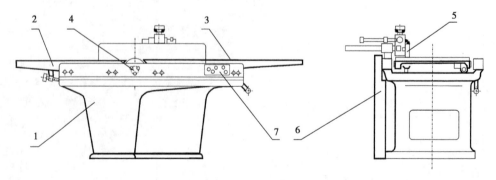

1—床身；2—后工作台；3—前工作台；4—刀轴；5—导尺；6—传动机构；7—控制装置。

图 6-1　平刨床外形图

铸铁床身是平刨床各部件的承受体，它应有足够的强度和刚度，满足机床防振的要求。有的平刨床身采用焊接结构。

前工作台是被刨削工件的基准，它应具有足够的刚度，表面要求平直光滑。一般都由铸铁制成（也有的采用钢板），工作台的平面度应在 0.2/1000 之下，工作台的宽度取决于被加工毛料的宽度，一般在 200~800mm。前工作台对毛料获得精确的平面影响较大，所以其长度比后工作台要长。一般前工作台长度为 1250~1500mm，后工作台长度为 1000~1250mm。

毛料的被加工表面一般比较粗糙，并具有一定程度的弯曲和翘曲，毛料被刨削的过程中，前工作台面的稳定程度直接影响工件的加工精度。在加工弯曲毛料时应取其表面为中凹的面作为基准面当毛料下表面中凹长度小于前工作台长度时，在毛料和工作台面相对滑动过程中，被加工表面上若干支承点在工作台上所构成的支承面高度位置的变化比较稳定，容易获得较精确的平面。然而，当毛料的长度大于前工作台长度，而且被加工工件的下表面是中凹的情况时，毛料在向前移动中后部逐渐升高，所以毛料在前工作台上支承平面就很不稳定，因此，加工出的平面平直性较差。影响支承面高度位置不稳定的因素主要是毛料的长度、厚度、表面粗糙度以及翘曲程度等。但是，当毛料继续沿工作台向前移动并通过刀轴达到一定的长度时（200~300mm），操作人员对毛料前端的加压点就移到后工作台上，这时的刨削加工是以后工作台为基准面的。因为毛料前部的已加工平面已经可以作为基准面了。所以，当位于前工作台上的毛料弯曲不影响加工时，工件就能获得相当平直的被加工表面。由于受开始刨削时毛料支承面不稳定的影响，实际上通过一次纵向刨削加工，毛料不可能得到完全精确的平面。所以，为了得到精确的基准面，一般要通过若干次加工，而且随着次数的增加，不均匀的毛料基准面逐渐被刨平，从而获得较精确的平面。

前、后工作台靠近刀轴的端部各镶有一块镶板，被称做梳形板。其作用是减少前、后工作台与刀轴之间的缝隙，同时又可以加速刀轴扰动空气的流通，降低空气动力性噪声。镶板应具有一定的刚度，并经过精加工，支持毛料通过刀轴，防止工件撕裂。

平刨床的调节主要是调节前、后工作台高度，前工作台要比刀轴切削圆母线低，低的量就是一次铣削的厚度值。后工作台在理论上应调节到与刀轴切削圆母线同高度但生产中最好调节到比刀轴切削圆母线低略低的位置，一般约低于刀轴切削圆母线 0.04mm，以补偿木材工件切削加工后的弹性恢复。

切削刀轴一般为圆柱形，其长度比工作台宽度大 10~20mm，直径常为 125mm。在刀轴上安装刀片一般为四片，较少用两片或三片，因为手工进给平刨床的进给速度一般不高于 6~12m/min，就是在机械进给的平刨床上，进给速度也不超过 18~24m/min。刀轴转速在 3000~7500r/min，由电机通过平带或 V 形带带动。电机安装在能摆动的电机拖板上，带张紧度一般用弹簧调节。

表 6-1 列出了几种国产平刨床的主要技术参数。

表 6-1 国产平刨床的主要技术参数

技术参数	MB502A 型	MB503A 型	MB504A 型	MB504B 型	MB506B 型
最大铣削宽度/mm	200	300	400	400	600
最大铣削量/mm	5	5	5	5	5
工作台总长度/mm	1400	1600	2065	2100	2400
刀轴转速/(r/min)	6000	5000	5000	6000	6000
刀片数目/个	3	3	2	4	4
铣刀直径/mm	90	115	128	115	128
功率/kW	1.5	3	2.8	4	4
自重/kg	200	300	700	600	800

6.2 单面压刨床

6.2.1 用途与分类

单面压刨床用于将方材和板材刨切为一定的厚度,其外形如图6-2所示。单面压刨床的加工特点是被加工平面是加工基准面的相对面。压刨床按加工宽度可分为:窄型压刨床,加工宽度为250~350mm,主要用于小规格的木制品零部件的加工;中型压刨床,加工宽度为400~700mm,常用于各种木制品生产工艺中;宽型压刨床,加工宽度在800~1200mm,主要用于加工板材或框形零部件;特宽型压刨床,加工宽度可达1800mm,主要用于大规格板件的表面平整加工。

窄型单面压刨床,结构简单,价格便宜,生产率较低,因此只适用于在小型企业、小批量加工中使用;中型压刨床,用于加工各种中等宽度的工件,适用于中、小批量的加工;宽型压刨床和特宽型压刨床,适用于专门化的大批量生产。

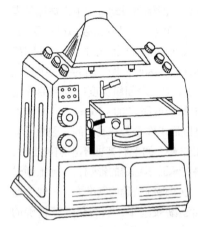

图6-2 单面压刨床外形图

图6-3是单面压刨床的典型工艺图。图6-3(a)中1是被加工工件,在工作台2上装有两个支承滚筒3,在支承滚筒的上方装有前进给滚筒4和后进给滚筒5。有些压刨床上、下滚筒都是驱动滚筒,因此,进给牵引力较大。前进给滚筒4带有槽纹。为保护已加工表面,后进给滚筒5为光滑滚筒。为了使进给滚筒压向工件产生牵引力,采用压紧弹簧6压紧。在刀轴7的前、后装有压紧元件,前压紧器8一般做成板形,有时做成可绕销轴9转动的罩形结构。前压紧器的作用,是在刨刀离开木材处壅积切屑,防止木材超前开裂,并起压紧工件防止其跳动的作用,抵消木材铣削时的垂直方向的分力,引导切屑向操作人员相反方向排出,起切削刀轴的护罩作用。后压紧器10用于压紧工件并防止木屑落到已加工表面上,被进给滚筒压入已加工表面而擦伤加工表面。挡板11用于防止切屑从上面落到后压紧器和后进给滚筒之间的已加工表面上,否则,刨花会经后进给滚筒在已加工表面上压出压痕,影响加工表面质量。

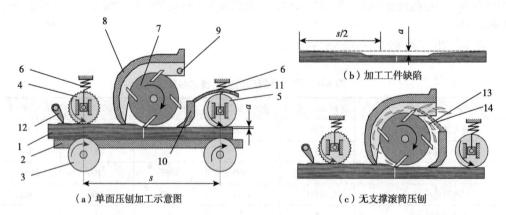

(a)单面压刨加工示意图　　(b)加工工件缺陷　　(c)无支撑滚筒压刨

1—工件;2—工作台;3—支承滚筒;4—前进给滚筒;5—后进给滚筒;6—压紧弹簧;
7—刀轴;8—前压紧器;9—销轴;10—后压紧器;11、14—挡板;12—止逆器;13—切屑。

图6-3 单面压刨床的典型工艺图

刀轴刨切深度一般控制在 1~5mm，正常情况取 2~3mm。刨切深度的大小对工件厚度尺寸精度影响很大。

下滚筒适当高出工作台面，以减少工件和工作台面间的摩擦阻力。但如果下滚筒高出量大，而被加工工件的刚性又较差，则被加工过的工件表面就会成为如图 6-3(b) 所示形状，而达不到平面精度要求。工件的两端将比中间高出滚筒凸出工作台面高度值 a，而较厚端头的长度是两下滚筒距离的一半（$S/2$）。此外，过高的凸出量还会使工件在加工中产生振动，影响加工质量。

切屑落到旋转刀轴和后压紧器之间也会破坏加工表面。旋转刨刀带动切屑 13 压向已加工表面，使表面产生压痕。因此，有些机床上安装有挡屑挡板 14，如图 6-3(c) 所示。为了保证良好的加工质量和表面粗糙度，还应该正确地确定工件进给速度、刀片刃磨质量以及压紧元件的压紧力，并使工件在加工过程中处于稳定状态。

为防止工件在进给方向上反弹，设有止逆器 12，发挥安全保护作用。

6.2.2 组成结构和工作原理

单面压刨床由切削机构、工作台和工作台升降机构、压紧机构、进给机构、传动机构、床身和操纵机构等组成。

（1）切削机构

刀轴长度和机床工作台宽度相适应，一般为 300~1800mm。工作台宽度在 600mm 以下时，刀轴直径为 80~130mm；工作台宽度在 1200mm 时，刀轴直径为 160mm；对更宽的工作台，刀轴直径为 180~200mm，刀轴上装刀数量一般为 2~6 片。

（2）工作台

机床工作台宽度是机床主要参数之一，长度一般在 800~1400mm。工作台一般为整体铸铁件，沿长度方向两侧有挡边，挡边在相对刀轴和前、后进给滚筒的地方留有缺口，以利于刀轴和进给滚筒能够尽可能地靠拢工作台。在工作台上开有两个长方形孔，以便安装下滚筒并使其突出台面。为了适应不同厚度工件的加工，工作台设有垂直升降机构，可以沿一对或两对垂直导轨做升降调节。工作台升降可以采用丝杠螺母机构，也可以是移动楔块式机构，后者能保证较高的移动精度，一般用在重型压刨床或新式中型压刨床上。在一些新型压刨床上，也有采用一个丝杠螺母机构，以及圆柱和垂直复合导轨导向的结构。这种结构既紧凑又能保证工作台有较好的刚度和稳定性，使机床具有较高的加工精度。

（3）压紧装置

①前压紧器 按加压方式，可分为重荷式和弹簧式两种；按其唇口结构，又可分为整体式和分段式两种。

②后压紧器 用于对工件已加工表面的压紧，防止工件跳动。因后压紧器压向工件时，工件已具有较均匀的厚度，所以，后压紧器一般均采用整体式的，并由弹簧来调节对工件的压紧力。

（4）进给机构

压刨床的进给机构一般是采用 2~4 个进给滚筒进给。它们被安置在刀轴的前后，前进给滚筒带有网纹或沟槽（图 6-4），后进给滚筒为光滑或包覆橡胶的圆柱体，前、后进给滚筒间距一般为：窄型压刨床 200mm，中型压刨床 400mm，宽型压刨床 500mm。前、后进给滚筒的中心距决定了压刨床可加工工件的最小长度尺寸。进给滚筒的直径一般为 80~150mm，滚筒对工件的牵引力由进给滚筒上弹簧的压紧而产生。前进给滚筒分为整体式和分段式两种。整体式进给滚筒最多只能同时进给两根工件，为了能同时进给具有一定厚度误差的两根以上的工件，提高机床生产率，在绝大多数机床上前进给滚筒均采用分段式（图 6-5、图 6-6）。

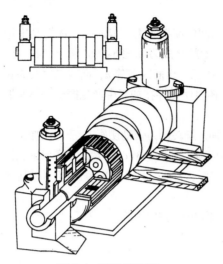

图6-4 前进给滚筒

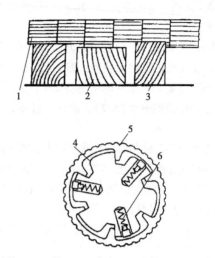

1—滚筒；2—工件；3—工作台；4—芯轴；5—弹性套；6—弹簧。

图6-5 分段式前进给滚筒

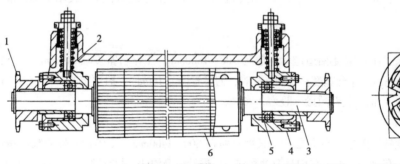

1—链轮；2、7—弹簧；3—轴；4—轴承座；5—轴承；6—弹性套。

图6-6 前进给滚筒的安装结构

压刨床的进给运动，一般有两种不同的传动形式：一种是直接从刀轴的一端，通过齿轮、链传动使前后进给滚筒旋转，如国产MB103型压刨床就是采用这种方式；另一种是由专门的电机通过变速机构、链传动使进给滚筒旋转，如国产MB106型压刨床。前者一般进给速度不变或变速级数很少，多用在小型压刨床上。后者一般用在中型或宽型压刨床上。变速机构分为有级变速和无级变速两种形式。具有变速机构的压刨床，其进给速度一般为5~30m/min。有级变速通常采用拉键（如MB106型），滑移齿轮机构（如MB1065型等），或电机变速等方式实现。变速的级数通常采用2~4级，2级变速的进给速度如10m/min、20m/min；3级变速的进给速度如8m/min、12m/min、16m/min；4级变速的进给速度如4.5m/min、6m/min、9m/min、12m/min、9m/min、12m/min、18m/min、24m/min。无级变速多采用带式锥盘无级变速器等多种结构形式，调速范围一般为5~20m/min或7~32m/min，如MB106A型。

压刨床的主切削运动，一般由电机通过V形带带动刀轴旋转。在个别情况下，也有由电机直接带动刀轴旋转的，电机可以用常用频率（50Hz）或高频电源（100Hz以上）。

6.2.3 压刨床的调整

在单面压刨床上加工的工件应预先经平刨床精确刨平，使压刨加工有较好的基准面。否则，在单面压刨床上就很难得到精确的厚度。为了压刨能正常的进给，被加工工件厚度允差不得超过4~5mm。在加工工件窄边时，如果其宽度能保证在加工过程中有足够的稳定性，可以同宽面加工时一样进行。计算和实验表明,当工件厚度宽度比不超过 1∶8 时,可以保证工件具有足够的稳定性。如果低于这个比例,则只能并排几根一起通过机床加工。

单面压刨床的调整主要有以下内容:①前、后压紧器和前、后进给滚筒相对刀轴切削圆或工作台平面的位置调整;②在刀轴或刀轴上切削刃平行于工作台的调整;③工作台不同高度位置水平度的调整;④前、后压紧器和前、后进给滚筒压紧力的调整;⑤工作台几何精度的检测与调整。

前、后压紧器和前、后进给滚筒与刀轴切削圆下母线的相对位置调整(图 6-7)中,前进给滚筒和前压紧器自由状态应比刀轴切削圆最低点低 1~2mm。下支承滚筒应比工作台面高 0.1~0.2mm,只有加工厚度尺寸较大而未经平刨加工的工件时,允许下支承滚筒的高出量可达 0.3~0.5mm。后压紧器和后进给滚筒自由状态则应比刀轴切削圆最低点低 0.5~1.0mm。

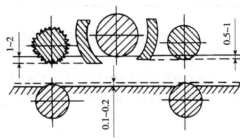

图 6-7 相对位置调整示意图(mm)

刀轴和切削刃对工作台的平行度可用专用对刀器校准。简单调整时也可用校准板,调整时将校准板安放在刀轴下的工作台面上,升起工作台使校准板与某一刀刃轻轻接触,然后用手转动刀轴并调整其余刀刃与校准板接触,这一调整应分别在刀轴两端进行,调整后将刀片固定。

在工作台与刀轴平行的情况下,工作台不同高度位置水平度的调整是检验工作台升降机构的运动精度。检测时可将水平仪放置在工作台中间,慢慢升起工作台,并每间隔一定距离停住工作台,检查工作台上水平仪气泡的偏移程度,工作台从最低点升至最高点后,再从最高点降到最低点,以检验工作台各不同高度位置上的偏移量,通过调节工作台下部与升降丝杠连接处调节螺栓,以调节工作台的水平度,调整完毕后用锁紧螺母将工作台锁紧。

前、后压紧器的压紧力的调节可以用弹簧的压缩程度来调整。压紧力过小易导致工件跳动,影响加工质量,压紧力太大则产生较大的摩擦阻力,使进料困难且引起某些零部件过度磨损。压紧力的大小最好用测力仪检验,使与计算所需的压紧力相符合。

前、后进给滚筒的压紧力调整也可用试验法,即先调整前、后进给滚筒使其有不大的压紧力,用试件测试其进料情况,如果试件打滑,说明前、后进给滚筒压紧力不足,则应加大压紧力再测试,这样反复进行,直至压力调整到合适为止。

工作台几何精度需定期检测,目的是检测工作台的磨损情况,检测内容主要是工作台的平面度。检测时,应用直尺和塞规在工作台的纵横两个方向上测量工作台的平面度,以确定工作台是否需要修整。

表 6-2 列出了几种国产压刨床和进口压刨床的主要技术参数。

表 6-2 压刨床的主要技术参数

技术参数	MB103 型	MB106 型	MB106A 型	S63 型	SX-500 型	SX-400 型	T500 型
最大铣削宽度/mm	300	600	600	630	500	400	500
最大加工厚度/mm	120	100	200	235	295	295	240
最小铣削长度/mm	400	100	290	280	263	263	
刀轴转速/(r/min)	4000	4250	6000	5500	5000	5000	4500
刀片数目/个	2	4	4	4	4	4	4
铣刀直径/mm	80	125	128	120	100	100	120
进给速度/(m/min)	8	10,20	7~32	6,9,12,18	9~18	9~18	6~18

(续)

技术参数	MB103型	MB106型	MB106A型	S63型	SX-500型	SX-400型	T500型
进给滚筒直径/mm	60	125	90	85			
功率/kW	2.8	7.5	7.25	7.5	5.5	4.0	5.6
自重/kg	400	1000	1200	1035	780	700	600

6.2.4 MB106A型单面木工压刨床

图6-8为国产MB106A型单面木工压刨床的外形图。它主要用于木制品、建筑木构件、车厢、木模切削加工中，将方材、板材加工成具有一定厚度尺寸和表面粗糙度的工件。

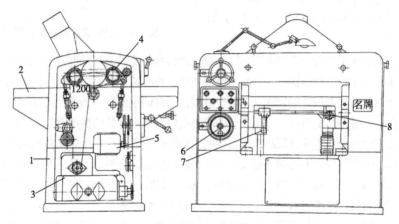

1—床身；2—工作台；3—无级变速器；4—进给滚筒；5—电动机；6、7、8—手轮。

图6-8 MB106A型单面木工压刨床的外形图

MB106A型单面木工压刨床，床身1为整体封闭的框式铸件结构，机身稳重坚实，刚性好。工作台2横向穿过床身垂直框口。下面由两个丝杠支承并做升降移动，由床身上的导轨导向，保证升降运动精度，通过电机5来实现工作台的快速升降调节或者用手轮6实现精确调节，锁紧手轮7用于将工作台2锁紧在调节好的高度位置上，以保证批量生产条件下加工厚度的一致性。为使加工工件顺利通过刀轴，工作台2上安装了两个支承滚筒，用手轮8来调节其高出工作台台面的高度值。主电机安置在床身内腔的右侧下方，主轴传动机构使刀轴获得41m/s的切削速度。在床身左侧壁腔内，无级变速器3通过链传动驱动进给滚筒4，使工件获得7~32m/min的进给速度。改进的MB106D型，已改用可控硅无级调速电机。

图6-9为MB106A型单面木工压刨床的切削刀轴和进给滚筒的结构图。切削刀轴1为整体式结构，其两端分别由两个装有双列向心球面轴承的轴承座套2、3所支承，轴承座套分别安装在床身两边侧壁的圆孔内。V带轮4将运动和动力传至切削刀轴，刀轴直径为125mm，刀轴上装有4片刀，装刀后的切削圆直径为128mm。

前进给滚筒5为分段式，每一段内装有扁圈形弹簧装置。这种结构的优点是在允许的范围内能使不同厚度的工件同时进行加工。分段式滚筒表面带7°的齿槽，经热处理表面硬度为HRC40~45。后进给滚筒6则为整体式的光滑滚筒。前、后进给滚筒由同一链传动7驱动。每个滚筒的两端分别由四块有倾角的轴承板8~11所支承，轴承板9、10套装在主轴承座套2上，板8、11套装在主轴承座套3上，这种结构允许进给滚筒部件绕刀轴轴线回转，滚筒升降灵活、调节方便。前、后进给滚筒的调位调压装置安置在轴承板的端部。长螺栓12的上部用螺钉与轴承板铰接，并穿过装在床身侧壁的支承小轴13，弹簧14和调节螺母15装在长螺栓12的下部。

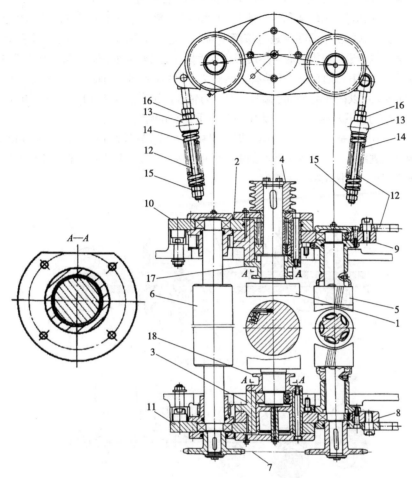

1—切削刀轴；2、3—轴承座套；4—V带轮；5—前进给滚筒；6—后进给滚筒；7—链传动；8、9、10、11—轴承板；12—长螺栓；13—支承小轴；14—弹簧；15、16—调节螺母；17、18—轴承盖

图 6-9　MB106A 型单面木工压刨床刀轴和进给滚筒的结构图

调节螺母 15 可调整弹簧 14 的压缩量，由弹簧 14 所产生的弹性力作用在长螺栓 12 上，由于力臂的关系使前、后进给滚筒以更大的压力压紧工件。调节螺母 16 用于调节各进给滚筒的高度位置。

6.3　双面刨

6.3.1　用途和分类

双面刨床主要用于同时对木材工件相对的两个平面进行加工。经双面刨床加工后的工件可以获得等厚的几何尺寸和两个相对的光整表面。被加工工件表面的平直度主要取决于双面刨本身的精度和上道工序的加工精度。

双面刨床具有两根按上、下顺序排列的刀轴，按上、下排列的顺序不同，可以将其分为先平后压(先下后上)和先压后平(先上后下)两种形式。由于机床结构和功能的限制，无论是哪一种排列方式，该类机床都不能代替平刨床进行基准平面加工，只能完成等厚尺寸和两个相对表面的加工。

图 6-10 是双面刨床的加工工艺示意图。图 6-10(a) 为双压刨式排列。工作台 1 可以通过丝杠

螺母支承，沿导轨在垂直方向上调节。下进给机构 3 和刀轴 8 随工作台 1 一起移动，八个进给滚筒牵引工件进给，先通过上刀轴 4 和下刀轴 8。上面四个滚筒中第一个刀轴前面的两个上进给滚筒是表面带沟纹分段式的。下面四个进给滚筒中前三个是表面带沟纹的，最后一个是表面光滑的。下面最前面的两个进给滚筒有时可用履带机构代替。上刀轴 4 前面是分段式压紧器 5，后面是整体式压紧器 6，在下刀轴 8 的对面装有基准板 7。工件在到达下刀轴 8 之前被压紧器 9 压向基准板 7。基准板 7 可以在垂直方向上调节。在下刀轴 8 后设有后压板 10，后压板 10 可以是弹性的也可以非弹性的。下刀轴 8、后压板 10 均设有垂直方向调整装置。

图 6-10(b)、(c)所示是平—压刨式两面刨床。其中图 6-10(b)是滚筒式进给，如图 6-10(c)是输送带—滚筒组合式进给。后者能保证较好的加工质量，因为采用这种方式进料，工件变形小。工作台 1 可以垂直移动，以便调整切削厚度。

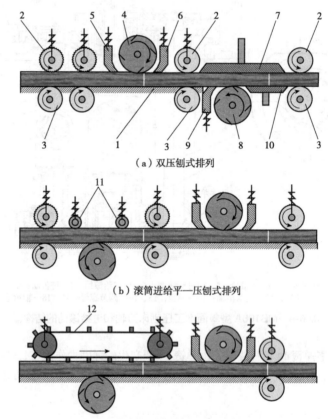

（a）双压刨式排列

（b）滚筒进给平—压刨式排列

（c）输送带-滚筒进给平—压刨式排列

1—工作台；2—上进给滚筒；3—下进给滚筒；4、8—刀轴；5、6、9—压紧器；
7—基准板；10—后压板；11—压紧滚筒；12—进给履带。

图 6-10 双面刨床的加工工艺示意图

机床其他机构与单面压刨床基本相似。在某些设备较完善的双面刨床上，还带有刨刀的自动化或机械化刃磨装置。

6.3.2 组成结构

图 6-11 是 MB206D 双面刨床的外形图。MB206D 双面刨床的最大加工宽度是 630mm，最大加工厚度是 200mm，主要用于加工板材、方材，通过一次加工能够同时获得工件上、下两个平面和两个面之间的定厚尺寸，下水平刀轴可以升降调节，当其降到工作台面以下时，机床就可以作为单面压刨床使用。

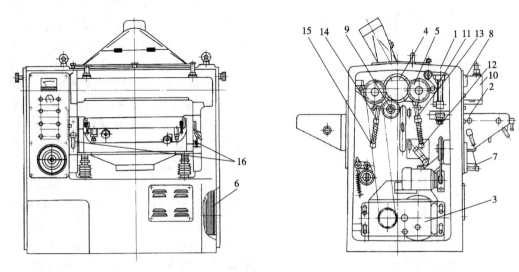

1—床身；2—工作台；3—减速器；4—上水平刀轴；5—进给滚筒；6—电动机；7—工作台升降机构；
8—电气控制装置；9—下水平刀轴及电机；10—前进给机构；11—前进给摆动机构；
12、13、14、15—进给滚筒压力调整机构；16—指示器。

图 6-11 MB206D 双面刨床的外形图

机床由床身1、工作台2、减速器3、上水平刀轴4、进给滚筒5、主轴电机6、工作台升降机构7、电器控制装置8、下水平刀轴及电机9、前进给机构10、前进给摆动机构11等组成。

床身是由铸铁制成的整体零部件，床身内部合理的布置了两侧筋板和水平隔板，以保证床身加载后有足够的刚性。床身的上部设有排屑除尘用的排屑罩。

工作台及下水平切削机构的结构如图 6-12 所示，工作台由前工作台4和后工作台13组成，前、后工作台间可调节的最大垂直距离为5mm（即下水平刀轴最大切削用量），前、后工作台垂直方向的调节由安装在偏心轴5上的手柄来完成。为了下水平刀轴换刀方便，当手柄3松开时，前工作台可向进给方向相反的方向移动一段距离。换刀工作完毕后或前工作台的高度调整完毕后应把手柄3锁紧，才可开始切削加工。后工作台13内装有两个下进给滚筒12，前工作台4内装有一个下进给滚筒，其凸出工作台面的高度值分别由手轮1和2来调整。

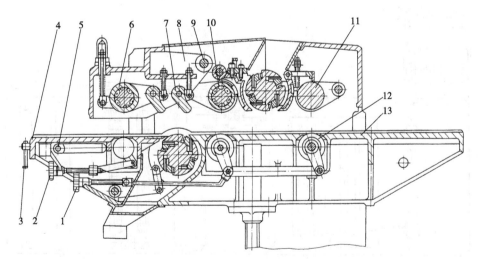

1、2—手轮；3—手柄；4—前工作台；5—偏心轴；6—分段进给滚筒；7—止逆器；8—支架；9—轴；
10—前进给滚筒；11—后进给滚筒；12—下进给滚筒；13—后工作台。

图 6-12 工作台及下水平切削机构的结构

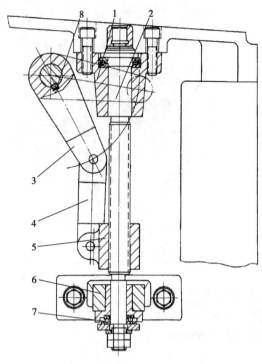

1—轴承座；2—丝杠；3—摇杆；4—连杆；
5—螺母；6—支座；7—偏心套；8—轴。

图 6-13 MB206D 双面刨床前进给摆动机构

为保证工件的加工精度，后工作台 13 装有锁紧手柄，切削加工时，应将手柄锁紧。上工作机构(图 6-12)包括：前进给机构、上水平刀轴、前压紧器、压紧板。前进给机构是由支架 8、分段进给滚筒 6、止逆器 7 等主要部件组成。前进给滚筒 10 与后进给滚筒 11 结构与单面压刨床相同，前、后进给滚筒的初始位置和进给力的调节是由安装在两端轴承座下面的四个拉杆和四个弹簧来调整的。为了使上水平刀轴换刀方便，支架 8 固定在轴 9 上，轴通过进给摆动机构(图 6-13)可回转 45°以上。前进给摆动机构由轴承座 1、丝杠 2、摇杆 3、连杆 4、螺母 5、支座 6、偏心套 7、轴 8 等组成。丝杠 2 转动时，使螺母 5 做上下移动，通过连杆 4 和摇杆 3 使轴 8 转动，并使前进机构回转一定角度。上水平刀轴的结构，前压紧器及后压紧器结构与压刨相同。整个前压紧器靠自重起断屑和压紧作用，其初始位置由螺钉来调整。后压紧器初始位置用螺母的调整位置来保证。

MB206D 型双面刨床的传动系统如图 6-14 所示，上水平刀轴由额定功率为 7.5kW，转速为 2920r/min 的三相异步电机通过 V 形带驱动，使主轴转速达到 5000r/min。下水平刀轴由额定功率为 4kW，转速为 2920r/min 的三相异步电机通过 V 形带驱动，主轴转速也是 5000r/min。进给运动是由功率为 1.5kW、转速为 1500r/min 的直流电机经可控硅调速系统和两级齿轮减速机构变速后，再经链传动带动进给滚筒。进给滚筒进给速度的范围为 7~32m/min。工作台的升降机构由功率为 0.37kW、转速为 1350r/min 的电机经 V 形带、锥齿轮、链轮、蜗杆蜗轮带动工作台升降丝杆，也可通过微调手轮，对工作台的高度作精确调整。

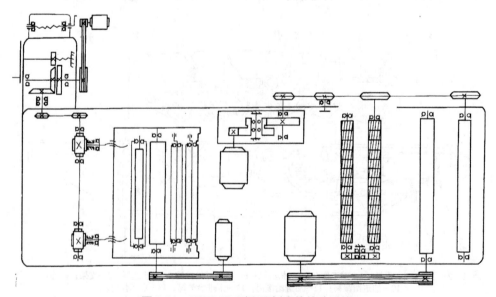

图 6-14 MB206D 型双面刨床的传动系统

表 6-3 列出部分国产双面刨床的主要技术参数。

表 6-3 国产双面刨床的主要技术参数

技术参数	MB204 型	MB206 型	MB206D 型
最大铣削宽度/mm	400	600	600
最大铣削厚度/mm	140	100	200
最小铣削长度/mm	230	200	300
刀轴转速/(r/min)	4500	4250/2880	5000
刀片数目/个	2	4	4
进给速度/(m/min)	7.5/15	10/20	7~32
功率/kW	11.5	11.5	13
自重/kg	800	1250	1600

6.4 四面刨

6.4.1 分类

四面刨是按其生产能力、刀轴数量、进给速度以及机床的切削加工功率进行分类的，一般可分为轻型、中型、重型。衡量四面刨生产能力的主参数是被加工工件的最大宽度尺寸。除此以外，刀轴数量、进给速度和切削功率也在一定程度上反映了机床的生产能力。

(1) 轻型四面刨

一般有四根刀轴，加工工件的宽度为 20~180mm，刀轴的布置方式和顺序为下水平刀轴、左右垂直刀轴和上水平刀轴，左垂直刀轴和上水平刀轴可以相对右垂直刀轴和下水平刀轴进行移动调整。

(2) 中型四面刨

一般有五根或六根刀轴，加工工件的宽度为 20~230mm，五刀轴四面刨前四根刀轴的布置方式和顺序与四刀轴四面刨相同，一般第五刀轴用作成型铣削加工，可以 360°旋转调节，可在任意方向上对进给的工件进行切削加工。六刀轴四面刨是在五刀轴四面刨的基础上，在所有刀轴的最前面再加一个下水平刀轴，对被加工工件进行两次下水平面的加工，以使工件有一个较好的加工基准，保证加工精度。

(3) 重型四面刨

一般指有七根或八根刀轴，加工工件宽度为 200mm 以上的四面刨。七根或八刀轴四面刨多是以六刀轴四面刨为基础改进而成，但最后两根刀轴的相对变化较多，其主要目的是加工高精度的基准面和成型面，一般情况是在六刀轴四面刨的最后端加一个旋转刀轴而成七刀轴四面刨，以两根可旋转调节的刀轴进行较复杂成型面的加工，或仍设置一个旋转刀轴，再加一个垂直刀轴，用第三根垂直刀轴作成型面加工。八刀轴四面刨一般的布置方式和顺序为两上刀轴、两下刀轴、三垂直刀轴和一个旋转刀轴，或两个下刀轴、两个上刀轴、两个垂直刀轴和两个旋转刀轴，用以加工较大尺寸的成型面或进行精确的截面形状尺寸加工。少数重型四面刨的最后端还装有刮刀箱或砂光辊，其目的同样是为获得更精确的产品尺寸和截面形状。

6.4.2 选用原则和加工范围

(1) 选用原则

选择四面刨时，无非是选择刀轴的数目和各刀轴之间的调整位置，一般应根据被加工工件的形状、批量、进料时的定位、加工基准的确定和工件通过刀轴的方便程度等因素来选用。由于使用的环境、被加工工件种类的变化，选用四面刨并无确定的原则。在选用机床时，要考虑一个主要加工方向，兼顾其他方向的加工要求，统筹安排，全面考虑技术要求和资本投入，合理地选用某一类型的机床，以满足最多的工艺加工需要，最小的费用支出，最简捷方便的操作、维护为原则。

①根据被加工工件要求的截面形状，确定刀轴的数目。四面刨刀轴的数量决定了机床的加工能力，主要决定了机床可加工工件的截面形状。一般情况下，规则截面形状的工件用四刀轴四面刨加工即可以满足要求。一个面为型面，另外三个面为平面的工件可用五刀轴四面刨加工，其中最后一个刀轴最好为可旋转调节的刀轴。复杂截面形状工件的加工，如包括了开榫槽、榫头和两个平面，或装饰用的线条型面，要求用七刀轴或八刀轴四面刨加工。

②根据可能加工批量选择机床的加工能力。机床的加工能力，主要取决于机床的进料速度、刀轴转速和切削功率，其生产能力计算见式(6-1)、式(6-2)：

$$Q = BTUK_1K_2K_3 \tag{6-1}$$

或

$$Q = TUK_1K_2K_3 \tag{6-2}$$

式中：B——切削加工宽度(mm)；

T——单班工作时间(h)；

U——进给速度(m/min)；

K_1——进给间断系数；

K_2——工作时间利用系数；

K_3——机床利用系数。

刀轴转速和切削功率与进料速度是匹配的，切削功率见式(6-3)：

$$N = KBHU \tag{6-3}$$

式中：K——单位切削比功(J/cm^3)或($N \cdot m/cm^3$)；

H——切削加工厚度(mm)；

U——进给速度(m/min)；

B——工件宽度(mm)。

切削力见式(6-4)：

$$F = N/V \tag{6-4}$$

$$V = \pi Dn \tag{6-5}$$

式中：D——刀轴直径(mm)；

n——刀轴转速(r/min)；

V——切削速度(m/s)。

一般情况下，当进料速度高时，切削量，即切削的宽度和厚度要小，刀轴的转速要增加。当进料速度低时，切削量可以适当增加，刀轴的转速可相应降低，以满足电机功率的要求。但转速不可太低，否则将影响加工表面质量。在机械强度和刚度允许的范围内，机床刀轴的转速越高，加工表面的质量越好。

③根据被加工工件的尺寸规格和精度要求，确定机床刀轴间的相互位置和进料方式。四面刨可以加工工件的最大宽度尺寸是机床的主参数，工件的截面尺寸，宽和高(厚)，决定了四面刨上、下水平刀轴和左、右垂直刀轴之间调节的极限范围，以及刀轴的调节定位精度。一般情况下，机床各刀轴不应处于其可调节范围的极限位置，应当留有一定的余量，否则将影响加工的精度。进料方式不同会影响机床加工时，工件的定位和压紧，从而影响工件的加工精度。通常情况下，薄而长的刚度较差的工件，进料机构的各压紧辊的压紧力要小，而压紧辊相应地要多。短方材等刚度好的工件，进料机构的各压紧辊压力可大，压紧辊也可相应地减少。

④以一种产品为主，兼顾开发其他的产品，尽可能地选择工艺范围可以扩展的机床，以便于企业今后发展的需要。

(2)加工范围

轻型四面刨用于较短、加工刚度较好的方材，或厚宽比小于 1/4 的板材。在原料长度小于 1m 时，毛料可以直接经四面刨加工，也可以用于规格板材、方材的开槽、开榫加工。

中型四面刨用于规则截面形状的方材或成型面的加工，五刀轴四面刨可以加工一个成型面，六刀轴四面刨主要用于精度要求高的平面或成型面加工。六个刀轴中，最前端的两个下水平刀轴的两次加工，主要是为提高定位基准精度。

重型四面刨分两种情况：一种是加工简单截面形状，加工精度和表面粗糙度要求较低的、尺寸较大的工件。这类工艺加工的进给速度很高（100~200m/min），加工用量大，机床的功率大，可以使原料经一次切削加工即达到要求，如车厢板等。另一种是加工高精度，表面光洁的复杂成型面的精确加工。此类加工的进给速度不高，但刀轴转速高（6000~9000r/min），加工用量不大。机床上有一个或两个刀轴可以 360° 旋转调节，有三四个刀轴是用于型面加工，如线型、企口地板等。

因为四面刨的调整工作量大，辅助工作时间长，四面刨选用原则和适合的加工范围中，最值得重视的一点是四面刨作为一种适合于大批量加工的机床，如果被加工工件的数量达不到一定的批量，使用四面刨加工生产，在经济上是不合理的。

6.4.3 技术参数

四面刨的主要技术参数见表 6-4。

表 6-4 四面刨主要技术参数

技术参数	MB402 型	Profimat23EC 型	HPC-008A 型	P230 型	Superset23 型
最大加工宽度/mm	200	230	150	230	230
最大加工厚度/mm	80	120	100	120	125
刀轴转速/(r/min)	5000	6000	—	6000	6000
刀头直径/mm	—	125	—	100~200	125
刀轴数目/个	—	5	—	6	7
进给速度/(m/min)	7~32	5~25	6~12	5~50	5~35
工作台长度/mm	—	2000	—	2000	2500
最小工件长度/mm	—	150	—	200	150
第一轴功率/kW	4	5.5	5.6	3	4
第二轴功率/kW	4	5	3.7	3	4
第三轴功率/kW	5.5	5	3.7	3	4
第四轴功率/kW	5.5	7.5	5.6	4	5.5
第五轴功率/kW	—	5.5	—	5.5	7.5
第六轴功率/kW	—	—	—	3	5.5
进给电机功率/kW	1.5	4	3.7	—	4

可加工工件的宽度尺寸范围，加工工件的最大宽度是四面刨的主参数，它体现的是机床的加工生产能力，决定于刀轴切削加工工件的宽度或左右刀轴间调节范围。

可加工工件的厚度尺寸范围，体现了上水平刀轴相对于工作台面的调节高度范围和左、右刀轴的垂直调节范围。

可加工工件的最小长度尺寸，由进给机构压紧辊间的最短距离所决定。

进给工作台的最大长度，决定保证可靠加工精度的工件最大长度。

刀轴的轴径和可装铣刀外径，决定配置铣刀的技术参数和机床上应留有的工作空间，同时也决定了工件通过的方便程度。

刀轴的转速和电机的功率，决定了加工时切削用量的大小和最可靠的加工能力。

6.4.4 基本结构

四面刨主要由床身、工作台、切削机构、压紧机构及操纵机构等组成（图6-15、图6-16）。如图6-16所示机床有七个刀头：下水平刀头5和9、上水平刀头4、右垂直刀头6和8、左垂直刀头7以及万能（可旋转调节）刀头3。工件在前工作台10上，靠向导尺11由进料滚筒推送，依次通过下水平刀头、右垂直刀头、左垂直刀头、右垂直刀头、上水平刀头、下水平刀头及万能刀头；最后由出料台1出料。在某些机床上，为了提高加工精度，在第一下水平刀头前还加有预平刨刀头。它预加工基准面，即在工件底面加工出沟槽作为后面平刨的基准面。

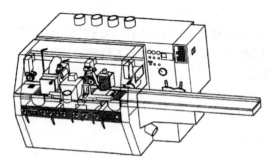

图6-15 四面刨外形图

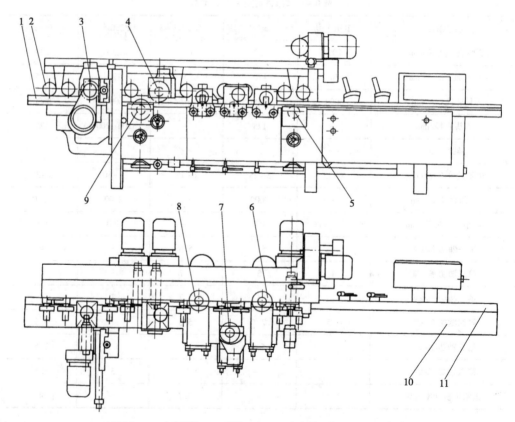

1—出料台；2—出料滚筒；3—万能刀头；4—上水平刀头；5、9—下水平刀头；
6、8—右垂直刀头；7—左垂直刀头；10—前工作台；11—导尺。

图6-16 四面刨结构图

6.4.4.1 切削机构

四面刨可以同时加工工件的四个表面，并可加工出各种不同形状的成型面。切削刀轴较多，一般为 4~10 根，最普遍的为 6~7 根。根据不同的加工要求可选用不同的刀轴数目。刀轴布局也各不相同。如图 6-17 所示，为各种不同的刀轴布局方案，有 4~7 轴；图 6-18 为另一种刀轴布局示意图，在某些机床上增设了预平刨刀头，可以保证获得精确的加工表面。图 6-19 为四面刨典型刀轴分布示意图。

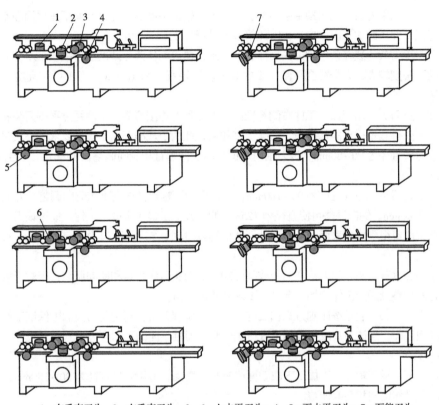

1—右垂直刀头；2—左垂直刀头；3、6—上水平刀头；4、5—下水平刀头；7—万能刀头。

图 6-17 各种不同的刀轴布局方案

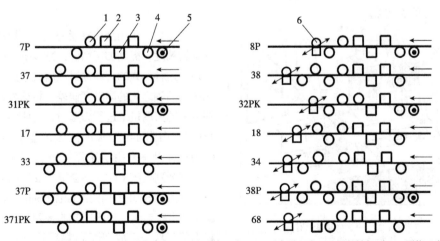

1—上水平刀头；2—右垂直刀头；3—左垂直刀头；4—下水平刀头；5—预平刨刀头；6.万能刀头。

图 6-18 刀轴布局示意图

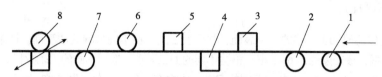

1—预平刨刀头；2—下水平刀头；3—右垂直刀头；4—左垂直刀头；
5—第二右垂直刀头；6—上水平刀头；7—第二下水平刀头；8—万能刀头。

图6-19 四面刨典型刀轴分布示意图

①第一下水平刀头 也叫预平刨刀头，用于加工辅助基准面，此基准面不是平面而是齿槽表面，铣刀把工件表面加工出槽口，再以此为基准进行加工。

②下水平刀头 装在预平刨刀头后面，加工出带槽表面作为下基准面，故该下水平刀头加工出的基准面精度较高，完全符合平刨加工的要求。刀轴直径为125mm。刀轴可在高度方向和侧向进行调整。

③右垂直刀头 用于加工工件右侧基准面，故也称为边刨刀头。工件经过平刨刀头和右垂直刀头后，即获得互相垂直的基准面，后续工序即可以此两个基准面加工出所要求的高质量的精确零部件。刀头直径为90～80mm，该刀轴可用调整丝杠作垂直和侧向调整，可降至工作台面40mm以下。

④左垂直刀头 刀轴直径为90～180mm，刀轴可用调整丝杠作垂直和侧向调整。刀具可降至工作台下面40mm。侧向调整可使直径为125mm的刀具加工最大宽度的工件。经过该刀头加工可保证工件宽度或得到成型表面。当加工特别宽的零部件时，它可降至工作台下40mm，右刀头则作为铣刀用。

⑤第二右垂直刀头 此刀头常用作成型面加工。刀头可作垂直和侧向调整，相对于第一右垂直刀，它的调整量即为工件的加工余量，要求精确的调整。

⑥上水平刀头 它是按压刨方式加工的，故称为压刨刀头，通过此刀头加工保证工件厚度或形成上成型表面。当该刀头改装成锯片进行锯切时，刀轴下面的工作台可用木质板代替，以保证锯透工件。

⑦第二下水平刀轴 用于加工下成型面或修整下表面，适用刀具直径为90～180mm，用调整手轮可对刀轴作侧向和高度调整。

⑧万能刀头 它能安装铣刀或锯片，可作为辅助的上水平刀头、下水平刀头或左垂直刀头使用，并可在90°范围内倾斜，加工斜面和企口等。它可以在垂直方向和水平方向上调整。

刀头由电机通过带传动驱动，转速一般为6000r/min左右。为了快速准确的调刀，可采用直刀或成型刀的安装器。

在刀轴上采用液压夹紧刀头，可提高刀轴的旋转精度，提高加工精度，减少机床振动和噪声。这种形式的刀体通过液压夹紧系统消除内孔与刀轴之间的同轴度误差，将这种刀体放在专用的刃磨机上进行刃磨时，可使各刀片所形成的切削圆与刀轴的同轴度误差保持在0.005mm以下。由于采用了液压夹紧系统，刀轴重装到机床上时，不会降低安装精度。

意大利SCM公司的四面刨(Superset23)还配备有数字显示、程序控制的多刀刀轴。在几秒内即可从一个成型面调整为另一个成型面的加工。图6-20为四面刨刀轴典型的调整机构。

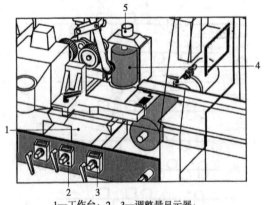

1—工作台；2、3—调整量显示器；
4—刀轴；5—刀轴支座。

图6-20 四面刨下水平刀轴和右垂直刀轴的调整机构

6.4.4.2 进给机构

四面刨的进给机构按进给方式,可分为机械进给和液压推送进给;按进给工件,可分为上进给滚筒进给,上、下进给滚筒进给,上进给滚筒、下履带进给三种形式。

一般情况下,轻型四面刨为推送式进给,只在工件进料处设上进给滚筒,后面的工件推送前面的工件;中型四面刨除了进料滚筒外,在后工作台设有下支撑滚筒;重型四面刨除了上进料滚筒还设有下进料滚筒或履带输送带。进料滚筒上开有槽纹,以增加进给牵引力,出料滚筒一般为光滚筒以免损坏已加工表面。

进料机构的传动可以是机械传动,即由电机通过齿轮变速箱(或无级变速器)传至滚筒轴,进给速度一般为6~30m/min,如选用较大功率电机进给速度可高达60m/min;也可采用液压传动,通过液压马达、齿轮装置、传动轴、万向节驱动进料滚筒,实现无级变速。液压进给的进给速度一般为6~60m/min,最高可达100m/min。图6-21为四面刨进料机构的进给滚筒传动机构。图6-22为进给滚筒的锥盘无级变速器。

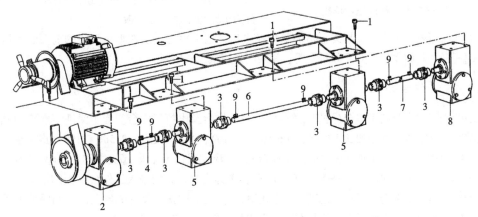

1—螺钉;2、5、8—减速器及进给滚筒;3—联轴器;4、6、7—轴;9—键。

图6-21 进给滚筒的传动机构

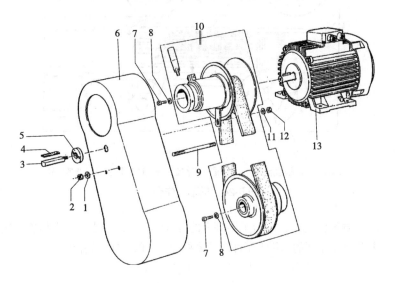

1~5、7~9、11、12—防护罩连接件;6—防护罩;10—无级变速器;13—电动机。

图6-22 进给滚筒的锥盘无级变速器

6.4.4.3 压紧机构

四面刨床的压紧机构由以下几部分组成:
①弹簧压紧的进给滚筒。
②气压压紧的进给滚筒 这种机构能对不同厚度工件施加稳定压力,其中还装有调整弹簧,高度可单独调整以满足某些加工的需要。

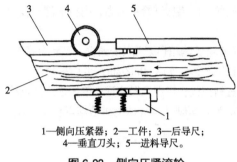

1—侧向压紧器;2—工件;3—后导尺;
4—垂直刀头;5—进料导尺。
图 6-23 侧向压紧滚轮

③压紧滚轮 在进给滚筒之间还有辅助压紧滚轮以保证足够的压紧力。
④侧向压紧滚轮 如图 6-23 所示,侧向压紧器 1 压向工件 2,使工件沿着进料导尺 5 进入右垂直刀头 4,加工后的表面靠向后导尺 3,以保证加工精度。
⑤压板装置 压板装在上水平刀轴之后,既起压紧作用又起导向作用。可采用弹簧或气压加压,有的机床也采用刚性压板。
⑥前压紧器 每个刀头都装有防护罩和吸尘口,上水平刀轴及左垂直刀头的前面装有压紧块,起压紧和断屑作用,故又称断屑器。其采用弹簧或气压压紧。

6.4.4.4 工作台及导尺

四面刨工作台分前工作台(进料工作台)、后工作台及出料工作台。为了保证下水平刀轴的加工精度,前工作台多为加长工作台(图 6-16 中的 10),长度可达 2~2.5m,可作垂直调整。将第一水平刀轴和第二下水平刀轴之间的工作台做成槽形,则工作台既起支撑作用又起导向作用,如图 6-24 所示。预平刨刀轴上安装一组硬质合金镶齿刀片,分别嵌入工作台导板的槽口中,加工出带有沟槽的工件与后工作台的槽形导板相配合,使工件获得良好的导向,从而保证加工精度。在机床的出口处上水平刀头的后面安装有出料工作台,它一般无须调整。

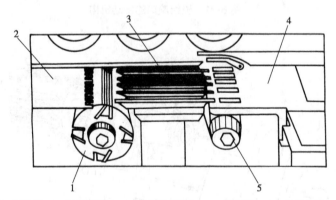

1—下刀轴;2—后槽形导板;3—中槽形工作台;4—前工作台;5—调整手轮。
图 6-24 槽形工作台

工作台右侧装有导尺(靠山),作为工件侧面的导向,它可以在水平方向调整。出料台的右边装有后导尺,在侧向压紧器的作用下工件总是紧靠导尺,以便加工高精度的工件。

第 7 章
铣 床

- 7.1 单轴铣床
- 7.2 靠模铣床
- 7.3 数控铣床

铣床属于一种通用设备。在铣床上可以进行各种不同的加工，主要对零部件进行曲线外形、直线外形或平面铣削加工。采用专门的模具可以对零部件进行外廓曲线、内封闭曲线轮廓的仿型铣削加工。此外，还可用作锯切、开榫加工。

铣床按进给方式，可分为手动进给铣床和机械进给铣床。按主轴数目，可分为单轴铣床和双轴铣床。按主轴布局，可分为上轴铣床和下轴铣床、立式铣床和卧式铣床等。

随着机械加工业和电子控制技术的不断发展，木工铣床的生产水平也得到迅速提高。近几年来相继出现的自动靠模铣床、数控镂铣机，为木制品的复杂加工提供了方便条件。

常见铣床工作原理及制品简图如图 7-1 所示。

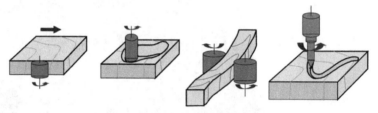

图 7-1　铣床工作原理及制品简图

7.1　单轴铣床

手动进给铣床按其主轴在空间的布局，可分为下轴式和上轴式，其中下轴式铣床应用最普遍，如国产 MX5110 型单轴木工铣床和 MX5112 型单轴木工铣床、日本 SM-123 型单轴木工铣床、意大利 T-120 型单轴木工铣床。主轴的结构随不同的传动系统、高度调节系统（移动主轴或工作台）而不同。铣床主轴的传动是通过装在张紧框架上的普通电机经带传动或主轴直接为电机的加长轴。下轴式铣床中，工作台固定在床身上，主轴装在可移动的支架上。有的铣床，为了减少主轴的振动，主轴的轴承直接固定在床身上，这种结构的铣床是用移动工作台的方法来调节刀具与工作台间的相对位置。

铣床主轴采用由铣刀轴和套轴两部分组成的结构。铣刀轴装在轴套上，而套轴以多种方法装于主轴的锥孔内，套轴和主轴之间以锥孔配合，同轴度较高。锥孔的莫氏锥度号，视机床的类型不同有所差别。轻型铣床用莫氏锥度 3 号，中型铣床用 4 号，重型铣床用 5 号。套轴和主轴的连接方式有以下三种：

①楔式连接[图 7-2(a)]　结构简单，安装方便迅速，但在安装拆卸套轴时，要经过外向锤击，影响主轴的精度和轴承寿命。另外由于楔引起了轴的不平衡，产生离心力能使楔飞出，目前很少应用。

②盖螺母连接[图 7-2(b)]　由于凸肩和盖螺母摩擦力较大，所需扭紧力较大。拆卸套轴时，也需锤击套轴。

③差动螺母连接[图 7-2(c)]　在差动螺母上具有两段不等螺距的螺纹。螺距较大的部分与套轴旋合，螺距较小的部分与主轴旋合。当拧紧螺母时，由于螺距不同，迫使套轴向主轴锥孔压紧，拆卸套轴时无须锤击。

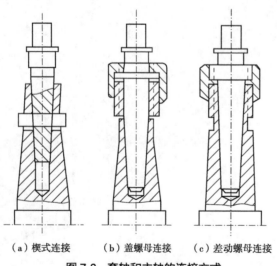

（a）楔式连接　（b）盖螺母连接　（c）差动螺母连接

图 7-2　套轴和主轴的连接方式

主轴的润滑方式和润滑装置的选择对铣床的使用寿命有很重要的影响。由于铣床的转速较高，润滑必须充分。通常采用的润滑方式有周期润滑或自流式循环润滑。

下面以 MX5112 型单轴木工铣床为例，介绍手工进给铣床的典型结构（图 7-3）。

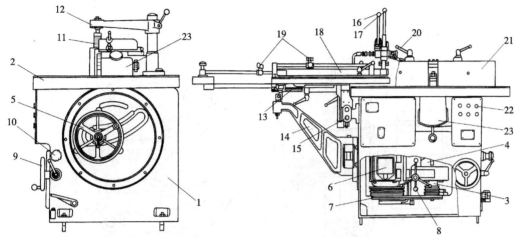

1—床身；2—固定工作台；3—主轴；4—轴套；5—手轮；6—电动机；7—V形带；8、9、10、20—手柄；11—刀头；12—悬臂支架；13—活动工作台；14—托架；15—导轨；16—水平压紧器；17—垂直压紧器；18—靠板；19—限位器；21—导向板；22—控制按钮；23—安全罩。

图 7-3　MX5112 型单轴木工铣床外形图

MX5112 型单轴木工铣床主要用于工件各种沟槽、平面和曲线外形加工，板材、方材的端头开榫，拼板的槽、簧加工等。

机床主要由床身1、固定工作台2、活动工作台13、主轴3等部件组成。床身1是用铸铁制成的整体箱式结构，床身内部布置了数条筋板，以保证足够的刚度和强度。固定工作台2通过螺栓和可以调节的支承套紧固在床身上，主轴3由两个止推轴承支承在轴套4内，转动手轮5可使轴套带着主轴升降，电机6经V形带7带动主轴。手柄8用来调整主轴V形带的松紧程度。手柄9可调节主轴的偏转，可使主轴偏斜垂直位置0°～45°的任意位置，以铣削各种角度的零部件。调整手柄10可使主轴准确地处于垂直位置。在主轴上端的锥孔内装有刀头11。刀头上端可根据需要装入固定工作台2上的悬臂支架12内。活动工作台13，在托架14的支承下，可沿圆柱导轨15作水平移动，以便加工榫头和零部件端面。在活动工作台上还装有水平液压压紧器16，偏心垂直夹紧器17，靠板18和限位器19。为了便于装卸刀具，可通过止动手柄20使主轴固定。机床上还具有导向板21，控制按钮22和安全罩23等。

7.1.1　主轴调整机构

MX5112 型单轴木工铣床的主轴调整机构如图7-4所示。主轴的调整机构用于调整主轴的升降和倾斜。主轴的升降机构是由上轴座1、下轴座2、锥齿轮3和锥齿轮4组成。在上、下轴座之间装有锥齿轮3，与锥齿轮3啮合的锥齿轮4的另一端安装着手轮5，锥齿轮4可在轴套6中转动，当转动手轮5时，锥齿轮4则可带动锥齿轮3转动，由于锥齿轮3上有螺纹与轴套上的螺纹相结合，因而可以带动轴套沿导向键7做升降，导向键7是通过螺母8固定在下轴座2上的。转动手柄9经顶杆10和顶块11可将轴套锁紧。调整主轴的倾斜由托架12、弧形导轨13、调整板14和螺母15完成。托架12和下轴座2由螺栓16连接，调整板14则是由螺栓17固定在托架12上，托架12套在轴套6的外面，并可围绕它转动。弧形导轨13由螺栓固定在圆盘18上，当螺母15移动时，托架12则沿着弧形导轨13转动，并带动下轴座2转动，使在下轴座中的主轴倾斜。倾斜程度可由圆盘18上刻度指示，调整后通过手柄19锁紧。图7-4中还示出了更换刀具时，固定主轴的装置。它主要由安装在下轴座 2 上的插销 20，弹簧 21 以及安装在床身上的支座 22 和手柄 23 组成。转动手柄 23，钢丝拉线 24 使插销 20 上的凸肩克服弹簧 21 的压力，使插销 20 进入主轴的槽中而固定主轴。

主轴垂直升降距离为 100mm，主轴轴线与工作台水平面之间的角度调整范围为逆时针方向 5°，顺时针方向 45°。

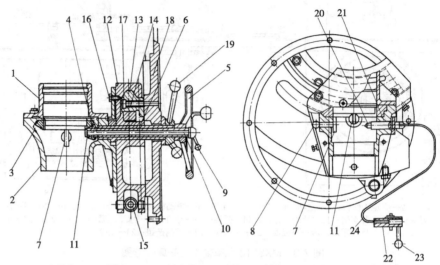

1—上轴座；2—下轴座；3、4—锥齿轮；5—手轮；6—轴套；7—导向键；8、15—螺母；
9、19、23—手柄；10—顶杆；11—顶块；12—托架；13—弧形导轨；14—调整板；
16、17—螺栓；18—圆盘；20—插销；21—弹簧；22—支座；24—拉线。

图 7-4　MX5112 型单轴木工铣床的主轴调整机构

7.1.2　主轴及电机

MX5112 型单轴木工铣床的主轴结构如图 7-5 所示。主轴 1 通过上下两个滚珠轴承装于轴套 2 内。在主轴 1 的中部有更换刀具时需固定主轴的槽口。下滚珠轴承由轴承压套 3 经弹簧 4 来压紧。主轴下端安装着 V 带轮 11，上端是固定刀头的差动螺母 5。轴套 2 上具有导向槽和螺纹，当螺母转动时，轴套 2 则带着主轴 1 作升降。在轴套 2 的下端，由螺钉 6 紧固电机支座 7，齿轮轴 8 装于支座 7 内，转动手柄 9，齿轮轴 8 可带动电机底板上的齿条移动，因此，变换主轴转速时，V 带的张紧得到了保证。手柄 10 是用以防止齿轮轴 8 松动的。主轴的传动电机(图 7-6)1 安装在专用的座板 2 上，两根圆柱形齿条 3(与主轴支架上的齿轮轴啮合)插入座板 2 的孔中，在座板 2 上通过螺钉 4 安装着带刹车带 6 的支架 5，经钢丝绳 7 的拉紧实现刹车。松开钢丝绳 7，弹簧 8 可使刹车带放松。刹车盘与 V 带轮合为一体，装于电机轴上。弹簧 9 用于电机的配重。

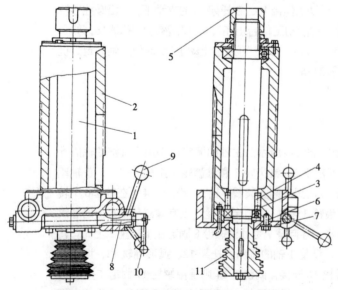

1—主轴；2—轴套；3—轴承压套；4—弹簧；5—差动螺母；
6—螺钉；7—支座；8—齿轮轴；9、10—手柄；11—V 带轮。

图 7-5　MX5112 型单轴木工铣床的主轴结构

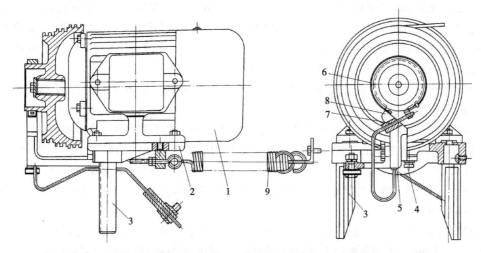

1—电动机；2—座板；3—齿条；4—螺钉；5—支架；6—刹车带；7—钢丝绳；8、9—弹簧。

图 7-6　MX5112 型单轴木工铣床主轴的传动电机

7.1.3　活动工作台

在活动工作台（图 7-7）上有导向机构、工件的垂直压紧机构、工件的侧向压紧机构和导向板等。为使操作和调整方便，工件的侧向压紧机构采用了油压传递压力。在工作台上还有延长挡板的托板，以便加工较长的材料。

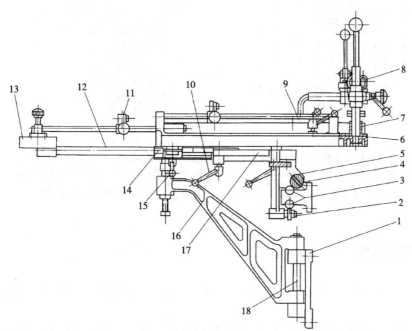

1—支座；2、4—滚轮；3—圆柱导轨；5—滚轮支座；6—活动工作台；7、8—压紧装置；9—靠板；10—手柄；11—限位器；12—补偿杆；13—支座；14—槽形导轨；15—导轨；16—悬臂托架；17—底架；18—销轴。

图 7-7　MX5112 型单轴木工铣床活动工作台

活动工作台的导向机构主要由两根圆柱导轨 3、五个滚珠滚轮 2 和悬臂托架 16 组成。在活动工作台 6 的底部由三个手柄 10 固定着底架 17。松开手柄，底架 17 与活动工作台 6 可做相对移动，底架 17 上还固定着滚轮 2 的支架和支座。五个滚珠滚轮 2 可沿固定于床身上的两个圆柱导轨 3 移动，从而实现了活动工作台的导向。悬臂支架 16 铰接在床身上，其上还安装着两个滚珠滚轮，它们可以沿装于底架 17 上的槽形导轨 14 移动，同时为了适应工作台的移动，滚珠滚轮的支架由止推轴承座支承，支架可转动。因此，工作台作直线往复移动，悬臂支架 16 作摆动时所差的距离得到补偿。

活动工作台与固定工作台相对位置精度的调整包括两个方面：沿导轨方向的平行度和垂直导轨方向的平行度。

调整活动工作台工作面与固定工作台沿导轨方向的平行度时（图 7-8），先旋松螺钉 1，转动偏心套（各轴承滚轮的偏心套结构都如图 7-8 中 5 所示），使下滚轮 2 离开下圆柱导轨 3，然后旋松螺钉 4，转动偏心套 5，依次逐个地调整支承在上圆柱导轨上各个滚轮的相对位置，则活动工作台将上升或下降，或一端升降，测量与固定工作台工作面高度差和平行度，调好后，依次再紧固各滚轮的螺钉。

调整活动工作台工作面在垂直于导轨方向的平行度时，先将下滚轮 2 脱离下圆柱导轨 3，再如图 7-9 中所示，旋松锁紧螺钉 1，转动调整螺母 2，使支承轴 3 带着一对滚轮 7 上、下移动，从而达到调整目的。调好后依次将各旋松的锁紧螺钉拧紧。当导轨 8 磨损后，则将滚轮 7 下部螺母旋松，再用螺钉 5 调整滚轮和导轨的间隙，调好后，拧紧螺母 4。

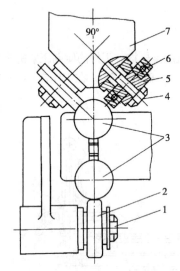

1、4—螺钉；2—下滚轮；3—圆柱导轨；
5—偏心套；6—上滚轮；7—支架。

图 7-8　底架的支承滚轮

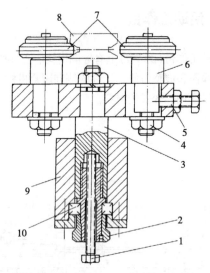

1、5—螺钉；2—调整螺母；3—支承轴；4—螺母；
6—销轴；7—滚轮；8—导轨；9—套筒；10—轴承。

图 7-9　托架和底架之间的支承

7.1.4　夹紧机构

使用活动工作台时，工件需要两个方向的夹紧，即在垂直方向的夹紧和在水平方向的侧向夹紧。

垂直夹紧机构（图 7-10）是由两根立柱 1 固定在活动工作台上，在立柱 1 上的两个移动套 3 和移动套 4 上装有横梁 2，松开手柄 5 和手柄 6 可以垂直调整移动套 3 和移动套 4 的位置，以适应加工材料的夹紧。横梁 2 上的偏心架 7 能沿横梁移动，用手轮 8 锁紧。偏心架 7 内有压杆 9、弹簧 10 及偏心轮 11。转动手柄 12，偏心轮则压向压杆 9，并克服弹簧 10 的压力，实现了工件的夹紧。松开偏心轮，弹簧 10 可使压杆 9 复原。移动套 3 上除了安装横梁 2 外，其上还有侧向夹紧的主动油缸 13、活塞 14、偏心轮 15、弹簧 16、手柄 17、油管 18（与侧向夹紧机构的被动油缸连接）。

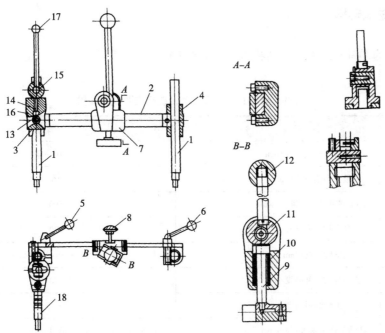

1—立柱；2—横梁；3、4—移动套；5、6、12、17—手柄；7—偏心架；8—手轮；
9—压杆；10、16—弹簧；11、15—偏心轮；13—油缸；14—活塞；18—油管。

图7-10 垂直压紧机构

侧向夹紧机构(图7-11)由缸体1、盖2、活塞杆3、密封圈4、弹簧5及压紧板6等组成。缸体1固定在轴7的右端，轴7可沿支架8滑动，以调整压向工件之距离，并通过手柄9锁紧。主动油缸的油压经过油管10进入油缸而克服弹簧5的压力，推动活塞杆3和压紧板6右移进行夹紧，油管10的油压消除后，弹簧5使压紧板6回复原位。支架8由螺栓11固定在活动工作台上。

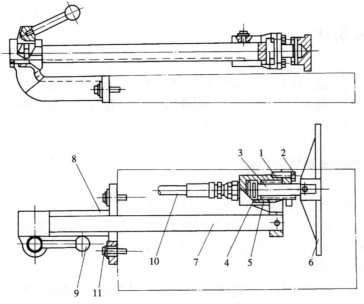

1—缸体；2—盖；3—活塞杆；4—密封圈；5—弹簧；6—压紧板；
7—轴；8—支架；9—手柄；10—油管；11—螺栓。

图7-11 侧向夹紧机构

7.1.5 技术参数

MX5112型单轴木工铣床的主要技术参数见表7-1。

表7-1 MX5112型单轴木工铣床主要技术参数

参数名称	数值
工作台工作面尺寸/mm	1120×900
最大榫槽宽度/mm	16
加工零部件最大榫长/mm	100
最大加工厚度/mm	120
主轴转速/(r/min)	2250/3000/4500/6000
主轴最大升降高度/mm	100
主轴倾斜角度	0°~45°
活动工作台最大行程/mm	680
主轴带轮直径/mm	110/13
电机功率/kW	3/4.5
电机转速/(r/min)	1440/2880
电机带轮直径/mm	230/208
外形尺寸(长×宽×高)/mm	2180×1080×1415
自重/kg	1100

7.2 靠模铣床

在铣床上铣削曲线外轮廓零部件和内轮廓零部件时，如果采用普通手动进给铣床，生产率低，强度大，加工质量差，安全性低。在大规模生产或专门化生产中，经常使用各类靠模铣床。靠模铣床按进给方式，可分为以下几种。

7.2.1 链条进给的靠模铣床

链条进给的靠模铣床用于直线或曲线外形零部件的加工，在这种机床的主轴上装有同主轴同心的链轮，而链轮由另一电机带动，被加工零部件安放在样板上，样板四周紧固着链条，通过杠杆和重锤的作用或气压装置、液压装置，使链条与链轮始终保持啮合状态。因而，当链轮旋转时，样板与工件一起进给。

如图7-12所示，该铣床的动力是由电机1经过减速器2、齿轮和链条传动，传至装有和主轴同心的链轮3上。弹簧将压紧滚轮4紧靠样板6的表面，使链轮3与样板6外围上的链条始终相啮合。由于样板6被压紧滚轮4压紧，当链轮3转动时，就带动了安放在样板上面的工件通过铣刀7实现加工。利用踏板使滚轮与样板脱开，则铣床停止进给。

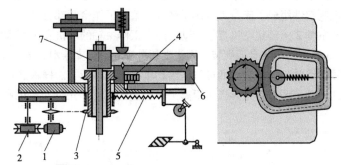

1—电动机；2—减速器；3—链轮；4—压紧滚轮；5—弹簧；6—样板；7—铣刀。

图 7-12　链条进给靠模铣床

7.2.2　回转工作台进给的靠模铣床

回转工作台进给的靠模铣床简称转台铣床（图 7-13），是利用旋转的工作台作为进给机构，多半用于批量较大的曲线形零部件的加工。

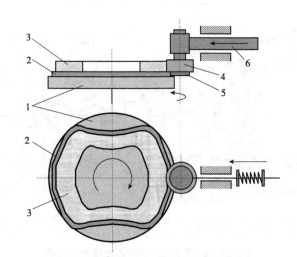

1—回转工作台；2—样板；3—工件；4—铣刀；5—仿型辊轮；6—滑枕。

图 7-13　回转工作台进给的靠模铣床

转台铣床是一种机械进给的单轴铣床，它能按照样板加工曲面零部件。机床具有两个工作主轴，其中之一用于粗加工，另一个则用于精加工，也可以用两个主轴做精加工，只是它们的转动方向不同。

工件依次装在旋转的工作台上，用弹簧式、偏心式气动夹具自动压紧并使它们沿铣刀头移动。铣削完成后，夹具又自动放开工件，然后从工作台上取下工件。刀头支架的滚轮沿着仿型样板滚动，因此，所加工出的工件外形与固定在工作台上仿型样板一致。

回转工作台进给的靠模铣床其加工原理如图 7-13 所示。在回转工作台 1 上固定样板 2，工件 3 安装在样板上，铣刀 4 和仿型辊轮 5 装在滑枕 6 的前端，滑枕在压紧器的作用下，使仿型辊轮 5 紧靠样板 2 的曲线外缘上，随着工作台的回转，工件被铣削加工。工作台上分加工区和非加工区，在非加工区装、卸工件。为了避免在加工时木材发生劈裂，工作台的转速应根据加工的实际工作情况，选择手工变速或自动变速。这类设备的变速系统可采用变频电机、液压电机或机械（电气）无级调速器来调节工作台的回转速度。

图 7-14 为双轴转台靠模铣床结构示意图。机床主要由床身、工作台、工作主轴、工件气动夹紧机构，操纵控制部件组成。床身 1 连接了铣削刀架、工作台两部分构件，由铸铁材料制成组合式床身。工作主轴 2 由单独电机直接传动，两个工作主轴的电机和仿型辊轮都装在可调节高度的刀架滑板 16 上，而刀架滑板则装在刀头支架滑杆 6 上，支架滑杆 6 连同刀架滑板 16 可在支架外壳 7 中移动，并以仿型辊轮通过气压传动压在仿型样板上。样板装在工作台上，用手轮 8 通过齿轮丝杠传动可调节支架外壳 7 距离工作台面的高度。工作主轴的高度也可由手轮 9 来调节。

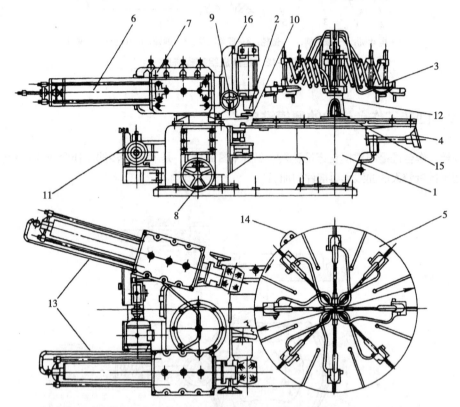

1—床身；2—主轴；3—气动夹具；4—操纵台；5—工作台；6—滑杆；7—支架外壳；
8、9、11—手轮；10—辊轮；12—支柱；13—导轨；14—转动手柄；15—凸轮；16—滑板。

图 7-14　回转工作台进给靠模铣床结构图

用手轮 11 移动辊轮 10，可调节切削深度。气动夹具 3 装在支柱 12 上，夹具的高度可沿导轨 13 来调节，其径向调节则用活节连接的悬臂支架进行。

工作台 5 的运动是由直流电机，通过蜗杆齿轮减速器带动，减速器具有齿轮变速机构，使工作台得到六级转速。工作台的转动由手柄 14 操纵。机床的运动由操纵台 4 上的开关控制。

用变阻器改变工作台传动电机的转速，使工作台自动改变进给速度，它由装在工作台圆槽中的凸轮 15（位置可调）控制。

为保证牢固压紧工件，当气路中的工作压力达不到额定值时，工件不能夹紧，借助压力继电器的作用，停止供电，工作台的传动机构就不能工作，从而避免因工件未被夹紧而造成事故的发生。

机床的传动系统、刀架机构及气压系统如图 7-15 所示。

传动系统包括进给电机 1、挠性联轴节 2、蜗轮副 3 和 4、配换齿轮 5、轴 6、摩擦离合器 7、转动工作台的蜗轮副 8 和 9、圆盘 10、作用在辊轮 12 上的凸轮 11，辊轮用弹簧 13 压紧并与扇形齿轮 14 相连接。手柄 16 通过离合器 7 使工作台转动和停止。

刀架机构包括主轴电机 17、刀头 18、刀架 19。用手轮 20 通过锥形齿轮副 21，丝杠 22 和螺

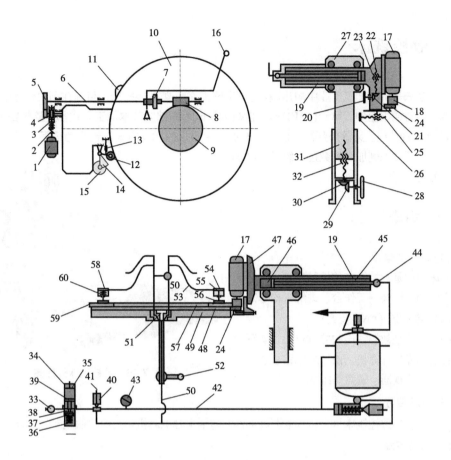

1、17—电动机；2—联轴节；3、4、8、9—蜗轮副；5—齿轮；6—轴；7—离合器；10—圆盘；11—凸轮；12、15—辊轮；13、36、60—弹簧；14—扇形齿轮；16、52—手柄；18—刀头；19—刀架；20、26、28—手轮；21、29、30—锥齿轮副；22、25—丝杠；23、32—螺母；24—仿型辊轮；27—刀架滑板；31—立柱；33—总开关；34—压力调节器；35—调整螺母；37—气门；38—气门座；39、55—活塞；40—注油器；41—调节螺钉；42、50、53—气管；43—压力表；44—开关；45、54、58—气缸；46—空气腔；47—滑轨；48—仿型样板；49—工作台；51—分气阀；56、59—夹具；57—工件。

图 7-15　回转工作台靠模铣床的传动系统、刀架机构及气压系统

母 23 可调节主轴的高度，仿型辊轮 24，用以调节主轴的铣削深度，并用丝杠 25 借手轮 26 移动。刀架滑板 27 具有 12 个导向辊轮，刀架则沿这些辊轮移动。用手轮 28 通过锥形齿轮副 29 和 30、螺母 32、立柱 31 可调节刀架的高度。

在气压系统中具有总开关 33，空气由总空气压缩机通过此开关进入压力调节器 34 中，压力调节器由调整螺母 35、弹簧 36、气门 37、气门座 38、活塞 39 等零部件组成。压力的调整通过调整螺母 35、弹簧 36 来实现。

当外部管路中的气压增高时，活塞 39 背压升高，气门 37 就关闭了机床管路中空气的通路。为了适当地润滑气动系统中的零部件，必须注入适量的润滑油。油从注油器 40 滴入空气中，和空气一起送进气缸，注油器上附有调节螺钉 41，可调节注油量。空气沿装有压力表 43 的气管 42 进入蓄气罐，然后通过开关 44 进入气缸 45，并进入刀架 19 的空气腔 46 中，在刀架的前部装有主轴，空气将刀架 19 连同主轴一起压在工件上，这时仿型滚轮 24 压在仿型样板 48 上，仿型样板固定在工作台 49 上。

空气沿着气管 50 通过分气阀 51 送到夹紧气缸，用手柄 52 可调节分气阀，当工件接近刀头时，空气经过垂直管路和软管 53 进入气缸 54，作用到活塞 55 上。压力再由活塞传到活塞杆上，从而传到了夹具 56，夹具将工件 57 压在工作台上，当夹具和工件转动到 58 工位时，分气阀把夹具气缸与气管的通路切断，并使气缸与大气连通，然后，用弹簧 60 将夹具向上提起，放松工件。

7.3 数控铣床

数控铣床是木材加工工业中应用最早、范围最广的一类数控机床。目前在国内外迅速发展的数控加工中心或柔性加工单元(FMC)也是以数控铣床为基础。基本加工方式都是旋转铣削加工。图 7-16 是一种数控铣床的外形图。由于木材加工中所用的切削方式以铣削为最多,工艺也较为复杂,因此开发铣削加工的数控系统是木材加工业中的重点课题。

7.3.1 组成

(1)铣床主体

铣床主体是数控铣床的机械部件,包括床身、主轴箱、铣头、工作台、进给机构等。

(2)控制部分(CNC 装置)

控制部分是数控铣床的控制核心,实际上是一台机床专用计算机,由印刷电路板、各种电器元件、监视器、键盘等组成。

图 7-16 数控铣床外形图

(3)驱动装置

驱动装置是数控铣床执行机构的驱动部件,包括主轴电动机、进给伺服电动机等。

(4)辅助装置

辅助装置是指数控铣床的一些配套部件,包括液压和气动装置、冷却和润滑系统、排屑装置等。

7.3.2 分类

(1)按其主轴的布局形式分类

①立式数控铣床 立式数控铣床的主轴轴线垂直于机床加工工作台平面,即垂直于水平面,在数控铣床中数量最多,应用也最为广泛。

立式数控铣床可分为两轴半数控立铣、三坐标数控立铣、四坐标数控立铣和五坐标数控立铣。三坐标数控立铣可进行三坐标联动加工。所谓四坐标数控立铣和五坐标数控立铣,是指机床除了三个坐标可以联动加工之外,机床主轴还可以绕三个坐标轴中的一个或两个轴做摆角运动。一般来说,机床控制的坐标轴越多,尤其是要求联动的坐标轴越多,机床的功能就越齐全,机床的加工范围和加工对象也就越广。但是,与之对应的,机床结构和数控系统也更加复杂,编程难度更大,设备更加昂贵。

目前,三坐标立式数控铣床应用最广,根据各坐标轴控制方式不同又可分为两种。一种是工作台作纵、横向移动和升降,主轴固定不动。小型数控铣床多采用这种方式。另一种是工作台作纵、横向移动,主轴升降。中型数控铣床多采用这种方式。

②卧式数控铣床 卧式数控铣床主轴轴线与机床加工工作台平面平行,即平行于水平面。主要用于加工零件侧面的轮廓,如箱体类零件的加工。为了扩大加工范围和扩充机床功能,卧式数控铣床经常采用增加数控转盘或万能数控转盘来实现四坐标、五坐标联动加工,这样不仅工件侧面上的连续回转轮廓能加工出来,而且能在工件的一次装夹中,通过转盘改变工位,实现"四面加工"。

卧式数控铣床最大的优势在于其排屑方便，对于模架等零件或在一次安装中需要改变工位的工件来说，选择带数控转盘的卧式数控铣床进行加工将非常方便。

③复合式数控铣床　复合式数控铣床是指一台机床上有立式和卧式两个主轴，或者主轴可作90°旋转的数控铣床。复合式数控铣床同时具备立式数控铣床和卧式数控铣床的功能，故又称为立、卧两用数控铣床。这类铣床对加工对象的适应性更强，使用范围也更广，其性能价格比很高，能获得较好的经济效益。

有些立、卧两用数控铣床采用主轴头可任意方向转换的万能数控主轴头，可以加工出与水平面呈不同角度的工件表面。此外，还可在其工作台上增设数控转盘，实现对零件的"五面加工"。当然，配有 ATC、APC 的五面体加工中心功能更强，应用范围更广。

④数控龙门铣床　数控龙门铣床的主轴固定在龙门架上，主轴可在龙门架的横向与垂直导轨上移动，而龙门架则沿床身做纵向移动。数控龙门铣床一般是大型数控铣床，主要用于大型机械零件及大型模具的加工，如图 7-17 所示。

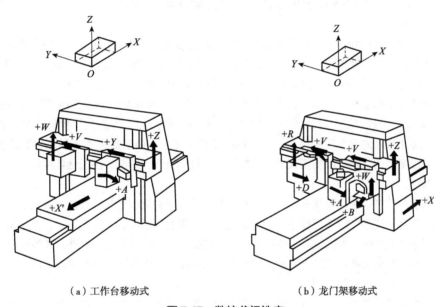

(a) 工作台移动式　　　　　　　(b) 龙门架移动式

图 7-17　数控龙门铣床

(2) 按其控制坐标轴的联动数分类

①两轴(两轴半)联动数控铣床　可对三轴中的任意两轴联动。

②三轴联动数控铣床　可三轴同时联动。

③多轴联动数控铣床　如四轴联动、五轴联动数控铣床。

家具加工工业中所用的数控铣床以立式铣床居多，卧式或其他结构形式的数控铣床极少。立式数控铣床采用主轴刀头悬臂立柱式结构，工作台纵横向移动，立柱沿溜板作垂直升降运动，大型多主轴刀头的数控铣床上也采用龙门式结构。为提高机床刚性、减小占地面积，采用刀头沿龙门框架横向运动和垂直运动，龙门框架沿机床工作台纵向运动的门架式结构。

从机床的数控系统控制的坐标数量来划分，目前所见的机床中三坐标控制占绝大多数，一般可以三坐标联动加工或在三坐标中同时控制两坐标联动加工，称为三轴联动或三轴两联动(2.5坐标)加工，还有少数数控铣床可以实现刀轴绕定轴的摆动或数控转角加工称为四坐标数控铣床或五坐标数控铣床，以适应复杂的立体化型面的加工。

为了提高数控立式铣床的生产效率，一般可以采用双工作台或自动交换工作台，以减少工件的装卸时间或在龙门数控铣床上增加主轴数量，以同一个程序同时加工几个相同的工件或型面。

7.3.3 特点

(1) 结构特点

数控铣床在结构上要比普通铣床复杂得多,与其他数控机床(如数控车床)相比,数控铣床在结构上有下列特点。

① 控制机床运动的坐标特征　为了将工件中各种复杂的形状轮廓连续加工出来,必须控制刀具沿设定的直线、圆弧或空间的直线、圆弧轨迹运动。这就要求数控铣床的伺服系统能在多坐标方向同时协调动作,并保持预定的相互关系,即要求机床能实现多坐标联动。因此,数控铣床所配置的数控系统在档次上比其他数控机床更高一些。

② 数控铣床的主轴特性　在数控铣床的主轴套筒内一般都设有自动夹刀、退刀装置,能在数秒钟内完成装刀与卸刀,使换刀较为方便。此外,多坐标数控铣床的主轴还可以绕 X 轴、Y 轴或 Z 轴做数控摆动,扩大了主轴自身的运动范围,但主轴结构更加复杂。

(2) 加工特点

① 加工灵活,通用性强　数控铣床的最大特点是高柔性,即灵活、通用、万能,可以加工不同形状的工件。在数控铣床上,能完成钻孔、镗孔、铰孔、铣平面、铣斜面、铣槽、铣曲面(凸轮)、攻螺纹等加工,而且在一般情况下,可以一次装夹就完成所需的加工工序。

② 工件的加工精度高　目前,数控装置的脉冲当量一般为 0.001mm,高精度的数控系统可达 0.00001mm,一般情况下,都能保证工件精度。另外,数控加工还避免了操作人员的操作失误,同一批加工零件的尺寸较为稳定,大幅提高了产品质量。由于数控铣床具有较高的加工精度,能加工很多普通机床难以加工或根本不能加工的复杂型面,所以,在加工各种复杂模具时更显出其优越性。

③ 提高生产效率　在数控铣床上,一般不需要使用专用夹具和工艺装备。在更换工件时,只需调用储存于数控装置中的加工程序,大幅缩短了生产周期。数控铣床具有铣床、镗床和钻床的功能,使工序高度集中,大幅提高了生产效率,并减少了工件装夹误差。另外,数控铣床的主轴转速和进给速度都是无级变速的,有利于选择最佳切削用量。数控铣床具有快进、快退、快速定位功能,可大幅减少机动时间。

④ 减轻操作者的劳动强度　数控铣床对零件加工是按事先编好的加工程序自动完成的,操作者除了操作键盘、装卸工件和中间测量及观察机床运行外,不需要进行繁重的重复性手工操作,大幅减轻了劳动强度。

由于数控铣床具有以上优点,因而它的应用将越来越广泛,功能也将越来越完善。

7.3.4 功能

(1) 一般功能

不同的铣床上配置的数控系统不同,其功能也不尽相同。如图 7-18 所示为常用数控铣床的加工功能形式。数控铣床都具有以下一般功能:

① 点位控制功能　该功能可以使数控铣床只进行点位控制的钻孔加工。

② 连续轮廓控制功能　数控铣床通过执行直线插补和圆弧插补可实现对刀具轨迹的连续轮廓控制,加工出直线和圆弧构成的平面曲线轮廓的工件。对非圆曲线的轮廓,在经过直线和圆弧的拟合后也可以加工。

③ 刀具半径的自动补偿功能　利用该功能可以使数控铣床的刀具中心自动偏离工件的加工轮廓一个刀具半径的距离。因而在编程时可以方便地按轮廓的形状和尺寸计算、编程,不必按铣刀的中心轨迹计算编程。

④ 轴对称加工功能　利用该功能只要编制出轴对称两个零件中的一个零件的加工程序,机床

图 7-18　数控铣床的加工功能形式

就可以自动将两个零件加工出来。对于轴对称的一个零件，利用该功能可以只编写一半的加工程序。

⑤固定循环功能　利用该功能将一些典型化的加工功能，专门设计一段程序(子程序)在需要的时候自由调用，以实现一些固定的加工循环。如点位直线控制、铣削整圆等。

(2) 特殊功能

数控铣床除以上一般功能外，根据需要还具有以下一些特殊的功能：

①自适应功能　具备该功能的机床可在加工过程中将刀具的切削状态参数(如切削力、温度等)的变化，通过传感系统、适应系统反馈，使系统及时改变切削用量，从而保证铣床和刀具保持最佳状态。

②数据采集系统　配备数据采集系统的数控铣床，可以用传感器将欲加工制造所依据的实物进行测量和采集数据，并能自动处理采集的数据而编写成数控加工的程序(录返系统)。

除以上特殊功能外，一些机床还配备了刀具长度补偿功能、靠模加工功能等。

第8章

开榫机

- 8.1 单面框榫开榫机
- 8.2 双面开榫机
- 8.3 地板开榫开槽机
- 8.4 直角箱榫开榫机
- 8.5 圆弧与椭圆榫开榫机
- 8.6 数控开榫机

在木制品生产中，零部件结合方式以榫结合较为普遍。榫结合是将榫头嵌入榫槽内的结合，制造榫头的过程称为开榫，所用加工机械为开榫机。开榫是实木加工的核心技术，也是实木家具和板式家具区分的明显特征，可以说开榫机是实木家具机械最独特的设备。

榫结合的种类很多，在家具结构和生产中，榫头的基本类型可分为：直角框榫、直角箱榫、燕尾榫、圆榫和椭圆榫等(图8-1)。直角框榫和椭圆榫主要用于框架构件的结合。直角箱榫和燕尾榫主要用于箱体构件及抽屉等构件的结合。圆榫多用于家具板件的结合。

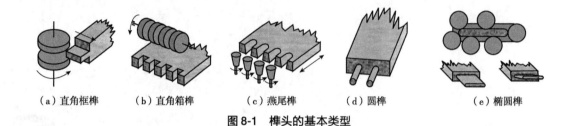

(a) 直角框榫　　(b) 直角箱榫　　(c) 燕尾榫　　(d) 圆榫　　(e) 椭圆榫

图 8-1　榫头的基本类型

开榫机按榫头种类，可分为框榫开榫机，包括单面开榫机和双面开榫机；箱榫开榫机，包括直角箱榫开榫机和燕尾榫开榫机；椭圆或圆榫开榫机，包括单工作台开榫机和双工作台开榫机。

开榫机按机械化程度，可分为手工进料开榫机和机械进料开榫机。

8.1　单面框榫开榫机

单面框榫开榫机以加工框榫为主，通常采用手工进料，少数配有机械进给，如输送带进给、油(气)缸往复进给等。单面框榫开榫机还可以进行板件尺寸校准和截头等加工。

图8-2为横向铣削榫头的单面开榫机工作原理图。在工件的一边装有六个刀头，如图8-2(a)所示。圆锯片2在工件长度方向齐头。两个水平刀头3加工榫头，然后两个垂直刀头4加工榫肩，最后槽铣刀5加工榫槽。相当多的榫头为直角榫头无须加工出榫肩，这样就只需要四个刀头，如图8-2(b)所示，以及圆锯片2、端向开榫刀头6和槽铣刀5。

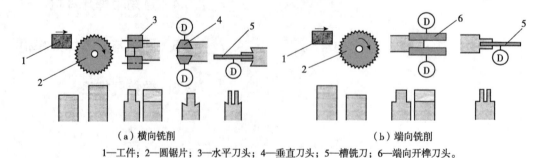

(a) 横向铣削　　　　　　　　　　　　(b) 端向铣削

1—工件；2—圆锯片；3—水平刀头；4—垂直刀头；5—槽铣刀；6—端向开榫刀头。

图 8-2　横向铣削榫头开榫机工作原理图

8.1.1　手工进料单面开榫机

手工进料单面开榫机可根据具体情况任选进给速度，能加工直角榫、直角斜肩榫以及斜榫。所以该机得到广泛应用，特别适用于中小型家具企业进行单件、中小批量的生产，但操作工人的劳动强度相对较高。

8.1.1.1 基本结构

手工进料单面开榫机结构简单,操作维修方便,由床身、切削机构、小车托架、进给小车及操作机构等组成(图 8-3)。

①床身 在机床床身上安装所有的切削刀架、进给小车和调节操纵等机构,要求有足够的强度、刚度及抗振性。

②切削机构 切削机构由截头圆锯 4、上水平刀架 8、下水平刀架 7,上垂直刀架 14,下垂直刀架 23 和中槽刀架 12 六个刀架组成。上水平刀头 6、下水平刀头 5 和上垂直刀头、下垂直刀头 11 分别装在复式刀架上,它们均安装在床身的立柱 9 上。上水平刀头、下水平刀架和上垂直刀架、下垂直刀架的升降,由立柱中的丝杠和刀架上的螺母完成。

③进给小车托架 机床床身右侧固定有进给小车托架 22,它主要由导轨支座 21,滑座 18,四只滚轮 19 及镶条式导轨 20 构成,每一个滚轮内装有两对单列向心球轴承,而下滑座上装有带密封的单列向心球轴承,以便进给小车及滑座沿着导轨的水平移动灵活轻便。小车与滑座之间支撑丝杠 17,可使小车倾斜一定角度(0°~30°),以便加工有角度的榫头或斜截头。进给小车工作台 16 固定在进给小车上。在工作台上装有偏心垂直压紧器 2 和定位装置 3 以保证有效地夹紧。在工作台上固定有靠板,它与进给小车运动方向垂直,以保证加工过程中工件的正确定位。

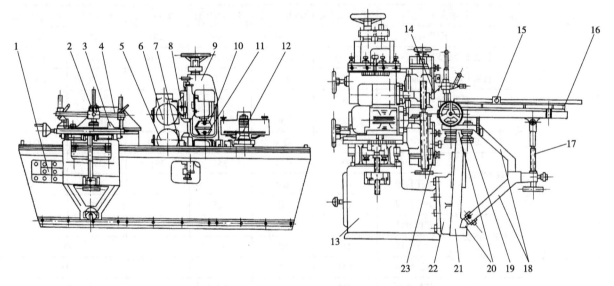

1—电气控制板;2—偏心垂直压紧器;3、15—定位装置;4—截头圆锯;5、6—水平刀头;7、8—水平刀架;9—立柱;10、11—垂直刀头;12—中槽刀架;13—床身;14、23—垂直刀架;16—进给小车工作台;17—支撑丝杠;18—滑座;19—滚轮;20—镶条式导轨;21—导轨支座;22—进给小车托架。

图 8-3 手工进料单面开榫机

8.1.1.2 传动系统

单面开榫机的传动系统如图 8-4 所示。机床共有六个刀头,截头圆锯 19、上水平刀头 11、下水平刀头 18、上下垂直刀头及中槽铣刀 12,均由单独电机驱动。机床的启动与停机是通过电气控制板上的按钮来操作的。

8.1.1.3 技术参数

国产手动单面开榫机的主要技术参数见表 8-1。

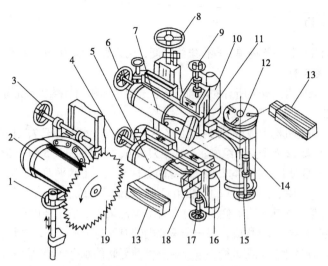

1、3、4、6、8、9、15、17—调整手轮；2、5、7、10、14、16—电动机；11、18—水平刀头；
12—中槽铣刀；13—工件；19—截头圆锯片。

图 8-4　单面开榫机的传动系统图

表 8-1　国产手动单面开榫机的主要技术参数

技术参数		MX2116B 型	MX2116A 型	MX2116B 型	SM006 型	SM007 型	MX2112A 型
最大榫头长度/mm		160	160	160	100	125	160
被加工榫头宽度/mm		6~100	6~90	8~100	8~100	80	100
被加工最大宽度/mm		350	350	430	400	300	350
刀头数/个		6	4	6	4	6	6
工作台高度/mm		820	750	—	—	830	830
工作台行程/mm		1900	2240	—	—	1900	1900
截头圆锯 /mm	锯片直径	400	300	355	355	350	350
	水平行程	160	160	—	—	150	150
	垂直行程	125	125	125	—	125	125
水平切削头 /mm	切削直径	170	173	200	170	170	
	水平行程	50	50	—	—	50	
	垂直行程	100	100	—	—	100	
垂直切削头 /mm	切削直径	170		170		170	
	水平行程	40				40	
	垂直行程	40				40	
中槽铣刀 /mm	切削直径	350	350	350	350	310	350
	水平行程	170	160	—	—	125	
	垂直行程	120	120	—	—	100	
电机 /(kW, r/min)	截头圆锯	2.2, 2870	2.2, 2870	2.2, 2870	2.2, 2870	2.2, 2860	
	水平刀头	1.5, 2870	1.5, 2870	2.2, 2870	2.2, 2870	1.5, 2860	
	垂直刀头	0.8, 2810	—	0.8, 2820	—	0.8, 2810	
	中槽铣刀	3, 2900	2.2, 2870	3, 2900	4, 2900	3, 2860	
外形尺寸(长×宽×高) /mm		—	—	—	—	2460×2140×1450	
自重/kg		—	—	—	—	1475	1495

8.1.1.4 调整

(1) 截头圆锯的调整

截头圆锯相对于铣刀的位置决定了榫头的长度尺寸。圆锯的调整包括水平与垂直方向的调整,分别由调整手轮3和调整手轮1通过丝杠螺母机构完成(图8-4)。

(2) 上水平刀头、下水平刀头的调整

榫头加工应采用基孔制原则,即以与其相应的榫眼尺寸为依据来调整加工榫头刀具的各参数。水平刀头的调整包括:两刀头同时上下移动,两刀头水平移动及上、下两刀头之间距离(榫头厚度)的调整。图8-5为上水平刀头、下水平刀头调整的结构图。转动手轮1,通过丝杠3、丝杠4使上水平刀架2、下水平刀架5同时上升或下降。如将手轮取下装入另一根丝杠或把手轮提至键以上转90°,则齿轮下部的半圆槽和键啮合,又可调整每一水平刀架的移动。水平刀头前后水平位置的调整是通过手轮经丝杠螺母机构使溜板沿燕尾形导轨移动实现的。两刀架水平方向的调整,必须使两刀头的齐头切削刃在一个垂直面内。中槽铣刀的升降和水平位置的调整也是通过丝杠螺母机构来实现的。

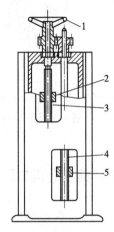

1—手轮;2、5—螺母(刀架);3、4—丝杠。

图8-5 上水平刀头、下水平刀头调整的结构图

(3) 工作台的调整

工作台的调整包括加工斜榫、直榫斜肩时的调整和滚轮与导轨磨损间隙的调整。在加工斜榫调整时,工作台在垂直面内作倾斜转动(图8-6)。转动手轮3,通过装在进给小车下滑座4内的丝杠螺母机构2带动工作台1作倾斜运动。加工直榫斜肩的调整,可通过水平旋转工作台上的靠板来实现(图8-7)。松开固定螺钉4,靠板3和工件1在工作台2上可绕小轴5转动,根据所需角度进行调整。

机床使用一段时间后,滚轮与导轨之间就有一定的磨损,它们之间的间隙增大,从而影响进给小车的运动精度,此时就要作间隙调整(图8-8)。松开螺母1,转动偏心轴3,使滚轮5与导轨4之间的间隙得到补偿。由于偏心轴的调整,使上滑座2的位置发生移动,同时下滑座也要产生位移,因为上滑座、下滑座刚性连接。这样下滑座也要进行调整。松开螺母3转动偏心轴2使下滑座4与导轨1之间的位置得到调整(图8-9)。

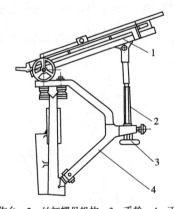

1—工作台;2—丝杠螺母机构;3—手轮;4—下滑座。

图8-6 加工斜榫工作台的调整

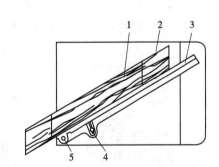

1—工件;2—工作台;3—靠板;4—紧固螺钉;5—小轴。

图8-7 加工直榫斜肩时靠板的调整

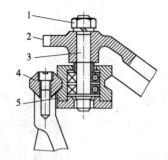
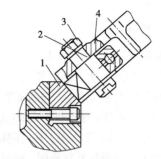

1—螺母；2—上滑座；3—偏心轴；4—导轨；5—滚轮。

图 8-8　滚轮与导轨之间间隙调整

1—导轨；2—偏心轴；3—螺母；4—下滑座。

图 8-9　下滑座间隙调整

8.1.2　机械进料单面开榫机

机械进料单面开榫机切削机构与手工进料单面开榫机相同，采用进给小车机械进给提高机床的机械化程度并减轻了操作工人劳动强度，改善了工作条件。

8.1.2.1　工作原理

图 8-10 为机械进给框榫开榫机的工作原理示意图。如图 8-10(a)所示，钢丝绳 2 在绳轮 4 上缠绕，钢丝绳的两端紧固在进给小车的两端，由电机 3 通过减速器带动绳轮 4 作正反向转动，从而带动钢丝绳连同小车作往返进给运动。如图 8-10(b)所示也是采用钢丝绳带动进给小车，只是带动绳轮的是作往返运动的液压缸 6，液压缸活塞杆与齿条 5 相连，通过齿条作往复运动带动与绳轮同轴的齿轮作正反旋转运动，从而实现进给小车的进料运动。图 8-10(c)为链条挡块进给，链条 8 由链轮 10 带动沿导轨 7 运动，装在链条上的挡块 9 推动工件 1 作进给运动。图 8-10(d)表示工作台固定不动，刀架 11 带动刀头作水平往复运动，实现对工件 1 的自动进给。图 8-10(e)表示刀架 11 带动刀头沿垂直导轨作上下运动，从而实现对工件 1 的自动进给。

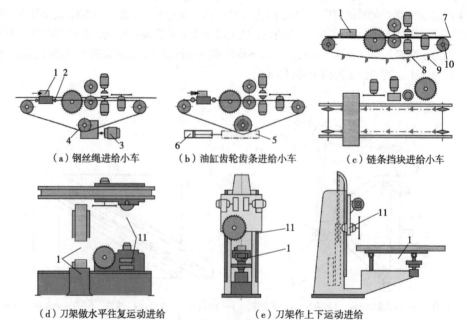

(a) 钢丝绳进给小车　　(b) 油缸齿轮齿条进给小车　　(c) 链条挡块进给小车

(d) 刀架做水平往复运动进给　　(e) 刀架作上下运动进给

1—工件；2—钢丝绳；3—电动机；4—绳轮；5—齿条；6—液压缸；7—导轨；
8—链条；9—挡块；10—链轮；11—刀架。

图 8-10　机械进料单面开榫机工作原理图

图 8-11 为液压进料单面开榫机的原理图。床身 1 为柱形，在床身上装有刀架，刀架安装在电机轴上，第一个刀架为安装在电机上的圆锯刀架 7，用于工件的截头。第二个和第三个刀架为开榫铣刀组 8，垂直布置。第四个为中槽铣刀 9，用于加工榫槽。床身上侧面装有圆导轨 10、推车 4 下面装有辊子沿导轨 10 移动。

进给小车用作固定基准，安放工件。在推车上装有导尺 5、挡块 3、端面挡块 2 和液压夹紧装置 6。推车工作台可以借助丝杠倾斜安装，倾斜角度可达 20°。

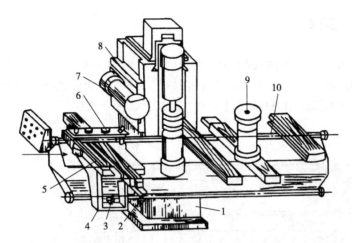

1—床身；2—端面挡块；3—挡块；4—推车；5—导尺；6—液压压紧装置；7—圆锯刀架；8—开榫铣刀组；9—中槽铣刀；10—导轨。

图 8-11 液压进料单面框榫开榫机的原理图

8.1.2.2 传动系统

图 8-12 为机械进料单面开榫机的传动系统图。增速机构采用液压缸，液压缸 1 带动齿条 11 和齿轮 12 运动，由轴 I 通过齿轮传动传至轴 II，带动链轮 2 和链条 3 运动。进给小车固定在链条 3 上，当链条运动时，进给小车随之沿着导轨 9 和 10 顺次通过截头圆锯 6、铣刀组 5 及中槽刀头 4 而完成进给运动。进给速度采用液压控制，可无级调速。

压紧装置也采用液压控制。液压缸 7 控制上压紧器，而侧向压紧靠液压缸 8，液压缸活塞杆的端部装有压板以压紧工件，防止在工件离开刀具时出现工件末端劈裂。

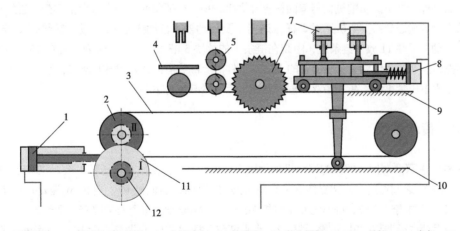

1、7、8—液压缸；2—链轮；3—链条；4—中槽刀头；5—铣刀组；6—截头圆锯；9、10—导轨；11—齿条；12—齿轮。

图 8-12 机械进料单面开榫机的传动系统图

8.2 双面开榫机

双面开榫机是两面同时加工榫头的机床。一般为通过式,采用输送带进给,大大提高了生产效率。

8.2.1 工作原理

图 8-13 为链条挡块进给的双面框榫开榫机的示意图。机床的框式床身上装有两组组件:左边组件与床身刚性联结不能移动,而右边的组件可以根据工件的长度在导轨上移动进行调整。每个组件都装有四个刀架,在某些机床上装有十二个刀架,甚至更多。

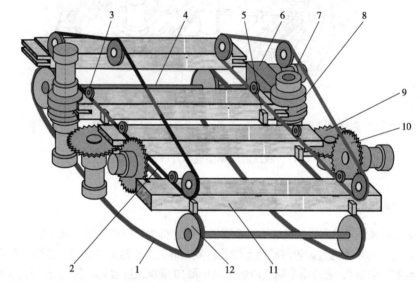

1—链条;2—橡胶V形带;3—压紧辊轮;4—传动轴;5—挡块;6—蜗杆减速器;7—电动机;8—铣刀组;
9—中槽刀头;10—截头圆锯;11—工件;12—链轮

图 8-13 双面框榫开榫机的示意图

双面框榫开榫机的切削机构与单面框榫开榫机相拟,一般每面为四个或六个刀架。进给机构为两条平行的输送链条。电机通过蜗杆减速器 6 及传动轴 4 带动链轮 12 转动,链轮带动链条 1 做进给运动,工件 11 放在链条上,由装在链条上的挡块 5 推送,顺序通过截头圆锯 10、中槽刀头 9 和铣刀组 8 加工出榫头。在链条的上方,工件的上部装有两条被动橡胶带 2,它们在压紧滚轮 3 的作用下压紧工件。在某些双面框榫开榫机上压紧装置为主动。

8.2.2 传动系统

图 8-14 中双面框榫开榫机的进给机构为输送带进给。工件安放在输送带 1 上,在固定立柱 9 和移动立柱 24 之间通过。刀架立柱上装有截头圆锯刀架 8,由电机 M_1、电机 M_2 驱动。电机 M_3 和电机 M_4 带动中槽刀架 7。铣刀组 6 由电机 M_5 和电机 M_7 驱动。每个刀架都有三个运动方向,利用相应的手柄进行调整(角度调整手柄 12、水平调整手柄 11 和垂直调整手柄 10)。进给输送带由两条链条组成,它们沿着导轨 4 移动,在链条上装有挡块 5 以推送工件。进给链的传动由可控硅直流电机 M_9 驱动,可进行无级调速。电机通过离合器 19 和蜗杆传动 18、链传动 20 传至输送带的链轮轴 17,从而带动输送带实现进给运动。

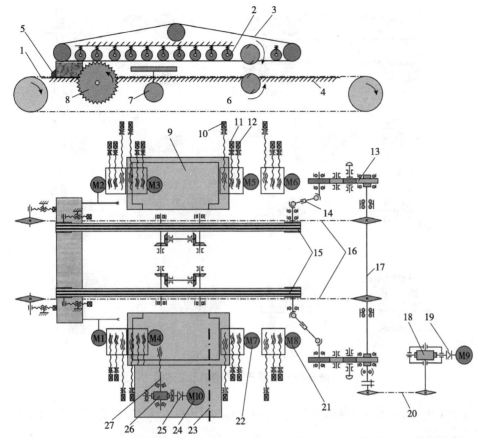

1—输送带；2—压紧辊轮；3—橡胶V形带；4—导轨；5—挡块；6—铣刀组；7—中槽刀架；8—截头圆锯刀架；9—固定立柱；10、11、12—调整手轮；13—齿轮传动；14—万向节；15—带轮；16—传动链；17—传动轴；18、26—蜗杆减速器；19、25—离合器；20—链传动；21、22—电动机；23—导轨；24—移动立柱；27—丝杠。

图 8-14 双面框榫开榫机的传动系统图

压紧装置为两根橡胶 V 形带 3，在其上有压紧辊轮 2 压紧工件。橡胶 V 形带 3 通过带轮 15 带动，带轮 15 的转动由传动轴 17 通过齿轮传动 13 和伸缩轴万向节 14 传递。

左刀架立柱 9 为固定的，右刀架立柱 24 可根据工件的长度进行调整。调整运动通过电机 M10、离合器 25、蜗杆减速器 26 及丝杠 27 实现，蜗杆传动在丝杠螺母机构中又充作螺母。整个刀架立柱沿导轨 23 移动。

8.2.3 组成结构

典型双面开榫机可进行截头、裁边、铣平面、开榫、开槽、铣削斜榫、倒棱和成型边加工等多种作业。加工对象为实木或人造板等。

图 8-15 为双面开榫机上所能完成的加工工艺示意图。图 8-15 中(a)为使用划线锯片和截头粉碎组合锯片进行板材边缘修整；(b)为使用自动划线锯片和截头粉碎组合锯片进行板材镶条的修整；(c)为使用仿型划线锯进行弯曲板材的边缘修整；(d)为使用垂直刀头进行边缘修整和定尺寸加工；(e)为使用进料履带里面的锯片完成截断；(f)为使用进料履带里面的刀具完成开槽加工；(g)为使用修整锯片进行截断；(h)为使用修整和截头粉碎组合锯片进行截头；(i)为指榫加工；(j)为斜榫加工；(k)为斜榫槽加工；(l)为使用组合刀头的榫头加工；(m)为双榫加工；(n)为使用前后排列的铣刀头完成的铣削加工，可避免木材撕裂；(o)为燕尾榫槽加工；(p)为燕尾榫边缘加工；(q)为成型边加工。

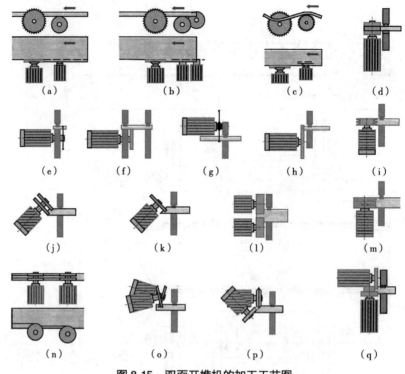

图 8-15 双面开榫机的加工工艺图

如图 8-16 所示,双面开榫机由床身、立柱、锯片刀架组、铣刀组、进给机构、压紧机构和操纵台等组成。

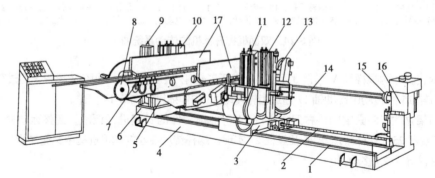

1—导轨;2—丝杠;3、6—立柱底座;4—床身;5—固定立柱;7—张紧装置;8—链轮;9、11—前立柱;
10、12—后立柱;13—按钮;14—传动轴;15—联轴器;16—变速装置;17—带压紧装置。

图 8-16 典型双面开榫机

(1) 床身

机床的床身 4 由钢板焊接而成,上面装有两根导轨 1,导轨上面装有固定立柱 5 和可移动的立柱部分。

(2) 立柱

固定立柱由前立柱 9,后立柱 10 和固定立柱底座 6 组成。移动立柱部分与固定立柱部分结构基本相同,仅个别的刀轴布局略有差别,它由前立柱 11,后立柱 12 和可移动立柱底座 3 组成。移动立柱可根据工件尺寸进行移动调整,电机通过蜗杆减速装置减速,蜗轮上装有螺母与丝杠 2 配合,由于丝杠不能转动也不能移动,故蜗轮转动时带动移动立柱底座沿导轨 1 作水平方向的调整运动。按钮 13 用于精确调整移动立柱的位置。

(3) 锯切刀架

锯切刀架包括划线圆锯和截头粉碎组合刀架。图 8-17 为前立柱上的锯切刀架结构。复合刀架固定于转动圆盘 10，圆盘装在水平溜板 6 上，并借调整丝杠 13 绕水平溜板转动 360°。水平溜板装在垂直溜板 8 上，借助手柄转动丝杠 5 可沿垂直溜板的燕尾导轨在水平方向上调整刀架的位置，调整量由标尺 7 标出。垂直溜板 8 借手柄及丝杠 15 沿在立柱 9 上的燕尾导轨作垂直运动以调整刀架的高度，调整量由标尺 14 表示。截头粉碎圆锯片 11 直接装在电机 4 的轴上，电机 4 上装在支架 12，在支架伸出部分安装有划线锯 1 的电机 2，借丝杠 3 可调整划线锯刀架的水平位置。立柱安装在底座 17 上，而底座安装在机床的床身上。加工出的锯末和碎料由排屑器 16 排出。

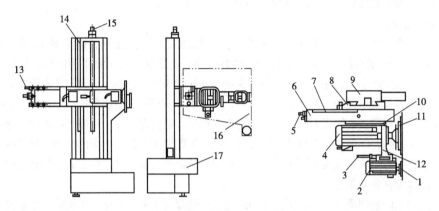

1—划线锯；2、4—电动机；3、5、13、15—丝杠；6—水平溜板；7、14—标尺；8—垂直溜板；9—立柱；10—转动圆盘；11—截头粉碎圆锯片；12—支架；16—排屑器；17—底座。

图 8-17　前立柱上的锯切刀架

(4) 铣削刀架

双面开榫机后立柱前、后各装有一个铣刀复合刀架。图 8-18 为开榫机后立柱上的铣刀复合刀架结构示意图。

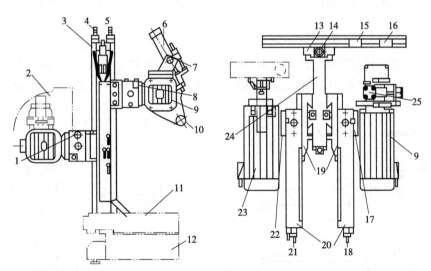

1、8—调整丝杆；2—吸尘口；3—立柱；4、5、7—丝杠；6—气缸；9、23、25—电动机；10—附加轴；11—底座；12—床身；13—支架；14—压紧器升降调节丝杆；15、16—微动开关；17、22—转动圆盘；18、21—手柄；19—垂直溜板；20—水平溜板；24—支架。

图 8-18　开榫机后立柱上的铣刀复合刀架结构示意图

前复合铣刀架固定在转动圆盘 17 上，转动圆盘装在水平溜板 20 上，它相对水平溜板可旋转 360°，用丝杠 8 来调节。水平溜板装在沿立柱 3 上的燕尾导轨移动的垂直溜板 19 上，借丝杠 5

的手柄可调节刀架的高度。水平溜板可借助丝杠手柄 18 沿燕尾导轨相对垂直溜板作水平调整运动。刀架的水平和垂直方向的调整量可在相应的标尺上表示出。开榫铣刀直接装在电机 9 的轴上，除此之外，电机 9 还通过带传动带动安装在附加轴 10 上的铣刀，以适应某些开槽及修整加工。铣刀轴 10 的升降靠气缸 6 控制，行程靠丝杠 7 上的螺母调节气缸的行程实现。气缸的动作由微动开关 15 和微动开关 16 控制，微动开关的位置可根据需要调节。

铣刀的复合刀架结构与前刀架基本相同，只是没有安装附加铣刀。如图 8-18 中 21 为后面刀架的水平溜板调整丝杠手柄，19 为后刀架垂直溜板，22 为后刀架转动圆盘，23 为后刀架的电机，它们的功能与前面刀架的功能相同。

立柱 3 安装在立柱底座 11 上，而底座安装在床身 12 上。

(5) 进给机构

双面开榫机的进给机构为履带进给机构。由电机通过变速装置 16，联轴器 15 传至传动轴 14。传动轴带动两对链轮 8 从而带动履带做进给运动。变速机构由无级变速器和蜗杆减速器组成，因此进给速度为无级调速，调速范围为 3~8m/min 或 5~35m/min，可通过手柄调节。

进给履带板由链条带动，支承在导向圆导轨和支承平面导轨上，履带的从动轮上设有弹簧张紧装置 7 以保持履带恒定的张力，履带上装有弹性挡块，以推送工件。两履带上的弹性挡块必须调整至同一平面内，以保证加工精度。平时挡块在弹簧的作用下处于上面的位置，当工件表面积较大时，工件可将挡块压入履带平面内。履带板和链条采用耐磨金属材料制成，故具有较长的使用寿命并能保证相应的精度。

后立柱的内侧悬伸两个支梁，下支梁用以安装进给履带支架。上支承梁安装压紧器支架。

(6) 压紧机构

双面开榫机压紧机构为两条无端的皮带压紧装置 17，通过传动轴 14 及齿轮传动传至压紧皮带的带轮，从而带动皮带运动。V 形带内周表面安装有多个带弹簧的小辊轮，使皮带对工件产生一定的压力，以保证工件在加工时不产生跳动和移动。

与调整旋钮 5 同轴的齿轮 21 空套于轴上(图 8-19)，通过调整旋钮 5 调节摩擦离合器的摩擦力，以达到调节压紧皮带的运动速度。当放松离合器时，压紧皮带无驱动力。为了确保移动立柱部分的履带和压紧皮带随立柱一起移动，故链轮、齿轮和传动轴 18 间采用滑键结构。

(7) 导尺

在机床固定部分，进给履带外侧装有导尺以保证工件精确地安放在履带上(图 8-20)。工件放置在支承导板 9 上，端面靠向导尺 7 由履带 8 带动进给进行加工。导尺 7 通过两根连杆 6 与钢板 5 组成四杆机构。拉簧 10 使导尺总是靠紧偏心轴 4，并使导尺 7 有一定的侧向弹性量，移动量

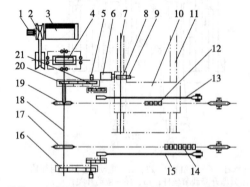

1—手轮；2—无级变速器；3、6—电动机；4、8—蜗杆传动；
5—调整旋钮；7—丝杠；9—手柄；10—移动立柱；11—导轨；
12、14—履带；13、15—压紧皮带；16、20—齿轮组；
17、19—链轮；18—传动轴；21—齿轮。

图 8-19 双面开榫机传动系统图

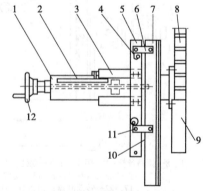

1—导轨；2—标尺；3—溜板；4—偏心轴；5—钢板；
6—连杆；7—导尺；8—履带；9—支承导板；
10—拉簧；11—螺钉；12—手轮。

图 8-20 侧向导尺结构图

的大小由另一偏心销来控制。钢板 5 通过螺钉安装于溜板 3 上，溜板 3 带动导尺 7 沿导轨 1 作水平移动，移动量可由标尺 2 示出，可通过手轮 12 带动丝杠控制。导尺的高度位置调节可通过两个螺钉 11 实现。

移动立柱 10 的调整是通过电机 6、蜗杆减速器 8、丝杠 7 带动立柱 10 在导轨 11 上作水平调整运动，运动速度可通过手柄 9 实现调整。

8.3 地板开榫开槽机

实木地板加工过程中需要进行开榫开槽。榫有纵向榫与横向榫之分，有凸榫与榫槽之分，有直角榫、燕尾榫和锯齿榫之分。实木地板四面榫属于纵横向直角榫，有两个凸榫、两个榫槽。

实木地板四面榫的加工靠单个铣头多次加工很麻烦。如果采用两个铣头同时加工，可一次性完成装夹，提高效率。综合比较采用两个立式主轴，工件平放，盘铣刀加工的方案比较好。盘铣刀能很好完成多面直榫，两个盘铣刀组合可方便加工凸榫部分。为防止铣头碰撞工件，可采用大直径铣刀，也增加了走刀的行程。进给采用四轴方案比较好，与三轴相比轨迹简单、效率高。

QMX3820D 是青城机械公司制造的集锯切、铣榫于一体的履带进给的双端齐边开榫机，以它为例介绍地板开榫开槽生产机械的特点及技术参数。

（1）机身其床身采用优质铸件整体浇注而成，经特殊处理和五面体龙门加工中心精密加工，其性能稳定，刚性好，精度佳。

（2）送料采用高精度同步履带，其性能稳定、运行平稳，定位准确稳定可靠，噪声低。

（3）主轴采用特殊材料，经特殊处理、精密加工和装配，铣刀主轴转速达 7000r/min，具有运行平稳，加工质量佳的优点。

（4）送料系统配置硬齿面减速机和进口变频器，实现变频调速送料，送料速度达 5~20m/min。

（5）对定宽直线导轨和移动丝杆，配置固定式防护罩，解决以前因木屑粉尘卡死导轨的问题，保证定宽精准。

（6）配置料斗机构，实现木地板人工上料和自动送料加工，可大大提高加工效率，减轻工人强度。

（7）配置定宽直线导轨固定护罩 4 个水平等高块调节孔，方便用户进行机床水平校对和安装。

（8）可选购配置，根据用户需要取掉铣轴部件，对木制品进行双端锯切齐边定长作业，其加工效率高、质量好。

表 8-2 列出了 QMX3820D 双端齐边开榫机（地板专用）的主要技术参数。

表 8-2 QMX3820D 双端齐边开榫机（地板专用）的主要技术参数

技术参数	数值
加工宽度/mm	300~2000
加工厚度/mm	10~70
送料挡块间距/mm	240
铣刀轴转速/(r/min)	7000
齐边锯转速/(r/min)	3000
铣刀轴径/mm	ϕ30

(续)

技术参数		数值
装刀直径/mm	下锯	(ϕ200~ϕ300)×25.4(孔)
	上锯	(ϕ250~ϕ300)×25.4(孔)
	铣刀	(ϕ108~ϕ180)×30(孔)
电机功率/kW	电机总功率	20.95
	下锯功率	3×2
	上锯功率	3×2
	铣刀功率	3×2
	送料电功率	2.2
	调宽电机功率	0.75
吸尘口直径/mm		6×ϕ100
机床外形尺寸/cm		410×250×146
机床重量/kg		3250

8.4 直角箱榫开榫机

箱榫开榫机按榫头类型，可分为直角箱榫开榫机和燕尾榫箱榫开榫机；按进给方式，可分为手工进料和机械进料开榫机；按主轴数目，可分为单轴和多轴开榫机。

直角箱榫开榫机用于加工直角箱榫的板件，若装上指接铣刀亦可作短料纵向接长开榫之用。

8.4.1 基本结构

如图 8-21 所示，直角箱榫开榫机一般为立式加工，原理为循环-通过式。开榫铣刀头做旋转运动，工作台做垂直进给运动，从而完成开榫工序。

床身 1 上装有组合铣刀头，由电机 2 通过带传动带动铣刀。在床身支柱 12 上安装工作台 9，工件 8 放在工作台上并靠向端头挡板 4 和侧向挡板 7，工作台的升降进给运动是靠液压缸 11 实现的。压紧机构为液压缸 10，安装在立柱 5 和横梁 6 上，压紧液压缸的位置在水平方向和垂直方向上均可调整。

8.4.2 传动系统

液压升降工作台单面直角箱榫开榫机的液压传动系统，如图 8-22 所示，压力油由油泵 1 进入溢流阀 2、换向阀 3 和换向阀 4，换向阀 3 控制压力油的方向使其流入液压缸 9 的活塞腔和活塞杆腔，从而控制活塞运动方向，活塞杆带动工作台 7 作升降进给运动。当液压缸处于下面位置时，工作台的拉杆 8 压向换向阀 10，压力油通过溢流阀 2 流回油箱，而系统中没有压力。当把阀 4 的手柄转到"工作位置"时，停止溢流阀卸荷，系统中的压力升高，液压压紧器 6 压紧工件，而工作台上升。当固定在拉杆 8 上的挡块改变换向阀 4 手柄位置时，则工作台下降。工作台的进给速度由节流阀 5 调节。

第 8 章 开榫机

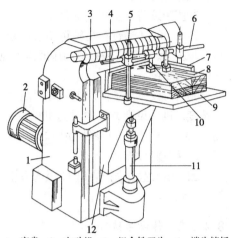

1—床身；2—电动机；3—组合铣刀头；4—端头挡板；
5—立柱；6—横梁；7—侧向挡板；8—工件；
9—工作台；10、11—液压缸；12—床身支柱。

图 8-21　直角箱榫开榫机工作原理图

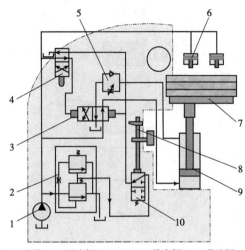

1—油泵；2—溢流阀；3、4、10—换向阀；5—节流阀；
6—液压压紧器；7—工作台；8—拉杆；9—液压缸。

图 8-22　单面直角箱榫开榫机液压传动系统图

8.4.3　单面直角箱榫开榫机

8.4.3.1　基本结构

机械进料单面直角箱榫开榫机由床身16、主轴7、工作台15、压紧器3、对刀板13及电机10等部分组成（图8-23）。

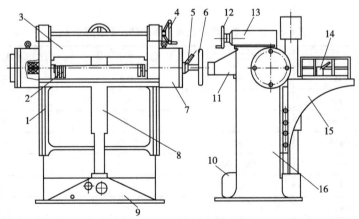

1—导轨；2—组合铣刀；3—压紧器；4、6、12—手轮；5—锁紧器；7—主轴；8—丝杠螺母机构；
9—蜗轮蜗杆减速器；10—电机；11—排屑口；13—对刀板；14—侧向压紧器；15—工作台；16—床身。

图 8-23　机械进料单面直角箱榫开榫机

①主轴部件　组合铣刀2安装在主轴7上，由电机通过联轴器直接带动作旋转运动。在刀轴的另一端装在附加支承轴承，靠锥面连接与主轴一起转动，起辅助支承作用。手轮6调整锥面摩擦盘的压紧力，5为锁紧器，当铣刀需要刃磨时，转动手轮6，摩擦盘脱开。将右侧的轴承外套与手轮等拆下，再将刀具与垫片从机床右边的孔中拔出，非常方便。改变刀具尺寸或形状，则可加工出不同制品的榫头。

②进给部件（工作台）　工作的进给为机械传动，依靠工作台升降实现。由电机通过蜗杆减速器9带动丝杠螺母机构8使工作台沿导轨1升降。工作台升降过程中，电气设计上均有限位控

③压紧装置 上压紧器靠压紧器 3 压紧,转动手轮 4 通过锥齿轮可调节压紧器位置与压力。侧面还设有侧向压紧器 14 使工件靠向靠板。

④对刀板 为了保证工件有很高的加工精度,机床设有方便的对刀机构——对刀板 13。转动手轮 12 使铣刀刃口对准对刀板,以保证装刀精度。

加工出的木屑由排屑口 11 吸入吸尘装置统一处理。

8.4.3.2 传动系统

机械进给单面直角箱榫开榫机传动系统,如图 8-24 所示。电机通过蜗杆传动 1 和丝杠螺母机构 2 带动工作台 3 作升降进给运动。转动手轮 15,通过两对锥齿轮 5 及丝杠螺母机构 4 调整压紧器 16 的位置与压力。电机 6 通过联轴器 7 带动刀轴 8 作旋转

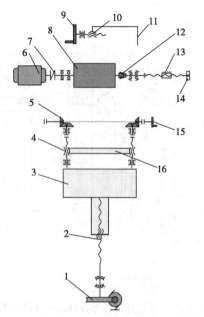

1—蜗杆传动;2、4、10、13—丝杠螺母机构;3—工作台;
5—锥齿轮传动;6—电动机;7—联轴器;8—刀轴;
9、14、15—手轮;11—对刀板;12—摩擦离合器;16—压紧器。

图 8-24　机械进给单面直角箱榫开榫机传动系统

运动,主轴右侧又装有附加支承轴承,靠摩擦离合器 12 与主轴相联。转动手轮 14 通过丝杠螺母机构 13 正向可压紧摩擦,反转则可脱开以便换装铣刀。

8.4.3.3 技术参数

机械进给单面箱榫开榫机的主要技术参数见表 8-3。

表 8-3　机械进给单面箱榫开榫机的主要技术参数

技术参数	MX296 型	CL-132 手动型	CLA-132 电动型
工作最大宽度/mm	600	450	450
最大榫头长度/mm	40	38	38
加工件最大厚度/mm	120	120	120
开榫工作速度/(s/次)	30	5~75	5~750
工作台尺寸/mm	850×500	—	—
电机功率/kW	5.5	3.7	3.7
升降电机/kW	—	—	0.75
电机转速/(r/min)	2900	3450	3450
外形尺寸(长×宽×高)/mm	1575×1060×1160	1380×1300×750	1530×1250×850
自重/kg	950	650	670

8.4.4　双面直角箱榫开榫机

图 8-25 为链条进给双面直角箱榫开榫机的示意图。

机床由固定立柱 22 和移动立柱 23 组成。每个立柱上各装有一个锯片 11 和一个铣刀刀架 3,共四个刀头;锯片由电机 17 直接带动做旋转运动,为通过式加工。而铣刀刀架上安装有铣刀组 5,

为工位式加工。机床进给机构由两组链条组成：外进给链 18 和内进给链 19。在链条上各装有可隐挡块 10 和可隐挡块 12，工作时，工件 7 由料箱 8 落到底部的托板 9 上，当外链条上的挡块沿导轨 13 移动时，导轨将可隐挡块 10 抬起，推动工件作进给运动，通过圆锯片，完成截头工序。锯切完毕，导轨 13 的长度也到此为止，可隐挡块失去了支承，在自重的作用下，绕自身的小轴转动翻倒而隐入链条内，工件则停止在链条的工件 2 位置。此时刀架由驱动轴 1 带动链轮 14 并经螺旋齿轮副 16 使凸轮 20 旋转，通过杠杆 21 上的从动轮使杠杆绕绞点摆动，带动铣刀刀架 3 沿导轨 4 垂直升降，实现进给运动和回程运动，完成箱榫加工。开榫完毕后，内进给链条 19 上的可隐藏挡块 12 在导轨的作用下抬起，将加工完的工件推出机床。

根据工件的宽度，靠手轮 24 通过丝杠 26 可使移动立柱 23 沿导轨 25 作横向移动，可在水平方向调整移动立柱的位置。

为了保证加工精度，防止加工时工件跳动，在切削部位上方装有皮带压紧器 6，皮带为环形带，安装在两个带轮上。链条上挡块的位置、链条速度和刀架升降周期三者之间必须互相协调，并且工件停留的位置也要准确。

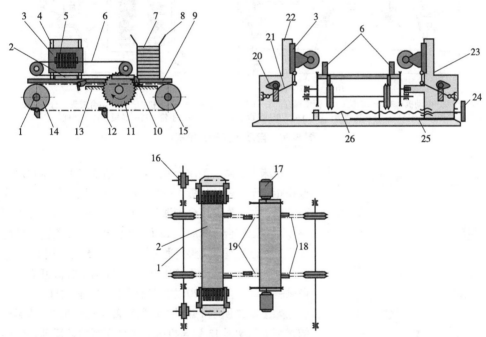

1—驱动轴；2、7—工件；3—铣刀刀架；4、13、25—导轨；5—铣刀组；6—皮带压紧器；8—料箱；9—托板；10、12—可隐挡块；11—锯片；14、15—链轮；16—螺旋蜗轮蜗杆副；17—电动机；18—外进给链；19—内进给链；20—凸轮；21—杠杆；22—固定立柱；23—移动立柱；24—手轮；26—丝杠

图 8-25　链条进给双面直角箱榫开榫机示意图

8.5　圆弧与椭圆榫开榫机

8.5.1　圆弧榫开榫机

自动圆弧榫开榫机是一种机电气联合动作的仿型机床，可以加工椭圆榫和圆榫。在直的或角度变化的板材上加工 1~3 个角度不同的榫头而不需要任何模具。其配合的榫眼为圆榫眼或扁圆榫眼，避免由于应力集中而造成强度降低。

此类机床的生产率高，加工精度高，适合批量生产的家具厂、木器厂及建筑材料厂等加工榫头之用。

8.5.1.1 基本结构

自动圆弧榫开榫机(图8-26)由床身1、切削机构10、工作台6、压紧机构9和电气部分等组成。圆弧榫开榫机的切削刀头为一组合刀头10,包括圆锯片及铣刀头。刀头除做旋转运动外,也要根据内锥盘和外锥盘的形状做仿型运动。

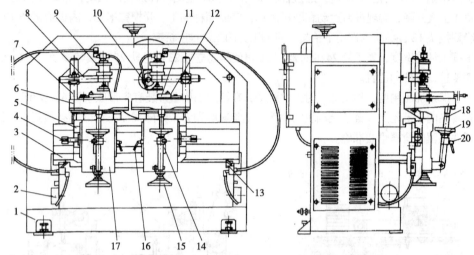

1—床身;2—电动机;3、5—导轨;4—调整螺钉;6—工作台;7、8、9—压紧机构;10—组合刀头;11—限位挡块;12—靠尺;13—气动阀;14、16、20—锁紧手柄;15、19—手轮;17—溜板;18—丝杠。

图8-26 自动圆弧榫开榫机

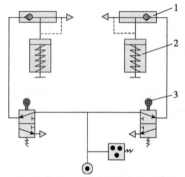

1—快速排气阀;2—压紧气缸;3—滚轮。

图8-27 自动圆弧榫开榫机气动系统图

机床上有两个工作台6,可在导轨3上做水平移动,以改换相对于刀轴的位置,一个工作台加工时,另一个工作台装卸料,两工作台可分别调整,转动调整螺钉4可沿导轨5移动。在工作台上有靠尺12和限位挡块11以确定工件的位置。工作台的垂直调整可通过转动手轮15使溜板17在导轨上做升降运动。转动手轮19借助丝杠螺母机构可使工作台做倾斜运动,在0°~20°之间调整,以加工斜角榫。

如图8-27所示,工件的压紧装置为压紧气缸,压紧气缸依靠两个气动阀13参与机床的仿型切削循环运动。当接通右工作台的气路时压缩空气通过换向阀进入压紧气缸的上腔,压块压向工件。当工作台左移碰到左边的气动换向阀的滚轮3使气路关闭,在压紧气缸2内的弹簧作用下,将气缸上腔的压缩空气通过快速排气阀1排出,压紧气缸松开,操作者卸下加工好的工件,装好待加工工件。当工作台向右移动时,左边的滚轮换向阀回位,气路接通左边的压紧气缸压紧工件,如此循环工作。

8.5.1.2 传动系统

图8-28为机床的传动系统和工作原理图。电机2通过带传动27带动主轴14高速旋转,皮带张紧由双向丝杆26调节。主轴加工榫头做仿型运动时,电机2能随摆杆1作相应的摆动,电机3通过带传动4、蜗杆减速器5和带传动6带动转子12转动。转子通过连杆15,弹簧机构13和安装在主轴另一端的仿型锥10沿内仿型锥盘7使主轴实现加工圆弧榫头的仿型运动。

电机16通过带传动17,蜗杆减速器20、偏心销盘19、连杆21带动工作台24沿导轨25做水平移动。工作台有左右两个,如图8-28所示为右工作台上的工作加工状态,而左工作台上完

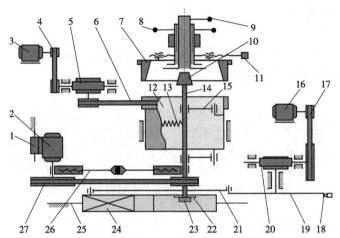

1—摆杆；2、3、16—电动机；4、6、17、27—带传动；5、20—蜗杆减速器；7—内仿型锥盘；8—手轮；9—手柄；10—仿型锥；11、26—双向丝杠；12—转子；13—弹簧；14—主轴；15、21—连杆；18—开关；19—偏心销盘；22—锯片；23—铣刀；24—工作台；25—工作台导轨。

图 8-28 机床的传动系统和工作原理图

成装卸料作业。工作台换位和铣刀作仿型运动由电气控制协调，当转子 12 转过一周完成一个榫头仿型加工后，电信号发出指令让偏心销盘自动转 180°，使左工作台到加工位置，右工作台到达装卸料位置，如此循环动作。

8.5.1.3 机床的调整

①加工尺寸，如图 8-29(a) 所示。

②榫头的倾斜角度的调整，榫头倾斜角范围为 0°~90°，即可以从水平位置转到垂直位置，通过图 8-28 的手柄 9 转动内仿型锥盘实现。

③榫头厚度尺寸的调整，转动手轮 8，调整内仿型锥盘 7 和仿型锥 10 的轴向相对位置来实现，靠近时榫厚度尺寸小，离开时榫厚度尺寸大。

④榫头长度尺寸的调整，借转动双向丝杠 11 调节两半圆形的内仿型锥盘 7 来实现。

⑤榫头高度的调整，通过调整外刀体实现的。

⑥榫头定位尺寸的调整，通过对两个工作台及夹紧装置的调整进行的，刀头两侧各有一个小的圆形法兰盘，其上的定心销作为基准，这个销子是每次调整的起始点，定位后进行加工的工件以该定心销为基准被加工成精密的榫头。确定尺寸 C，先松开图 8-26 的锁紧手柄 14，再转动手轮 15，溜板 17 垂直移动工作台 6，在工作台的一侧有标尺表示移动距离。调整好后再锁紧锁紧手柄。尺寸 D 的调整，先松开工作台上靠近靠尺 12 的螺钉，移动导尺靠板完成粗定工作位置的调整，调整完毕拧紧螺钉，转动水平移动丝杆，可以得到精确定位，这里没有锁紧装置，其调整位置可在工作台水平移动一侧的标尺上读出。

⑦榫头倾斜面的调整，如图 8-29(b) 所示，调整水平轴线倾斜角 β，松开控制工作台倾斜杆的锁紧手柄 20(图 8-26)，然后转动丝杆 18 的手轮 19，从丝杆上的标尺读出所要求的角度，然后拧紧锁紧。调整垂直轴线倾斜角 γ，松开靠板固定在工作台上的两个紧固螺钉，将其转动到所需角度，再固定螺钉。

⑧机床工作速度的调整，通过转动机床后面的两个大六角螺栓可进行工作台移动速度和铣刀头的铣形运转速度调整。

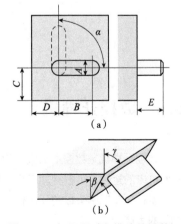

图 8-29 加工尺寸和榫头的调整

8.5.2 椭圆榫开榫机

椭圆榫开榫机实际上是将矩形截面的框接榫的两端加工成半圆形。圆弧榫开榫机(图 8-30)加工的各种榫头形状的半圆榫即为圆榫。

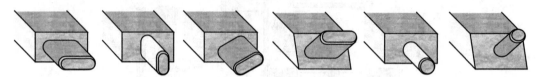

图 8-30　圆弧榫开榫机加工的各种榫头形状

椭圆榫开榫机的加工方法如下：

①用靠模样板加工，如图 8-31(a)所示，铣刀由曲柄—连杆机构带动，按可离合的靠模样板运动，对榫圆弧部分加工。靠模板的离合，根据榫的尺寸调整，当榫的尺寸很大时，可以采用配换靠模板。

②刀头在端部作圆弧运动加工椭圆榫的半圆部分，如图 8-31(b)所示，工件固定在工作台上运动，在此间完成各个加工阶段。在第 Ⅰ 阶段，工件由右向左运动，此时，铣刀轴不移动，铣刀加工榫的上表面。第 Ⅱ 阶段，铣刀轴作圆弧运动，从上位到下位，这时，铣刀加工榫的右边圆弧。在第 Ⅲ 阶段，工件作返向运动(向右)，而铣刀轴不动，此时，加工榫的下表面。在第 Ⅳ 阶段，工件不动，铣刀由下而上作圆弧运动，完成榫头左面的圆榫加工。

③工件以等速进给，做连续直线运动，而铣刀按具有一定的规律变化的速度移动，榫头由两个铣刀完成加工。上铣刀加工上半个榫头，在 90°范围内修圆，而下铣刀加工下半部榫头，如图 8-31(c)所示，上铣刀的中心位置 c_1、c_2、c_3、c_4 与榫头的位置 a_1、a_2、a_3、a_4 相适应。这样，在榫头由 a_1 到 a_4 的过程中，就完成了圆弧运动 a_1 到 a_4。榫头继续进给，而铣刀中心的位置 c_4 不动的情况下，榫头的上表面被加工。铣刀的运动是靠凸轮来实现的，凸轮与进给机构刚性连接。

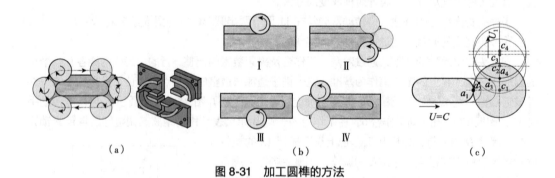

图 8-31　加工圆榫的方法

8.6　数控开榫机

数控开榫机是数控木工机床的一种，数控开榫机可以用数字和符号构成的数字信息，来自动控制机床的运转，可根据加工指令信息进行自动控制，大大减少人工的投入。数控开榫机设备分为很多种，包括单头数控开榫机、双端开榫机、燕尾榫开榫机等，广泛应用于各种实木家具等木制品的生产加工。

相比于传统的开榫机，数控开榫机具有很多优势，例如：

①数控开榫机是自动化设备,加工速度快,加工精度高。加工后的榫头精度误差可以达到 0.05~0.1mm,比常规设备加工有很大的提高。

②可实现方榫、圆榫的加工,也可以将不同角度、不同尺寸的榫头,加工调节方便,适合对异形、复杂榫卯进行加工。

③设备操作简单方便,只需要按照要求输入加工尺寸数字就可以完成加工。数控开榫机具有参数保存和调取功能,使用便捷。

④安全性能高,加工过程中工人不接触刀具,操作更加安全。

目前市场上的数控开榫机种类繁多,样式也千变万化,针对不同的榫卯结构也有不同开榫机。

8.6.1 组成结构

数控开榫机主要由床身、主轴和变频器以及进给机构组成,下面分别展开介绍。

(1)床身

床身是机床主体的重要组成部分,数控开榫机的精度以及精度的持久性主要靠机床主体来保证,机床主体的静特性和动特性对数控开桦机的精度有很大的影响,如机床主体的刚性、主轴的回转精度、工作台及床身等运动部件的平滑性,运动的直线度,运动与主轴中心线的平行度、垂直度,还有热变形的影响等。

(2)主轴和变频器

工件在铣削时,由于工件材质的不同,所用铣刀的直径不同,要求机床的主轴应在一定的转速范围内实现变速,并能承受一定的力矩。为了能够在满足以上条件下进行加工,数控开榫机采用高速主轴,并利用变频器实现变速。

(3)进给机构

目前,开榫机的进给机构采用精密的滚珠丝杠,使丝杠的旋转运动变为床身的直线运动。可以对滚珠丝杆进行预紧,消除丝杆传递时的背隙,精度高。导轨的滑动面采用具有低磨擦和具有较高振动衰减特性的材料。

8.6.2 数控开榫机 MDK224G

数控开榫机 MDK224G 采用电脑控制三种运动机构,可以让开榫更简单、精准、快捷。

(1)主要特点

①横置主轴,更适合加工端面,可以加工 2m 以上的长料。

②自带工控电脑的一体式电控箱,省去接线和安装调试软件的烦琐步骤。

③参数式榫卯设计界面,只要输入工件宽度、厚度、榫宽等参数,使用简单。

④加工过程无须接触工件,节省力气又相当安全。

⑤加工精准,可以实现 0.02mm 的细微调节。

(2)技术参数

表 8-4 列出部分国产数控开榫机的主要技术参数。

表 8-4 国产数控开榫机的主要技术参数

技术参数	MDK224G 型	MDK224E 型	MDK224C 型
最大加工长度/mm	2200(榫间距)	2200	2000
最小加工长度/mm	180(榫间距)	180	180
最大加工厚度/mm	80	80	80

(续)

技术参数	MDK224G 型	MDK224E 型	MDK224C 型
最大加工宽度/mm	200	200（水平摆角45°加工宽度：110）	200
最大榫长/mm	40	40	40
垂直摆角/°	+45～-12	+45～-12	+45～-12
水平摆角/°	+45～-12	+45～-12	+45～-23
主轴1转速/(r/min)	9000～12000	9000～12000	9000～12000
主轴2转速/(r/min)	6000～12000	—	倒角：12000　钻孔：6000
主轴1电机功率	5.5kW×2	5.5kW×2	5.5kW×2
主轴2电机功率	3kW×2	—	2.2kW×2
安装总功率/kW	31.55	22.55	24.45
额定电流/A	63	45.1	49
吸尘口	ϕ100mm×2	ϕ100mm×4	ϕ100mm×4
外形尺寸/mm	4930×2300×1800	4930×2300×1800	4500×2200×1750
自重/kg	3000	2960	2530

第9章
钻削与钻床

- 9.1 钻削与钻头
- 9.2 钻床分类
- 9.3 立式单轴木工钻床
- 9.4 圆榫榫槽机
- 9.5 多轴钻床

家具零部件为接合有时需要各种类型的孔槽,这些孔槽的加工是家具加工工艺中一个很重要的工序,孔槽加工的好坏直接影响接合强度和质量。本章主要研究孔槽加工的切削原理,钻头和榫槽切削刀具的类型、加工机械以及影响钻削加工质量的因素。

9.1 钻削与钻头

钻削是用旋转的钻头沿钻头轴线方向进给对工件进行切削的过程。加工不同直径的圆形通孔和盲孔要用不同类型的钻头来完成。

9.1.1 钻削原理

9.1.1.1 钻头组成

根据钻头各部位的功能,钻头的组成可以分为以下三大部分(图9-1)。

①尾部(包括钻柄、钻舌) 钻头的尾部除供装夹外,还用来传递钻孔时所需扭矩。钻柄有圆柱形和圆锥形之分。

②颈部(钻颈) 位于钻头的工作部分与尾部之间,磨钻头时颈部供砂轮退刀使用。

③工作部分 包括切削部分和导向部分,切削部分担负主要的切削工作,钻孔时导向部分起引导钻头的作用,同时还是钻头的备磨部分。导向部分的外缘有棱边称之为螺旋刃带,这是保证钻头在孔内方向的两条窄螺旋。钻头轴线方向和刃带展开线之间的夹角称为螺旋角ω。

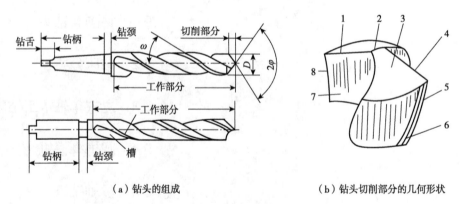

(a)钻头的组成　　　　(b)钻头切削部分的几何形状

1—主刃;2—横刃;3—后刀面;4—主刃;5、8—副刃;6—副后刀面;7—前刀面。

图9-1 钻头的组成和钻头切削部分的几何形状

钻头按工作部分的形状,可分为圆柱体钻头和螺旋体钻头。螺旋体钻头有螺旋槽可以更好容屑和排屑,这在钻深孔时尤其需要。本节着重讨论钻头的切削部分,它包括前刀面、后刀面、主刃、横刃、沉割刀和导向中心等。

①前刀面 当工作部分为螺旋体时,即为螺旋槽表面,是切屑沿其流出的表面。

②后刀面 位于切削部分的端部,它是与工件加工表面(孔底)相对的表面,其形状由刃磨方法决定,可以是螺旋面、锥面和一般的曲面。

③主刃 钻头前刀面和后刀面的交线,担负主要的切削工作。横向钻头的主刃与螺旋轴线垂直,纵向钻头的主刃与螺旋轴线呈一定角度。

④锋角 又称为钻头顶角(2φ),它是钻头两条切削刃之间的夹角。在钻孔时锋角对切削性能的影响很大,锋角变化时,前角、切屑形状等也引起变化。

⑤横刃 钻头两后刀面的交线,位于钻头的前端,又叫钻心尖。横刃使钻头具有一定的强

度，担负中心部分的钻削工作，也起导向和稳定中心的作用，但横刃太长钻削时轴向阻力过大。

⑥沉割刀　钻头周边切削部分的切削刃，横向钻削时，用于在主刃切削木材前先割断木材纤维。沉割刀分为楔形和齿状两种。

⑦导向中心　在钻头中心切削部分的锥形凸起，用于保证钻孔时的正确方向。

9.1.1.2　钻削方式

根据钻削进给方向与木材纤维方向夹角的不同，可以把钻削分为横向钻削和纵向钻削两种。

钻削进给方向与木材纤维方向垂直的钻削称之为横向钻削，如图9-2(a)所示。不通过髓心的钻削为弦向钻削，通过髓心的钻削为径向钻削。横向钻削时要采用锋角180°、具有沉割刀的钻头，此时沉割刀做端向切削把孔壁的纤维先切断，然后主刃纵横向切削孔内的木材，从而保证孔壁的质量。

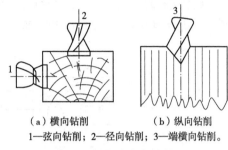

（a）横向钻削　　　（b）纵向钻削
1—弦向钻削；2—径向钻削；3—端横向钻削。

图9-2　不同方向的钻削

钻削进给方向与木材纤维方向一致的钻削被称之为纵向钻削，如图9-2(b)所示。用于纵向钻削的钻头，刃口相对钻头的轴线倾斜，锋角小于180°，即锥形刃磨的钻头，这时刃口成端横向钻削而不是纯端向钻削。

9.1.2　钻头类型及应用

钻头除了用于钻孔外，还可以用于钻去工件上的木节或切制圆形薄板等。钻头的结构决定于它的工作条件，即相对于纤维的钻削方向、钻孔直径、钻孔深度以及所要求的加工精度和生产效率。钻头的结构有多种。钻头的结构必须满足下列要求：①切削部分必须有合理的角度和尺寸；②钻削时切屑能自由地分离并能方便、及时排屑；③便于多次重复刃磨，重磨后切削部分的角度和主要尺寸不变；④最大的生产效率和最好的加工质量。

一般钻头要全部满足上述要求是极为困难的，就现有钻头而言，也只是部分地满足要求。不同类型的钻头，如图9-3所示。

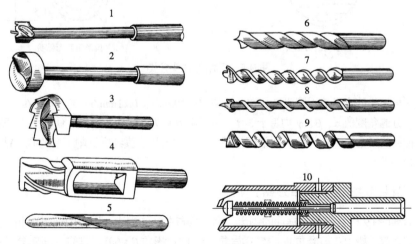

1—圆柱头中心钻；2—圆形沉割刀中心钻；3—齿形沉割刀中心钻；4—空心圆柱钻；5—匙形钻；
6—麻花钻；7—螺旋钻；8—蜗旋钻；9—螺旋起塞钻；10—圆柱形锯子。

图9-3　钻头的类型

9.1.2.1 圆柱头中心钻

钻头端部呈圆柱形,具有两条刃口,带有一条螺旋槽,如图9-4所示。此钻头主要供横纤维钻浅孔用,但是,它可以在较大的进给速度下钻削比平头简单中心钻较深的孔。

中心钻的尺寸参数:$D=10\sim60$mm,$L=120\sim210$mm,$h=(0.25\sim0.5)D$,$h_1=U_{max}$。钻削时必须考虑α_m的影响,其角度值:$\alpha=20°\sim25°$,$\beta=20°\sim25°$,$\delta=40°\sim50°$。

强制进给时因α_m较大,必须采用较大的后角。为了使切屑形成良好,$\delta<40°\sim50°$。当钻削松木时$\beta_{min}=20°\sim25°$,此时$\alpha=20°\sim25°$。

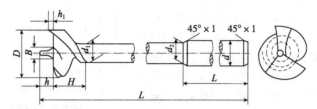

图9-4 圆柱头中心钻

9.1.2.2 圆形沉割刀和齿形沉割刀中心钻

圆形沉割刀钻头[图9-5(a)]具有两条主刃用以切削木材,沿切削圆具有两条圆形刃口(即圆形沉割刀),用来先切开孔的侧表面,沉割刀凸出主刃水平面之上0.5mm。齿形沉割刀钻头[图9-5(b)],其齿形沉割刀几乎沿钻头整个周边分布,钻头只有一条水平的主刃。

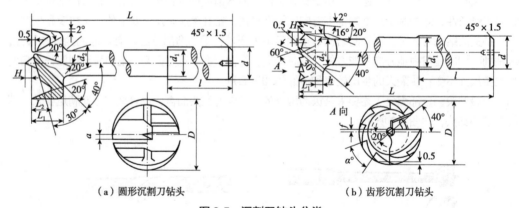

(a)圆形沉割刀钻头　　　　　(b)齿形沉割刀钻头

图9-5 沉割刀钻头分类

上述两种钻头的直径D分别为$10\sim50$mm和$30\sim100$mm,$U<1$mm/r;$V_{max}=2$m/s。切削部分的角度值α、β、γ均等于30°。为了避免钻头侧表面的摩擦,使钻头内凹2°。

这两种钻头通常固定在刀轴上,钻柄为圆柱形,主要用于横纤维钻削不深的孔、钻木塞及钻削胶合的孔等。

9.1.2.3 圆柱形锯(空心圆柱形钻)

圆柱形锯(图9-6)具有类似锯片的锯齿,锯齿分布在钻的周边,锯齿的前齿面和后齿面都斜磨,其角度参数一般为:斜磨角$\phi=45°$;后角$\alpha=30°$;楔角$\beta=60°$。它的中间部分是中心导向杆和弹簧,弹簧用来推出木片或木塞。

钻木塞的圆柱形锯$D=20\sim60$mm,此时外径与内径之差$D-D_1=5$mm。根据机床夹具结构不同,钻柄一般为圆柱形或圆锥形。圆柱形锯的优点是生产率高、加工质量好和功率消耗小,多用来钻通孔和钻木塞等。

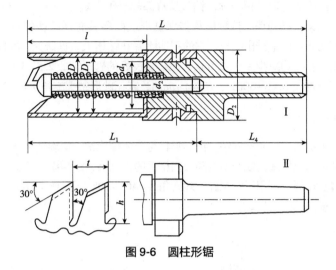

图 9-6　圆柱形锯

9.1.2.4　匙形钻

匙形钻分为匙形钻和麻花匙形钻两种，都可作顺纤维钻孔之用（图 9-7）。匙形钻头仅有一条刃口，钻头上开有一条排屑用的纵向槽，单刃钻头由于单向受力，在钻削过程中除了容易使其轴线偏离要求的方向之外，在钻削深孔和钻削用量较大时，切屑容易在槽内被压缩，以致在钻削过程中要多次提起钻头排除切屑。

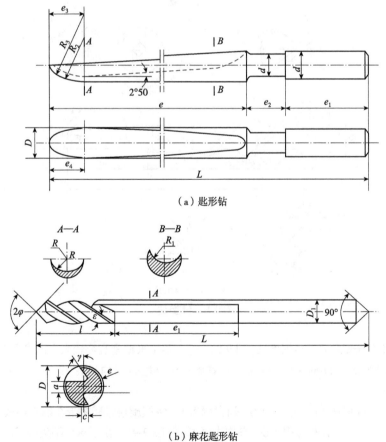

（a）匙形钻

（b）麻花匙形钻

图 9-7　顺纤维钻削用钻头

麻花匙形钻的结构比匙形钻更合理，钻头从端部起至距离端部 $l=(2\sim2.5)D$ 处止，具有螺旋槽，在螺旋槽后面又有纵向槽。这种结构能保证形成两条具有标准切削角度的刃口（锋角为 $60°$），并保证能把切屑较好地排出孔外，它的刚性比麻花钻还大。据研究，在同一进给条件下，其扭矩和轴向力比麻花钻约减少 $1.3\sim2.0$ 倍，比排屑良好的匙形钻低 $2.5\sim3.0$ 倍。

匙形钻切削部分直径 $D=6\sim50\mathrm{mm}$，$U_n=4\sim5\mathrm{mm}$。麻花匙形钻螺旋角 $\omega=40°$，锋角 $2\phi=60°$。

9.1.2.5 螺旋钻

具有螺旋切削刃口的钻头叫螺旋钻，按其形状可分为螺旋钻、蜗旋钻和螺旋起塞钻三种。

螺旋钻是在圆柱杆上按螺旋线开出两条方向相反的半圆槽（图9-8），半圆槽在端部形成两条工作刃。螺旋钻容易排屑，可用于钻深孔。螺旋角 $\omega=40°\sim50°$；刃口部分 α 在 $15°$ 左右。端部有沉割刀的螺旋钻做横向钻削之用。

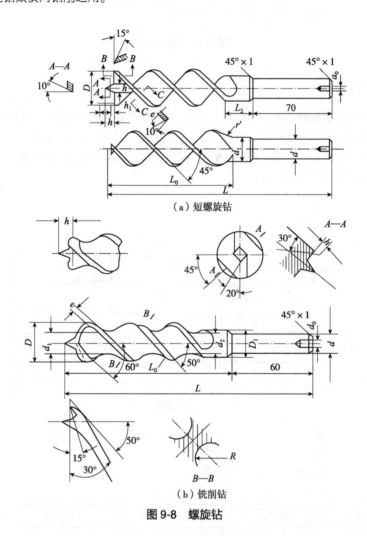

图 9-8 螺旋钻

螺旋钻还有长短之分，短螺旋钻[图9-8（a）]主要用来钻削直径较大而深度不深的孔，$D=20\mathrm{mm}$，L_0 为 $100\mathrm{mm}$、$110\mathrm{mm}$ 和 $120\mathrm{mm}$。长螺旋钻供钻削较深的通孔用，$D=10\sim50\mathrm{mm}$，$L_0=400\sim1100\mathrm{mm}$。

蜗旋钻是圆柱形杆体的钻头，围绕其杆体绕出一条螺旋棱带。棱带在端部构成一条工作刃口，在端部的另一条工作刃是很短仅一圈的螺旋棱带（图9-9）。由于这种钻头的强度较大，并且螺旋槽和螺距大，因而它的容屑空间大，易排屑，适用于钻削深孔。机用空心方凿中的钻芯就是蜗旋钻。

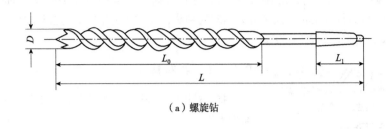

(a) 螺旋钻

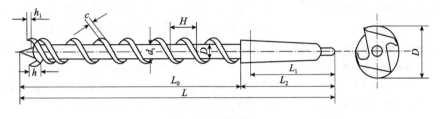

(b) 蜗旋钻

图 9-9　长螺旋钻

螺旋起塞钻是把整个杆体绕成螺旋形状构成工作刃的钻头,它无钻心。这种钻头容纳切屑的空间特别大,排屑最好,适合于钻削深孔。但是,由于只有一条刃口,钻削加工时单面受力,钻头容易偏歪,此外,其强度也较弱。

上述长钻头(螺旋钻、蜗旋钻和螺旋起塞钻)都做成锥形钻柄,以便牢固地装入钻套,而短的螺旋钻或蜗旋钻,则多做成为圆柱形或锥形钻柄。

麻花钻(图 9-10)是螺旋钻的一种,与其他螺旋钻相比,麻花钻螺旋体的形状不同,它背部较宽,螺旋角 ω 较螺旋钻小,螺距也较小。木材切削用的麻花钻与金属切削用的标准麻花钻(标准麻花钻指刃磨锋角等于设计锋角,主刃为直线刃,前刀面为螺旋面的钻头)基本相同,主要参数有 2φ、ω、γ、α 等。它们的主要差别是切削部分的形状不同。根据钻削要求,在木工钻头中麻花钻的结构较合理,因其具有以下特点:

①麻花钻的螺旋带较大,可磨出一条刃口,并且经多次刃磨以后仍能保持切削部分的尺寸、形状和角度不变。

②顶端可磨成所需要的形状,如锥形、平面等。

③保证高的生产效率和钻削质量。

④可以横纤维钻削,也可以顺纤维钻削。横纤维钻削时锋角为 180° 并具有沉割刀和导向中心;顺纤维钻削时则按锥形刃磨,锋角 = 60°~80°。

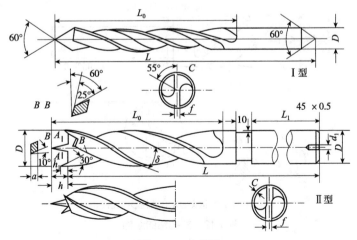

图 9-10　麻花钻

麻花钻因为容屑比其他螺旋钻差，所以多用于钻削深度不深的孔，$D = 10\sim20\text{mm}$；$\omega = 20°\sim25°$。当钻削较大直径的孔时，宜采用 $\omega = 45°$ 的钻头，使钻削力下降。当强行进给时应考虑 α_m，这时应加大 α，使之达到 $25°\sim30°$。

9.1.2.6 扩孔钻

扩孔钻用作局部扩孔加工或成型深加工。扩孔钻(图9-11)有如下几种：

①圆柱形扩孔钻　具有导向轴颈的圆柱形扩孔钻，用于在木制品上钻削埋放圆柱头螺栓用的圆柱孔。

②锥形扩孔钻[图9-12(a)]　用于钻削埋放螺钉用的锥形孔，由于螺钉头的锥角为 $60°$，所以锥形扩孔钻的锥角也为 $60°$。锥形扩孔钻直径 D 有 10mm、20mm、30mm 等规格，钻柄为圆柱形以固定在夹具和卡盘中。

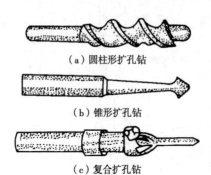

图 9-11　扩孔钻
(a) 圆柱形扩孔钻
(b) 锥形扩孔钻
(c) 复合扩孔钻

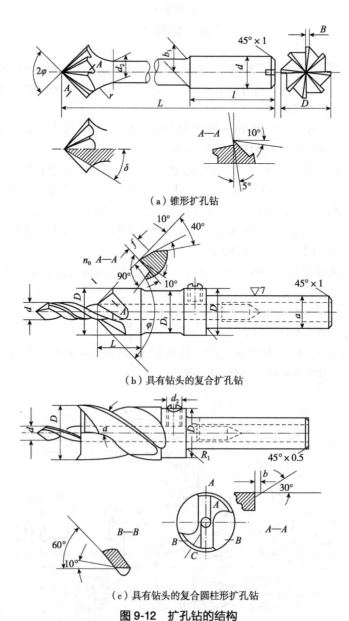

(a) 锥形扩孔钻

(b) 具有钻头的复合扩孔钻

(c) 具有钻头的复合圆柱形扩孔钻

图 9-12　扩孔钻的结构

③复合扩孔钻 具有钻头的复合扩孔钻,用作扩孔的同时加工成型面。

如图 9-12(b)和图 9-12(c)所示为锥形加深和扩孔用的复合扩孔钻,用它扩孔和锥形加深只需一道工序便可完成。

具有钻头的圆柱形扩孔钻,用于钻削圆孔的同时扩出阶梯形圆柱孔。圆柱形扩孔钻钻头的直径尺寸较多,其 α、γ 角和 h 值等与同一直径的麻花钻相同。复合扩孔钻安装时内外螺旋槽要对齐,以便于排屑。

如图 9-13 所示为圆柱形锯的复合锥形扩孔钻,用于木制零部件上制取锥形孔。为减少进给力和改善加工质量,在圆锥形扩孔钻扩孔时,刃口不沿母线而与其成一定角度配置,该角度决定于扩孔钻直径,在 10°~16°范围变化。

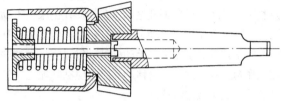

图 9-13 圆柱形锯的复合锥形扩孔钻

9.1.2.7 硬质合金钻头

硬质合金钻头主要用于刨花板、纤维板和各种装饰贴面板上的钻孔加工,它有两种类型(图 9-14):硬质合金中心钻和硬质合金麻花钻。试验表明:硬质合金麻花钻与同类钻头比较,寿命高 4~9 倍,进给速度大 1~2 倍。

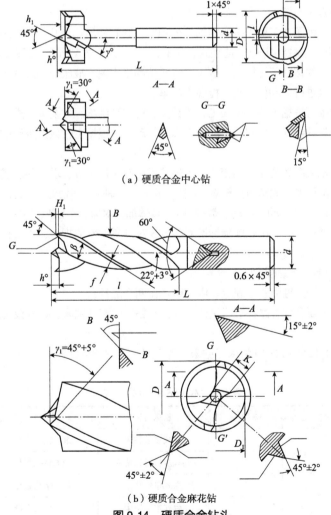

(a)硬质合金中心钻

(b)硬质合金麻花钻

图 9-14 硬质合金钻头

9.2 钻床分类

家具部件上的孔按工艺要求可分为圆孔和槽孔(又分圆弧槽底的槽孔和平槽底槽孔),这些孔主要用于与相应零部件上的榫头结合。所以应具有一定的精度和表面质量的要求。常用的圆孔及长圆孔钻床有单轴圆孔钻床、多轴圆孔钻床、手动进给立式圆孔及圆长孔钻床、手动进给卧式圆孔及圆长孔钻床、手动去节补孔钻床和自动去节补孔钻床等。

在钻圆孔的机床中,手动(或脚踏)进给立式单轴钻床最普遍。在这种机床上,主轴向固定在工作台上的工件做进给移动,以实现钻削加工,但也有相反的情况,即钻轴不移动,工作台带动工件向钻头做进给移动。

工作台有不同的结构,分别为固定式、可倾斜式、可升降式、可水平移动式等。由于工作台运动的多种变化,扩大了钻床的功用,既可钻削圆孔,又可根据工艺需要,增加钻头与工件间纵向运动和水平运动,以便实现长圆孔钻削加工。工件相对于刀具的定位方法有:按照工件的划线定位,用规定行程挡块或钻模定位。

主轴可用电机经带传动驱动或通过联轴节将主轴直接装在电机轴上直接驱动。

为了提高钻床主轴转速,可采用大变速比的升速机构由电机直接带动。常用的电机配 V 形带传动的方案,可以保证结构紧凑、传动可靠。但主轴转速不能根据加工的不同情况及所选用的钻头直径随时进行变换。另外,移动电机的刀架较只移动主轴所需的操纵力大。为了平衡主轴,可采用重锤装置或弹簧装置。

在大批生产中,为了在工件上按所需的排列顺序,同时钻出几个孔,可采用多轴钻床,主轴数目多达 30 根以上,这种钻床通常是立式,也有卧式。对于立式钻床,工件固定在工作台上,钻头垂直进给,钻头的移动可用机械、液压或气压传动来实现。液压传动或气压传动能更好地调节进给速度,并可以进行自动化控制,提高生产率。

多轴钻床的主轴可根据工件上拟加工孔的数量、位置和结构尺寸要求,进行水平、倾斜以及组合布局的调整。其各钻轴间的回转运动依靠齿轮传动,并根据主轴数分组传动,每组都有单独的电机驱动。

多轴钻床的主轴大多数装在主轴箱内,主轴箱可相对工件垂直、水平移动或倾斜。

木工钻床的种类很多,通常可按轴数(单轴、双轴、多轴)、钻轴位置(立式、卧式、可倾斜式)、控制方式(手动、半自动、自动、数控等)、具体加工对象(通用型、专用型)以及钻孔深度等,从不同的角度进行分类。按照国际标准 ISO/DIS 7984—1986 的规定,木工钻床共分为以下三大类八个品种:

①钻床(也可以具有多轴钻削头);

②多轴钻床,下分主轴中心距固定和中心距可调两个品种;

③专用钻床,主要品种有修补节疤钻床、圆榫孔钻床、深孔钻床、吸音板钻床以及其他专用钻床。

国家标准 GB/T 12448—2010 将木工钻床分为五组,详细分类见表 9-1。

表 9-1　木工钻床(MZ)分类

名称	组代号	系代号	机床名称	主参数	第二主参数
立式多轴钻床	4	1	立式多轴钻床	最大钻孔直径	轴数
		2	立式多轴可调钻床	最大钻孔直径	轴数
立式单轴钻床	5	1	立式单轴钻床	最大钻孔直径	
		9	台式木工钻床	最大钻孔直径	

(续)

名称	组代号	系代号	机床名称	主参数	第二主参数
卧式钻床	6	0	卧式单轴木工钻床	最大钻孔直径	
		4	卧式多轴木工钻床	最大钻孔直径	轴数
多轴排钻床	7	1	单排多轴木工钻床	排的最多轴数	
		2	双排多轴木工钻床	排的最多轴数	
		3	多排多轴木工钻床	排的最多轴数	轴数
专用钻床	8	0	节疤钻床	最大钻孔直径	
		1	单轴圆孔榫钻床	最大钻孔直径	

9.3 立式单轴木工钻床

立式单轴木工钻床主要用于工件的圆孔及长圆孔加工(图 9-15)。机床主要由机身 1、机头 4 和支架 2、工作台 3 及升降机构、主轴操纵机构等零部件组成。

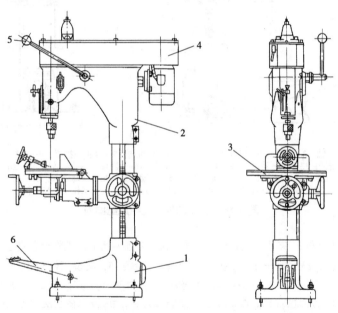

1—机身；2—支架；3—工作台；4—机头；5—手柄；6—踏板。

图 9-15　立式单轴木工钻床外形图

9.3.1　结构与工作原理

立式单轴木工钻床的结构如图 9-16 所示。整体式的机座 16 由铸铁铸造，立柱 19 和控制主轴套筒升降的脚踏板 28 铰接在连接在顶部的圆孔和侧壁上。立柱 19 通过外圆与机座 16 的内孔表面精密配合，并由轴肩及螺钉 18 定位和紧固。立柱 19 的上部与机头壳体 21 相连。在机头壳体 21 上装有钻床主轴部件及主轴的传动部分，电机 22 垂直固定在壳体上，通过带传动 4 带动装在主轴上的带轮 3。主轴 2 通过滚动轴承 26 和轴承端盖 31 装在主轴套筒 1 中，主轴套筒 1 的外部与控制它升降的杠杆机构铰接，操纵手柄 9 或脚踏板 28 可使主轴套筒 1 沿着机头壳体的孔壁垂直升降，从而实现刀具相对工件的垂直进给。主轴电机 22 相对主轴轴线的水平位置通过电机上的张紧装置作适当的调整，以保证更换传动带并使主轴具有足够的拉曳力。主轴的下端装有可装卸的三爪卡头 32，可方便地更换各种刀具。主轴套筒的升降距离由定程杆 10 控制。

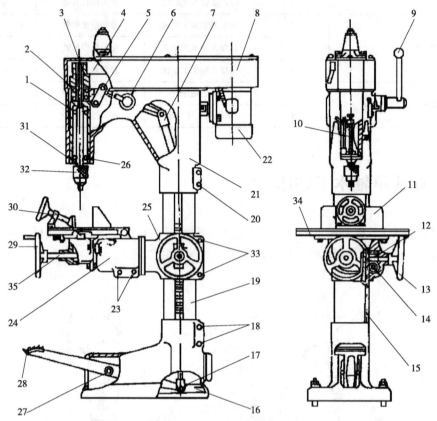

1—主轴套筒；2—主轴；3—带轮；4—带传动；5、6、7—杠杆机构；8—铁板防护罩；9—操纵手柄；10—定程杆；11—靠板；12—蜗杆；13、29—手轮；14—蜗轮；15—齿条；16—机座；17—转动轴；18、20、23、33—螺钉；19—立柱；21—壳体；22—电动机；24—筒形支架；25—三通支架；26—滚动轴承；27—销轴；28—脚踏板；30—螺旋夹紧器；31—轴承端盖；32—三爪卡头；34—工作台；35—轴。

图 9-16 立式单轴木工钻床结构图

工件用螺旋夹紧器 30 夹紧于工作台平面和靠板 11 侧平面上，工作台装在三通支架 25 上，松开螺钉 33，转动手轮 13 经蜗杆 12、蜗轮 14、齿轮、齿条 15，实现工作台 34 沿立柱 19 升降，调到要求的位置后，拧紧螺钉 33。转动手轮 29 经齿轮、齿条可以实现工作台 34 沿水平导轨移动，实现工件相对主轴（或刀具）的水平进给。为了加工与基准面成一角度的孔和槽，工作台必须进行角度调整。调整时，首先松开筒形支架 24 下部的两个螺钉 23，即可进行工作台的角度调整。工作台可以绕立柱 19 作 360° 的调整，调整前须先松开三通支架上的螺钉 33。

为了工作安全，机床上装有铁板防护罩 8，在防护罩内装有使主轴迅速停车的制动器和主轴迅速复位的弹簧。

9.3.2 传动系统

立式单轴木工钻床的传动系统如图 9-17 所示。

9.3.3 技术参数

以 MZ515 型立式单轴木工钻床为例，介绍立式单轴木工钻床的主要技术参数，详见表 9-2。

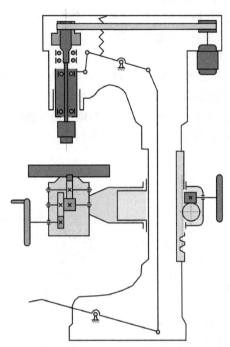

图 9-17 立式单轴木工钻床的传动系统图

表 9-2 立式单轴木工钻床的主要技术参数

技术参数	参数值
最大钻孔直径/mm	50
最大钻孔深度/mm	120
最大铣槽深度/mm	60
最大铣槽长度/mm	200
主轴中心线到机床立柱表面的距离/mm	445
主轴转速/(r/min)	2900，4350
工作台面积/mm	600×400
工作台升降距离/mm	400
工作台可绕机床立柱回转的角度/°	360
电机功率/kW	1.5
外形尺寸(长×宽×高)/mm	1350×600×1900
自重/kg	4200

9.4 圆榫榫槽机

圆榫榫槽机主要用于加工槽底为圆弧的槽孔或圆孔(图 9-18)。这种机床的工作原理如图 9-19 所示。被加工工件由工作台上的气动夹紧装置夹紧，刀轴 2、刀轴 4 分别装在电机 3 的伸出轴端，整个切削刀架装在滑板 6 上，由连杆 7 与偏心轮 8 相连，偏心轮 8 的偏心量可根据榫孔长度来调节。工作时电机 10 带动偏心轮做圆周运动,进而通过连杆 7 带动滑板及刀轴作沿着槽孔长度方向的往复运动。刀轴以高速(约 8000r/min 以上)旋转。整个切削运动是刀轴的旋转和工作台的往复进给合成运动。进给速度可由阻尼油缸来调节。

工作台可以向左右倾斜 20°,以加工斜榫槽。

图 9-20 为圆榫榫槽机的外形图。该机床主要由床身、左右工作台、刀轴及传动机构、润滑机构、气动系统和电气系统等组成。床身 1 为钢板焊接结构,左工作台 7 和右工作台 3 对称安装在床身 1 的两侧,工作时,分别由气缸推动,交替向刀轴 5 进给。即当一个工作台夹持工件进给切削时,另一个工作台则退回到末端,处于卸料和上料工位。工件在工作台上靠气缸压紧。

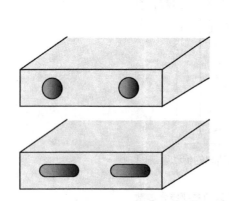

图 9-18 圆榫榫槽机加工的榫孔形状

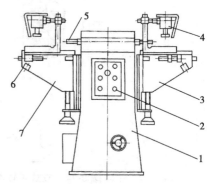

1—床身;2—控制面板;3—右工作台;
4—压紧气缸;5—刀轴;6—进给机构;7—左工作台。

图 9-20 圆榫榫槽机外形图

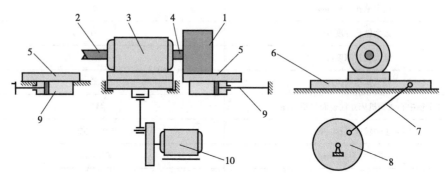

1—工件;2、4—刀轴;3、10—电动机;5—移动工作台;6—滑板;7—连杆;8—偏心轮;9—气缸。

图 9-19 圆榫榫槽机工作原理简图

9.5 多轴钻床

以各种人造板为基材制造家具的机械设备主要有锯切裁板、封边、钻孔、铣型和加工中心等。钻孔机械是三大类板式家具加工机械之一,钻孔也是板式家具制造的关键工艺环节之一,直接关系到家具的装配精度和外观质量。

目前大部分的钻孔机械是垂直钻排和水平钻排相结合的多排钻,使用前需根据板件的钻孔位置计算出水平钻排和各垂直钻排的位置以及需要安装钻头的钻夹位置和钻头尺寸,通过移动水平钻排和多个垂直钻排的位置,各钻排定位且钻头装好后将需钻孔的板件水平放置定位,可以实现一次动作完成全部孔位加工,加工效率高,适合批量生产。

9.5.1 分类

多轴钻床按钻排数量进行分类可分为单排多轴钻床、双排多轴钻床、三排多轴钻床和多排多轴钻床。单排多轴钻床、双排多轴钻床目前已较少使用，大多数家具生产企业使用三排至九排的多排多轴钻床。

①单排多轴钻床（图9-21）　只有一组水平钻排，人工将板材放置在定位基准面，上方气缸、压块组成压板机构将板材固定，一次加工单个侧面的水平孔。加工尺寸范围不大，效率较低。

②三排多轴钻床（图9-22）　有一组水平钻排和两组下垂直钻排，同时具有单侧垂直钻孔和单侧水平钻孔的功能，一次可完成两个面的孔位加工。人工上料，主机架采用龙门架结构，下垂直钻排和移动托架均可沿板宽方向移动，可适应大幅面尺寸的板件的钻孔加工。

③多排多轴钻床（图9-23）　有两组水平钻排和若干组垂直钻排，根据生产需求可选择下垂直钻排和上垂直钻排的数量，一次可完成三个或四个面的孔位加工；有自动送料、定位、夹紧功能，加工效率更高。

图9-21　单排多轴钻床

图9-22　三排多轴钻床

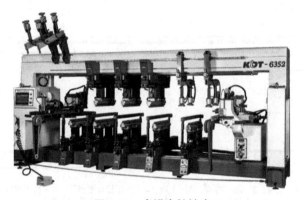

图9-23　多排多轴钻床

9.5.2 多排多轴钻床

9.5.2.1 用途和功能

多排多轴钻床在使用前须根据板件上的钻孔位置计算并调节各钻排位置，以及需要在对应的钻夹位置安装合适尺寸的钻头。使用前的调试工作，决定了多排多轴钻床比较适合于尺寸相同、成批量板件的生产。

如图 9-24 所示是一款多排多轴钻床，该机械主要由主机架、送料机构、定位机构、夹紧机构、上垂直钻排机构、下垂直钻排机构、左侧水平钻排机构、右侧水平钻排机构、侧压板机构、上压板机构等组成。

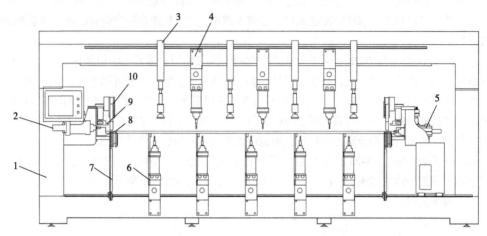

1—主机架；2—左侧水平钻排机构；3—上压板机构；4—上垂直钻排机构；5—右侧水平钻排机构；
6—下垂直钻排机构；7—送料机构；8—夹紧机构；9—侧压板机构；10—定位机构。

图 9-24 多排多轴钻床

9.5.2.2 结构部件

(1) 主机架

如图 9-25 所示，多排多轴钻孔机床身部分由底座、左支撑座、右支撑座、上座、移动支撑座等组成。底座和上座是有连接垂直钻排的导轨滑块，加工时根据钻孔位置调节垂直钻排在主机架 X 方向的位置。移动支撑座与在底座的导轨滑块连接，可使右侧水平钻排对不同宽度尺寸的板材进行加工。上压板机构与导轨滑块连接可根据板宽尺寸调节至相应的位置。

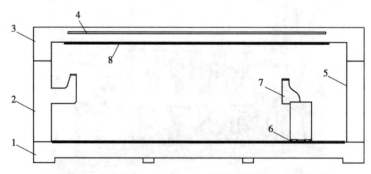

1—底座；2—左支撑座；3—上座；4—上压板导轨滑块；5—右支撑座；
6—下座导轨滑块；7—移动支撑座；8—上座导轨滑块。

图 9-25 主机架

(2) 送料、定位、夹紧系统

如图 9-26 所示是一种多排多轴钻床的送料、定位、夹紧系统结构简图。图 9-26(a) 中工件进料前须根据板件加工信息调节挡块 12 的位置，挡块 12 作为板件定位的 Y 方向基准。旋转调节螺杆 3 将挡块 12 调节至合适的位置，调节量可通过数显表 2 直接读取。进料时，输送电机 6 驱动输送带 4 在输送带支撑槽 9 内运动，带动板件 11 往进料方向输送。板件进入加工区域触发进料感应开关，挡块升降气缸 1 动作，带动挡块 12 沿床身 Z 向下降，为板件提供定位基准面。图 9-26(b) 中板件接触挡块 12 时触发到位感应开关，夹板气缸 5 带动顶块 7 回缩，摆动块 8 逆时针旋转输送带支撑槽 9、输送带 4 下降，板件 11 跟随下降至工作台上。夹板气缸 6 的回缩动作同时带动夹紧块 10 往挡块 12 方向运动，夹紧板件 11，完成板件的进料、定位和夹紧动作。

如图 9-26(c) 所示，板件完成加工后，夹板气缸 6 伸出，带动夹紧块远离板件 11。同时带动顶块 7 伸出，推动摆动块 8 顺时针选择，带动输送带支撑槽 9 和输送带 4 上升。挡块升降气缸 1 缩回，带动挡块 12 斜向远离板件 11。输送电机 5 正转启动，带动输送带 4 运动完成板件出料动作。

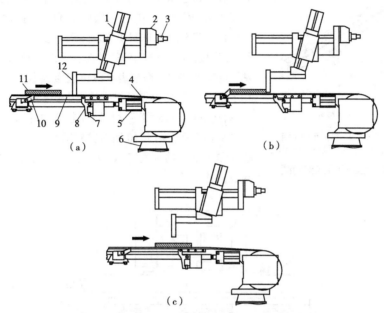

1—挡块升降气缸；2—数显表；3—调节螺杆；4—输送带；5—夹板气缸；6—输送电机；7—顶块；8—摆动块；9—输送带支撑槽；10—夹紧块；11—板件；12—挡块。

图 9-26　送料、定位、夹紧系统

(3) 压板机构

板件在多排钻孔机上完成定位夹紧动作后，侧压板机构和上压板机构需要将板件压紧在工作台上，防止钻孔时出现偏移和抖动影响加工质量。

图 9-27 是一种侧压板的结构简图。当板件完成送料、定位夹紧动作后，侧压板气缸 1 伸出，带动扭转臂 5 转动，扭转臂 5 连接滚轮 2 和联动杆 3 组成联动装置，同时导向块 6 为两侧气缸作导向和支撑，保证了两侧压板气缸 1 能同步且平稳地运动，带动压杆 4 把待加工板件压紧在工作台上。

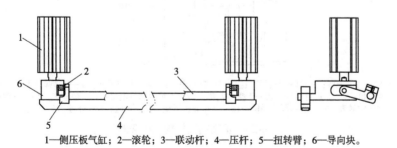

1—侧压板气缸；2—滚轮；3—联动杆；4—压杆；5—扭转臂；6—导向块。

图 9-27　侧压板机构简图

图 9-28 是一种上压板的结构简图。通过横向可调手柄 1 调节上压板垫块 4 在铝材 5 上的位置，以适应不同宽度尺寸的板材，通过可调手柄 2 调节上压板垫块 4 在 Z 方向的位置以适应不同厚度的板材。当板件完成送料、定位夹紧动作后，上压板气缸 3 伸出，带动上压板垫块沿 Z 方向运动，把待加工板件压紧在工作台上。

(4) 垂直钻孔机构

图 9-29 是一种垂直钻孔机构的结构简图。上垂直钻孔机构通过上座导轨滑块 1 与上座 2 连接并在其上移动,下垂直钻孔机构通过下座导轨滑块 16 与下座 17 连接并在其上移动。根据板件信息计算出各垂直钻排的位置,移动上、下垂直钻孔机构至床身 X 方向的合适位置,各垂直钻排相对基准面的当前位置可由电子磁栅自接读出。通过横移调节手柄 6 和 13 调节钻排沿床身 Y 方向运动,移动距离可由数显表 7 和 12 直接读出。通过深度调节手柄 5 和 15 调节钻孔深度,钻孔深度数值可由数显表 4 和 14 直接读出。在上垂直钻排 9 和下垂直钻排 10 合适的钻夹位置上安装所需要的钻头尺寸,上垂直钻排电机 8 和下垂直钻排电机 11 启动,带动上垂直钻排 9 和下垂直钻排 10 所有钻杆同时旋转。上垂直钻排气缸 3 和下垂直钻排气缸 18 动作,带动钻头沿 Z 方向运动,完成钻孔加工。

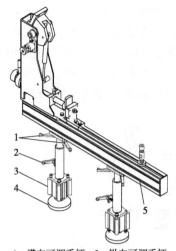

1—横向可调手柄;2—纵向可调手柄;3—上压板气缸;4—上压板垫块;5—铝材。

图 9-28 上压板机结构简图

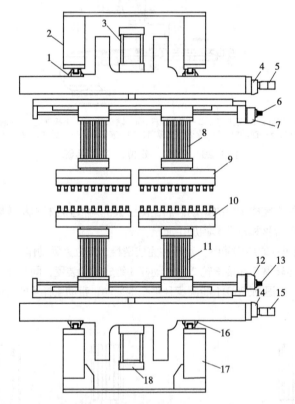

1—上座导轨滑块;2—上座;3—上垂直钻排气缸;4—数显表;5—深度调节手柄;6—横移调节手柄;7—数显表;8—上垂直钻排电机;9—上垂直钻排;10—下垂直钻排;11—下垂直钻排电机;12—数显表;13—深度调节手柄;14—数显表;15—横移调节手柄;16—下座导轨滑块;17—下座;18—下垂直钻排气缸。

图 9-29 垂直钻孔机构结构简图

(5) 水平钻孔机构

图 9-30 是一种水平钻孔机构的结构简图。左侧水平钻排固定连接主机架上,加工板件左侧水平孔。右侧水平钻排固定连接在移动支撑座 10 上,通过底座导轨滑块 11 沿主机架 X 方向移动以适应不同板宽,相对于基准面的当前位置可由电子磁栅直接读出。通过 Z 方向调节手柄 3 和 5 调节钻排沿床身 Z 方向运动,当前位置可由数显表 4 和 6 直接读出。通过深度调节手柄 2 和 9 调

节钻孔深度，钻孔深度数值可由数显表或刻度盘直接读出。在右水平孔钻排 12 和左水平孔钻排 13 合适的钻夹位置上安装所需要的钻头尺寸，右水平孔钻排电机 7 和左水平孔钻排电机 15 启动带动右水平钻排 12 和左水平钻排 13 所有钻杆同时旋转。右水平排气缸 8 和左水平排气缸 14 动作，带动钻头沿 X 方向运动，完成钻孔加工。

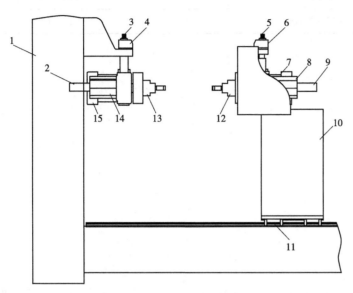

1—左支撑座；2—深度调节手柄；3—Z 方向调节手柄；4—数显表；5—Z 方向调节手柄；6—数显表；7—右水平钻排电机；8—右水平钻排气缸；9—深度调节手柄；10—移动支撑座；11—底座导轨滑块；12—右水平钻排；13—左水平钻排；14—左水平钻排气缸；15—左水平钻排电机。

图 9-30　水平钻孔机构的结构简图

9.5.2.3　技术参数

多排多轴钻床主要技术参数见表 9-3～表 9-5。

表 9-3　国产多排多轴钻床主要技术参数

技术参数	参数值
加工长度/mm	300~935
加工宽度/mm	300~3360
加工厚度/mm	10~70
钻头转速/(r/min)	2800
钻排电机功率/kW	1.5

表 9-4　意大利 BIESSE 多排多轴钻床主要技术参数

技术参数名称	参数值
加工长度/mm	≤672
加工宽度/mm	215~3200
加工厚度/mm	9~65
钻头转速/(r/min)	4000
钻排电机功率/kW	1.7

表 9-5 德国 HOMAG 多排多轴钻床主要技术参数

技术参数名称	参数值
加工长度/mm	100~1000
加工宽度/mm	250~3000
加工厚度/mm	12~60

第10章
封边机

- 10.1 分类
- 10.2 双面直线平面封边机
- 10.3 双端自动封边线
- 10.4 封边机功能分析
- 10.5 异型封边机
- 10.6 曲直线封边机

封边机是用刨切单板、浸渍纸层压条或塑料薄膜（PVC）等封边材料将板式家具部件边缘封贴起来的加工设备。封边材料也可以用薄板条、染色薄木（单板）、塑料条、浸渍纸封边条以及金属封边条等。

随着木材综合利用水平的提高和家具市场需求量的不断增加，板件封边技术也在不断地改进。封边设备也有了很大发展。封边机分为周期式封边机和连续通过式封边机。前者结构简单，投资少，手工操作多，生产率低，主要适用于中、小型家具生产企业，封边部件的装卸和封边后的修整作业均采用手工操作；后者采用机械化、自动化、连续化封边技术和多工位联合机床，并可排入部件加工自动线，是目前国内外广泛采用的封边设备。

20世纪50年代中期出现的连续封边机是用电加热方式加速封边。到20世纪60年代，由于热熔胶的应用，出现了热熔胶封边机，之后又出现了冷胶活化的封边工艺和设备，2000年以后，出现了等离子体加热封边机、激光无缝封边工艺和设备。

10.1 分类

10.1.1 按封边工艺分类

10.1.1.1 传统封边工艺

传统封边工艺大致可分为以下三种：

(1) 冷—热法

冷—热法是封边时，在基材或封边条上涂胶后贴在一起，用加热元件在封边条外侧加热，使胶液固化的工艺方法。其加热方法可以是电阻加热或高频加热。高频封边机加工制成的封边部件物理性能很好，胶层薄，胶缝小，可以在封边后立即进行后续加工。但高频封边对基材加工技术要求高，并且只适用于热固性胶黏剂。

(2) 加热—冷却法

加热—冷却方法主要使用热熔胶。它是一种无溶剂型、常温固化的胶黏剂，在常温下呈固体状态，加热到120~160℃时可熔化成液体，涂在胶合表面上，胶合之后冷却数秒就可恢复到固体状态，使胶合表面牢固地胶接在一起，并可以进行后续工序加工。

目前，使用热熔胶封边的连续化、通过式的封边机在国内外应用较为普遍。这类封边机常用的热熔胶是乙烯—醋酸乙烯共聚酯（EVA）。热熔胶的熔融温度为120~160℃。

(3) 冷胶活化法

这是一种使用改性聚醋酸乙烯酯胶合封边方法。胶黏剂可以预先涂在封边条或板件边缘上，封边时，在高温下使胶层"活化"，然后加压胶合。这种封边法胶缝较小，便于后续加工。封边后的板件能适应-4~200℃的温度变化，耐寒耐热性能好。封边速度可高达40~50m/min。机床结构较为简单。

10.1.1.2 激光封边工艺

EVA与聚氨酯（PUR）都是常用的封边胶黏剂，属于胶体，存在表面吸附力，熔融后将封边带与人造板板件胶合在一起，因此对胶黏剂温度、施胶量、涂胶均匀度、颜色等参数要求高，对生产工艺过程而言，封边带不能迅速自动切换，封边机胶锅、刮刀污染较大，不好清理。

(1) 无缝激光封边工艺

定制板式家具加工过程中，不同规格尺寸的板件和封边带更换频繁，热熔胶封边的家具防水性能不好，层胶易老化，封边带和板材间的接缝清晰可见，并会吸附环境中的灰尘发黑。为克服热熔胶封边的不足，家具工业中研发了一种无缝激光封边工艺技术和设备。

激光加热封边是在封边机上,通过激光发生器发射安全的激光将封边带内侧涂覆的聚合物功能层瞬间激活,使封边带与板材压贴胶合在一起(图10-1)。封边过程中激光集中能量激活熔融封边带含有激光吸收剂的功能层,反应时间迅速,所以封边过程及所用材料环保无污染。

图 10-1　激光封边

(2)封边带的特殊功能层

特殊功能层是指封边带内侧涂覆的厚度 0.2mm 的激光功能层,生产时给它配上了与封边带一样的颜色,封边后功能层几乎消失,外观上看不到缝隙。

激光功能层属于一种含有激光吸收剂,以聚丙烯(PP)为主要成分的聚合物。根据颜色不同,激活功能层的能量值也不同,封边带颜色由浅而深,所需的激活能量值逐渐减小,根据输入的能量,发射的激光熔融功能层时,胶黏剂与板材"胶钉"嵌入接合,从而外观只看到封边带与板材接合,而 0.2mm 功能层厚度几乎消失,这就是无缝封边的原理(图10-2)。

图 10-2　激光封边的效果

(3)激光封边工艺特点

特殊功能层与封边带的接合强度很高,就像一个聚合物整体,所以激光封边可以理解为只有一个"接合面",从而大大提升胶层持久性、剥离强度和防水等功能。

激光封边的产品质量稳定,合格率高;封边时只须在封边机操作台上输入或扫描封边带的型号,即可自动、精确调整设备参数;封边板件的耐热性和耐光性好,产品使用寿命长;封边加工省去了涂胶、工件加热、刮胶单元,压辊和修边刀不再粘胶,降低了使用成本和人工成本。

(4)激光封边设备

激光封边需要能够发射稳定的激光束的重型封边机,简称激光封边机(图10-3),分为直线封边机与CNC 曲线封边机两种,具备传统封边的功能。此外需要使用带有激光激活功能层的封边带。功能层含有激光吸收剂,在激光束的照射下,高熔点的功能层被熔融,胶黏剂瞬间"胶钉"嵌入板材。

激光头是激光封边机核心部件,激光封边工艺取决于精准控制的激光头发射的激光,瞬间熔融高熔点的功能层。二极管激光发射器使用寿命长,只有防护罩、防

图 10-3　激光封边机

冻液等耗材需要半年到一年更换，所以封边成本不高。

激光封边机与热熔胶封边机除了激活封边带方式的不同外，激光封边机还配置多个高精度的工作站，可以对封边刮边、抛光等。

激光封边使用 ABS、PP、PMMA（亚克力封边带）封边材料。为满足板件生产多品种、多规格的要求，有些封边机被设计成具有自动更换封边条的机构。这种封边机上装有特制的料仓，有不同颜色的封边条，根据要求可以用专门控制机构进行更换。

10.1.2 其他分类方法

根据可封贴工件边缘的形状，封边机可分为直线平面封边机、直线曲面封边机（导型封边机）、手动曲线平面封边机、包覆式封边机、组合型封边机等。

根据工件（板件）一次通过、封边机对板件封边的状况，封边机又可分为单面封边机和双面封边机。

10.2 双面直线平面封边机

先进的板件封边设备都是按多工位、通过式原则构成的自动联合设备。在这种机床上集中了多种加工工序，板件顺序通过即可完成一系列的封边和板件边部修整工序；如封边材料的胶贴，封边材料在板件两端多余部分的锯切、板件厚度方向上封边材料的铣削、棱角加工和封边材料表面的砂光等。

图 10-4 是一种双面直线平面封边机的结构示意图。板件 8 由双链挡块 10 进给，经定位基准后由上压紧机构 7 压紧。真空吸盘或推送器等专门装置，从封边条料仓 9 中将最外边的一块封边条随板料同时推出，并经过涂胶装置 6 涂胶，然后使之和板件边缘挤压叠合。根据被加工板材、封边材料和胶黏剂品种可以进行涂胶量的调整。热压辊 11 对封边材料加热加压，使之和板件牢固结合。之后板件在进给过程中完成以下工序：锯架 4 和锯架 5 对板件封边条进行前后齐头，由上水平铣刀 3 和下水平铣刀 12 对板件厚度方向多余的封边条铣削，倒棱机构 1、2 对封边条进行上下棱角加工，砂架 13 对封边条表面进行磨削加工。有些封边机可以用卷状封边带对板件边缘进行封边。

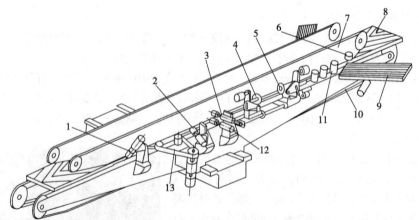

1、2—倒棱机构；3、12—水平铣刀；4、5—锯架；6—涂胶装置；7—上压紧机构；
8—板件；9—料仓；10—双链挡块；11—热压辊；13—砂架。

图 10-4 双面直线平面封边机结构示意图

有些机床除基本加工功能外，还设计了用户自选功能部分。其基本功能部分由板件和封边材料进给、封边条预切断、涂胶、压合、前后锯切齐头、上下铣边等机构，这些机构可以自动完成封边的基本工序。在该机床的后部有一个长度为 550mm 的空间(图 10-5)。在这个位置上可以配置布轮抛光、精细修边、带式砂光、刮光和多用铣刀等选配部件(图 10-6)。用户可以根据产品类型及加工工艺要求任选一种。

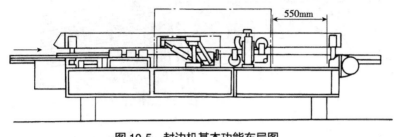

图 10-5 封边机基本功能布局图

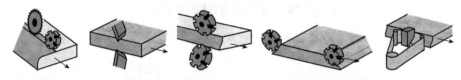

(a)镶嵌封面加工机构　(b)刮光机构　(c)倒棱圆化机构　(d)成型修饰机构　(e)成型带式砂光机构

图 10-6 封边机选配部件示意图

10.2.1 机床床身机构

封边机床床身部分由床身导轨、固定支架、活动支架、履带链板、传动装置、压紧机构、工件靠板及电气控制装置等组成。活动支架可以沿床身导轨根据板件的宽度进行调整。调整运动用机械传动或手动实现。链式输送机构沿链条导向装置运动，链式履带板由抗摩擦尼龙制成。压紧机构由 V 形带和齿形塑料辊轮制成。

10.2.2 封边条送进、涂胶、剪切和压合机构

涂胶系统主要由胶罐、胶辊、胶量调节装置、加热装置等组成。在采用热熔胶工艺的封边机上，胶罐采用电加热使胶熔化，其温度由电子遥控温度计控制。当达到所需温度时，机器方可运转。电机经链传动使胶辊转动。热熔胶可沿胶辊上升并均布于表面。胶辊后面装有加热管可防止胶辊上的胶液冷却，影响胶合效果，并设有相应的手柄调节涂胶量。

如图 10-7 所示，剪切装置主要由封边材料送进、宽度限制和剪切等装置组成。送进封边条主要由针辊 3 和辅助进料压紧器 5 实现。针辊使封边条 4 和工件 2 同步进给。针辊和压紧器的靠拢和分开由气缸实现。剪切器上的切刀 6 由气缸的活塞杆带动作往复运动。当使用定长封边条时，则无须切断。压合系统主要由一只主压力辊 7 和数只辅助压力辊 1 组成。其作用主要是把工件涂胶的边缘和封边条压紧胶合。主压力辊直径较辅助压辊直径大，一般由驱动履带的电机通过链传动使之回转，其加压和放松由专用气缸实现，气缸由微动开关控制动作。主压力辊的位置通过手轮调节。辅助压辊一般无动力驱动，其压力分别由气缸控制。

10.2.3 封边条锯切机构

封边条长度方向两端多余量锯切机构的结构有多种。在通过式连续直线封边机上一般都采用随动式刀架。如图 10-8(a)所示，当工件按 u 向运动并顶上支辊 9 时，基板 3 和锯架 4 一起沿导轨 2 和工件同步运动，同时，锯架 4 借导辊 6 和导轨 5 沿箭头 P.X 做横向移动，锯片 12 将封边

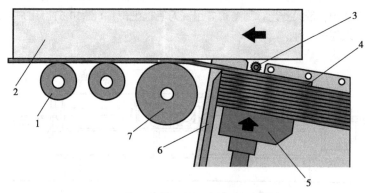

1—辅助压力辊；2—工件；3—针辊；4—封边条；5—辅助进料压紧器；6—切刀；7—主压力辊。

图10-7 封边条剪切和压合系统

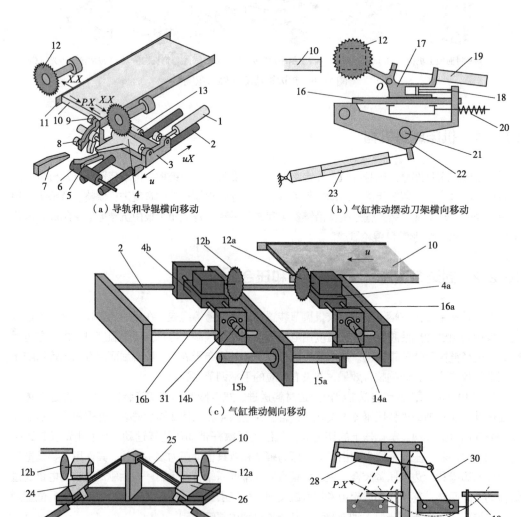

1、13、14a、14b、15a、15b、18、19、23、27、28、29—气缸；2、5、16、16a、16b、21、25—导轨；3—基板；4、4a、4b、17、24、26—锯架；6—导辊；7—撞块；8—撞辊；9—支辊；10—封边条；11—封边条端部多余部分；12a、12b—锯片；18—锯架；20—弹簧；22—带动基板；30—连杆机构；31—滑块。

图10-8 封边条前后端锯切机构

条端部多余部分 11 锯掉。在横向移动行程终了时导辊 6 从导轨 5 滚出，锯架 4 在气缸 13 作用下按 X、X 方向相对基板 3 运动，回到初始位置。当撞辊 8 和撞块 7 相撞时，上支辊 9 离开工件，基板 3 和锯架 4 在气缸 1 作用下，按 uX 方向复位。

封边条后端锯切机构和前端结构基本相似，只是由气缸推动锯切机构使靠辊靠向工件的后头完成跟随和锯掉封边条后余头作业。

图 10-8(b)是另一种封边条前后端余量锯切机构。锯架 4a 和锯架 4b 工作时，沿纵向圆导轨 2 和工件作同步运动，并且在气缸 14a 和气缸 14b 作用下，实现沿导轨 17a 和导轨 17b 作横向运动。锯片 12a 和锯片 12b 分别将工件的前后端余量锯掉。

如图 10-8(c)所示，前、后余头锯切机构的锯片 12 在工作时有三个运动：由气缸 24 带动基板 23、锯架 18 沿纵导轨 22 做和工件同步的纵向运动；借气缸 20 使锯片 12 沿导轨 17 做横向靠近工件运动；同时，气缸 19 使锯片绕轴 O 摆动实现对封边条余头的锯切。弹簧 21 用于锯架 18 复位。

图 10-8(d)是一种倾斜导轨式封边条前后端锯切机构示意图。锯片 12a 和锯片 12b 分别用于对封边条前后端的锯切。气缸 29 推动锯架 28 沿导轨 27 做自下而上运动时锯切前端余头，气缸 30 推动锯架 25 自上而下运动时锯切后端余头。在有些封边机结构中，前、后两倾斜导轨做 V 字形布置。其运动原理相似，只是前后锯架运动方向与此相反。

图 10-8(e)是一种四连杆封边条前后端锯切机构示意图。连杆机构 34 在气缸 32 带动下进行摆动。在 P、X 方向摆动时，锯片 12 实现对封边条 10 前端余头锯切；摆至虚线位置时，对封边条 10 的后端余头锯切。在有些封边机上，封边条前、后端余头分别由两个四连杆摆动式机构锯切。

10.2.4 上、下铣边机构

图 10-9 是一种上、下铣边或倒棱机构原理示意图。上、下铣边机构分别装在立柱 5 的右上方和左下方。上、下铣边刀架结构相似，但基本构件相互处于反对称位置。上铣边机构由直接安装铣刀头 9 的高频电机 1、可转溜板 4、水平溜板 6、水平浮动滑板 3、垂直溜板 2、上侧锥导轮 7 和上靠轮 10 组成。电机底板与可转溜板 4 为燕尾导轨配合，用手轮 17 单独调节铣刀头 9 的水平位置。可转溜板 4 沿水平溜板 6 的圆弧导轨转动，调整刀头的倾斜角度，加工不同的倒棱。水平溜板 6 和可转溜板 4 为燕尾导轨配合，在水平溜板 6 上装有侧锥导轮 7 和可沿导轨 14 借手轮 11 垂直调节的上靠轮 10。通过手轮 16 可同时调节铣刀、侧锥导轮和上靠轮 10 的水平位置。为使侧锥导轨 7 始终靠近工件 8，在水平浮动滑板 3 和垂直溜板 2 间设有两根圆柱导轨和压缩弹簧 15，

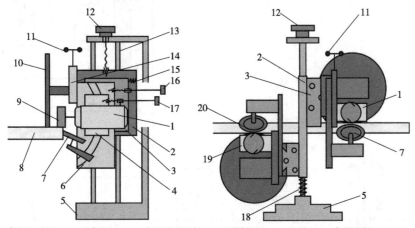

1、19—高频电动机；2—垂直溜板；3—水平浮动溜板；4—可转溜板；5—立柱；6—水平溜板；7、20—侧锥导轮；8—工件；9—铣刀头；10—上靠轮；11、12、16、17—手轮；13、14—导轨；15、18—压缩弹簧。

图 10-9　上、下铣边或倒棱机构原理示意图

两者可做相对水平浮动。上靠轮 10 借刀架的自重始终靠向工件上表面。上铣边机构的垂直位置可通过手轮 12 沿圆导轨 13 调节。

因为工件下基准平面固定不变，故下铣边机构不必设置垂直调节装置。为保证下靠轮能始终靠向工件下表面且能浮动，在下铣边刀架垂直溜板与立柱底间装有压缩弹簧 18，使下铣边刀架始终处在上限位置。

10.2.5 砂光机构

图 10-10 是一种带式砂光机构示意图，用于对封边表面砂光。它由底座 1、砂带主动轮 8、砂带从动轮 3、压带垫 2、上下窜动机构、砂架倾斜机构和张紧机构等组成。砂光机构通过底座 1 安装在床身上，砂带安装在砂带主动轮 8 和一对砂带从动轮 3 上。主动轮和电机转子为一体。如图 10-11 所示，砂带张紧由气缸 7 带动砂带主动轮支架和砂带主动轮 8 实现。工作时由气缸 4 将压带器 2 压向工件侧面将其砂光。压带器气缸由气动行程换向阀控制，当工件进入砂磨区时，压带器缩回，避免将工件两端砂圆。为了改善砂光质量和提高砂磨效率，砂带还可做上、下窜动。砂带上、下窜动由气缸 6 带动砂架沿固定的平板 11 上的三根圆柱导轨 5 实现。气缸 6 的活塞杆固定在平板 11 上，其往复运动及行程大小由气控换向阀 6（图 10-11）和行程调节螺钉控制。通过手轮 9 使砂架沿水平圆导轨 10 移动，实现砂架与工件相对位置调整，使弧形导轨 12 沿溜板移动可调整砂带倾斜角度。

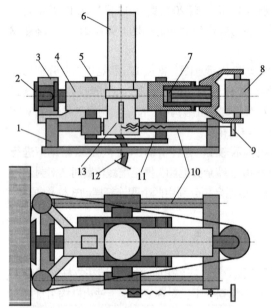

1—底座；2—压带垫；3—砂带从动轮；4、6、7—气缸；
5、10—导轨；8—砂带主动轮；9—手轮；11—平板；
12—弧形导轨；13—溜板。

图 10-10 带式砂光机构示意图

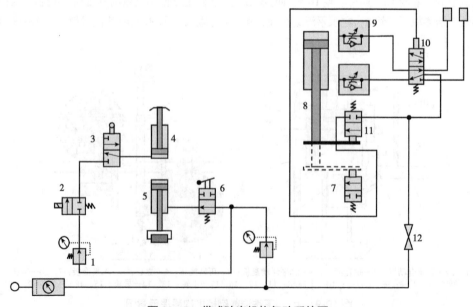

图 10-11 带式砂光机构气动系统图

10.3 双端自动封边线

10.3.1 设计要求

双端封边机不是简单的两台封边机的叠加,而是具有重型横向移动支架和精密的位置控制驱动系统,其控制界面可以方便可靠地与生产线控制系统集成。双端封边机是集成自动化生产线的最佳选择,其良好的稳定性、操控性是高效自动化生产的保证。

生产线的配置情况与生产率具有一定的配套性,产品制造企业作为一个生产作业的整体系统,要求系统各部分具有较紧密的联系,各部分生产效率的配套性很重要,要防止生产线中生产效率较低的瓶颈环节出现,否则会导致整个生产线的生产效率降低,即避免瓶颈环节的产量成为整条生产线的产量。

10.3.2 结构组成

双端封边自动生产线主要由自动上料机、封边机、90°转向输送机和自动下料机等机器组成,其中,封边机的类型可以是单边封边机、双端封边机,也可以是单边封边机和双端封边机的组合。

10.3.3 类型

在双端封边自动生产线中,封边机可以是两台双端封边机、四台单端直线封边机,也可以是双端封边机和单端封边机的组合。而根据封边机和自动输送设备的不同连接组合方式,可产生不同的双端封边自动生产线的类型。具体的类型如下:

①自动上、下料机+两台双端封边机+90°转向输送设备(图10-12);

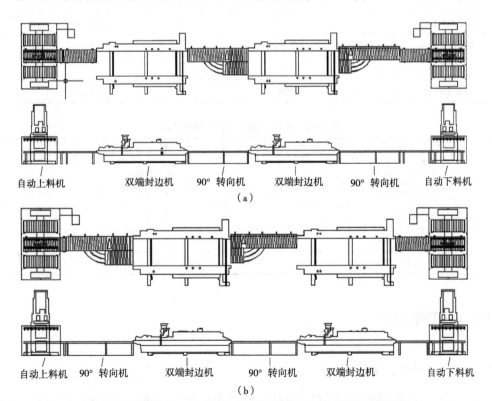

图 10-12 自动上、下料机+两台双端封边机+90°转向输送设备

②双端封边机+单边封边机+自动上、接料机+90°转向输送设备+平台(图10-13)。

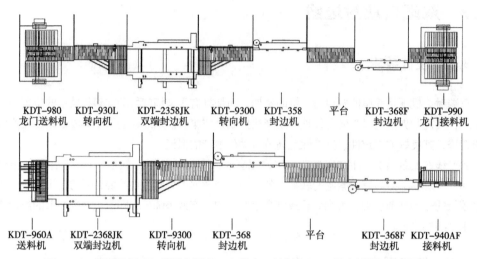

图10-13 双端封边机+单边封边机+自动上、接料机+90°转向输送设备+平台

10.3.4 技术参数

选取国产双端封边自动生产线为例，各组成机械的相关参数见表10-1和表10-2。

表10-1 自动送/下料机和90°自动转向机

技术参数	参数值	
	自动送料机 KDT-980、自动下料机 KDT-990	90°自动转向机 KDT-930
板料长度/mm	120~2400	250~2400
板料宽度/mm	80~1000	250~2400
板料厚度/mm	9~60	9~60
总功率/kW	9.4	1.5
机器重量/kg	3500	1000

表10-2 双端封边机(KDT-2468JHK)

技术参数	参数值
板料宽度/mm	285~2650
板料厚度/mm	10~60
封边带厚度/mm	0.4~3
进给速度/(m/min)	12~20
外形尺寸(长×宽×高)/mm	8000×4400×1650

10.3.5 功能分析

10.3.5.1 自动上、接料机

自动上料机包括上料机和送料机，主要功能是为封边生产线中的封边工艺持续地提供板材，

提高生产效率,是生产线实现大批量、高效率和全自动化加工的关键。

自动接料机包括推料机和下料仓,其功能是代替人工将已完成封边工艺的板材接下并使之退回至后位,是生产线的最后一步工序。

如图10-14所示,要使自动上、接料机与封边机之间能相互协调地、连续地、自动地运行,成为比较完善的全自动数控生产线,必须通过PLC来控制上料接料流水线上的各种电气与液压设备。在进行PLC设计与控制之前,分析封边工艺和板材上下料的过程是很有必要的,经分析其完成的自动上、接料动作顺序为:吸板从上料机上将待封边的板材吸起放置在送料机→送料机将板材送入封边机进行封边工作→完成封边的板材进入推料机送出→推料机的吸板将板材吸起放入下料仓。这样的设计可使双端封边自动生产线工作紧凑,也能节省板材循环时间,具有较高的生产效率。

10.3.5.2 自动转向输送机

自动转向输送机如图10-15所示,它的功能主要是在板材完成相对的两端封边工艺时,输送机将板材吸起,由下面安装的电机带动转向90°,使板材未完成封边的相对的两端进入双端封边机继续进行封边,从而使板材完成四端封边的工艺过程。

图10-14 自动上、接料机

图10-15 自动输送机(90°转向机)

10.3.5.3 转盘旋转机构

(1)转盘旋转机构的工作程序

如图10-16所示,当工件由输送滚筒输送至传感器2并由挡板4挡住,然后副转盘5由气缸6推起,使工件被主转盘3和副转盘5加紧,磁性开关7感应到气缸6升到指定位置时,表示工件已被夹紧。然后挡板4先下降至低于滚筒,接着旋转电机带动主转盘3转动,主转盘3带动工件旋转,旋转将要到90°时减速旋转,到90°时停止旋转。副转盘5下降,工件已被旋转90°,并由滚筒输送至下一工序加工。

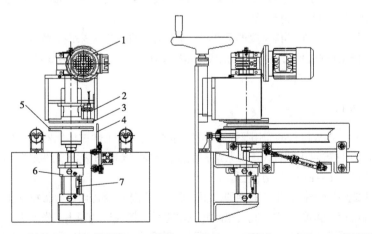

1—旋转电机;2—传感器;3—主转盘;4—挡板;5—副转盘;6—气缸;7—磁性开关。

图10-16 自动输送机(90°转向机)

(2) 转盘旋转机构的调节

当加工不同厚度的工件时,只需旋转手轮,使计数器显示的数值为工件的厚度即可,计数器的精度为 0.1mm。

当不需要转盘旋转功能时,只需将操作面板上的旋转开关和辅助支撑开关打到关的状态,并旋转手轮使计数器值大于工件厚度,主转盘脱离工件即可。

10.3.5.4 送料平台机构

送料平台机构的工作过程如图 10-17 所示,1 端进入工件,2 端输送出工件,由电机 3 带动输送滚轮输送工件,输送滚轮倾斜安装,使得工件贴边靠齐输送。

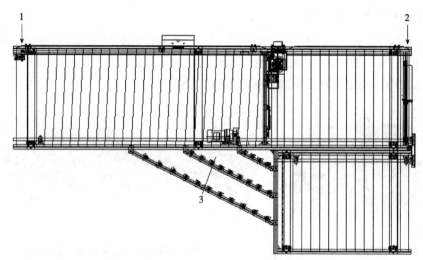

1—进入工件端;2—输送出工件端;3—带动输送滚轮输送工件。

图 10-17 送料平台

送料平台机构的调节主要是送料速度的调节,结合工件的输入速度和效率,单独加快或减慢平台输送速度,可能会影响旋转效果,在调节输送速度的同时,适当调整旋转速度和不锈钢贴靠板。

10.3.5.5 侧推机构

如图 10-18 所示,当工件被旋转了 90°之后,工件可能不是完全贴着导向器 5 输送,所以此时需要靠侧推机构将工件推至导向器 5。当工件由滚筒输送至侧推机构前面的传感器时,侧推机构气缸 2 工作,侧推轮 3 将工件推向导向器 5。

侧推机构的调节:当更换不同宽度的工件时,须根据工件的宽度来调节侧推机构的位置。可松开可调把手 1,移动侧推机构,使侧推轮距导向器 5 的距离小于工件宽度 3~5mm,再锁紧可调把手 1 即可。

10.3.5.6 挡板机构

如图 10-19 所示,挡板机构的作用是配合侧推机构使用。当工件被传感器感应到时,挡板机构进入工作装调。工件被阻止前进,工件紧贴着挡板,此时,侧推机构将工件推向导向器,这样工件不仅紧贴导向器,而且垂直于导向器。

另外挡板机构起到一个控制工件间距的作用。当工件到达传感器时,挡板机构工作,同时通过延时继电器控制挡板机构的工作时间。当时间到达之后,挡板机构退出工作状态,工件继续被输送至下一个工序。所以当需要不同的工件间距时,要通过实验调节时间继电器,达到调节工件间距的目的。

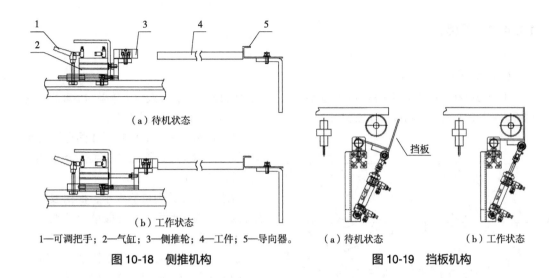

1—可调把手；2—气缸；3—侧推轮；4—工件；5—导向器。

图 10-18 侧推机构　　　　　　　图 10-19 挡板机构

10.4 封边机功能分析

以国产双端封边自动化生产线为例，封边机为型号 KDT-486JK（图 10-20），主要功能为：预铣、快速涂胶、双导轨齐头、精修、粗修、高速跟踪修边、刮边、抛光。主要技术参数见表 10-3。

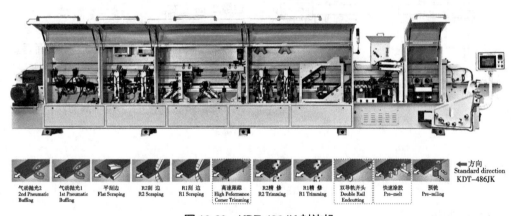

图 10-20　KDT-486JK 封边机

表 10-3 高速自动封边机的主要技术参数

技术参数	参数值
总功率/kW	24
外形尺寸(长×宽×高)/mm	9189×920×1820
进给速度/(m/min)	20~26
封边带厚度/mm	0.4~3
板料厚度/mm	10~60
板料长度/mm	≥150
板料宽度/mm	≥60
工作气压/MPa	0.6
最小板尺寸(长×宽)/mm	300×60，150×150

10.4.1 预铣

(1) 功能分析

由于板材在下料或搬运过程中有可能造成被加工面倾斜或残缺，导致封边效果的不理想，通过铣边机构的铣削后，可以清除被加工表面存在的各种缺陷，使封边达到最佳状态。

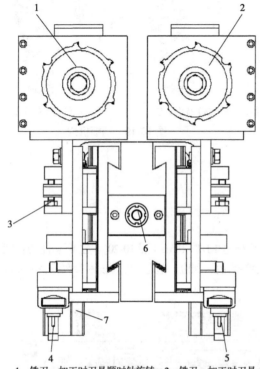

1—铣刀，加工时刀具顺时针旋转；2—铣刀，加工时刀具逆时针旋转；3—旋转调节丝杆；4、5—铣削量调节轴；6—升降调节轴；7—气缸

图 10-21 固定预铣机构

预铣机构由铣刀 1 和铣刀 2 两把铣刀组成，铣刀 1 和铣刀 2 可以通过控制面板上独立的开关开启使用。

铣边机构中铣削量的大小，根据被加工表面的加工情况而调节。一般情况下铣刀加工量不能大于 0.5mm。

铣刀 2 顺时针旋转，用来铣削板材待封边面的前一部分，铣刀 1 逆时针旋转，用来铣削板材待封边面的尾部。

(2) 机构调节

当铣边不良时，可以通过图 10-21 中所示的各调节机构来调节：

①升降调节轴　调节两把铣刀与板材的高度。一般让刀具的下边缘突出于板材的下边缘 2mm 左右。

②旋转调节丝杆　当板材通过铣边之后，测量铣出来的面是否与板材的上下表面垂直，若不垂直，则可以通过旋转调节螺钉来调节刀具的旋转轴线与板材的加工面垂直。

③两铣刀的调节　分别调节两把铣刀铣削量。

10.4.2 快速熔胶

(1) 功能分析

快速熔胶机构是一种预热补给胶黏剂装置，当涂胶盒中的胶黏剂使用到一定程度后会自动补给预热的胶粒，加快熔胶速度，减少辅助工作时间，提高工作效率。

如图 10-22 所示，当不用此功能时，可将电控柜内的电源开关关闭，再将支撑臂上的四个锁紧螺钉拧松，然后通过气弹簧将整套机构提起，再固定四个螺钉。也可直接在涂胶盒内加胶黏剂，只是加胶量相对较少。

(2) 机构调节

①手动方式　当激光液位传感器灭时，按下手动按钮，可手动加一次胶黏剂，气缸阀门将胶黏剂推出，气缸推到底时返回，加热打开，实现一次手动加胶黏剂。

②自动方式　按下自动按钮，当溶胶盒内胶黏剂到达一定液位之后，激光液位传感器灯灭，此时气缸阀门自动推胶，加热胶黏剂流到溶胶盒内，气缸推到底时，若光电激光液位传感器仍然灯灭，则气缸再次返回并推胶，直至激光液位传感器灯亮为止。

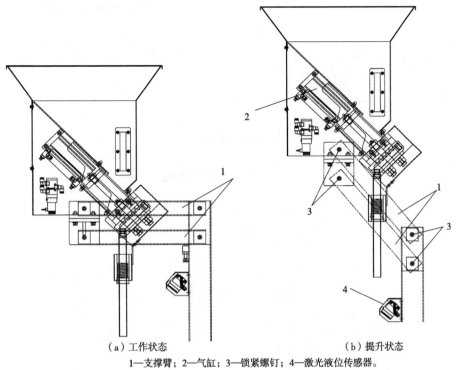

(a) 工作状态　　　　　　　　(b) 提升状态
1—支撑臂；2—气缸；3—锁紧螺钉；4—激光液位传感器。
图 10-22　快速溶胶机构示意图

10.4.3　压贴

(1) 功能分析

压贴机构(图 10-23)的作用是将封边带压贴于涂完胶的待封边面上，并可通过调节保证不同厚度的封边带均可黏接牢固均匀。

各压轮待机和工作时与板材的垂直距离应设为 1mm 较为合适(图 10-24)。当压贴机构处于正常工作状态，在更换不同厚度的封边带时，只须选择压贴机构上的五星手轮，将计数器的读数调到封边带的厚度尺寸即可。

假如在封边带压贴于板材上之后，从板材的上表面或下表面观察发现封边带与板材未完全黏接，则说明压贴轮的旋转轴线与板材的待封边面未垂直。此时可通过调节图 10-25 中 2 号紧定螺钉将其调节正常。

(2) 机构调节

如图 10-25 所示，首先拧松两个螺钉 1，然后调节两个紧定螺钉 2。用板材进行试封边，在板材通过大压轮和最后一个小压轮时，仔细观察压轮与封边带接触面之间是否有缝隙，然后观察封边完之后板材上的封边带是否黏接牢固。通过反复试封板材并调节可将其调节正常。

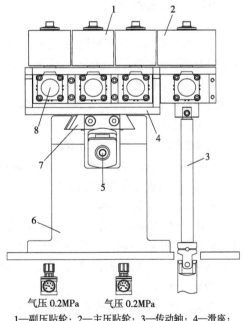

气压 0.2MPa　　气压 0.2MPa
1—副压贴轮；2—主压贴轮；3—传动轴；4—滑座；
5—调节轴；6—压贴座；7—导向滑块；8—气缸。
图 10-23　压贴机构

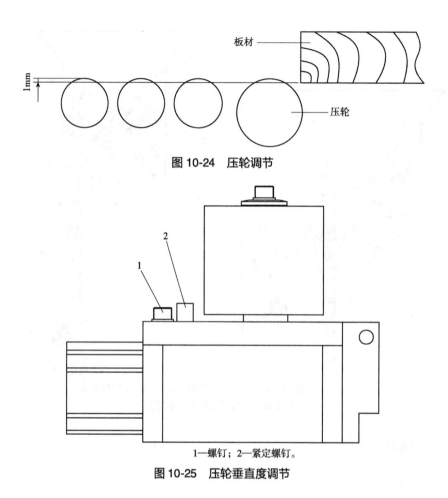

图 10-24 压轮调节

1—螺钉；2—紧定螺钉。

图 10-25 压轮垂直度调节

10.4.4 前后齐头

齐头机构的主要作用是将板材前后多余的封边带切除，使封边带两头与板材前后两端面平齐，并且可对封边带两头切出一定倒角。如图 10-26 所示，调压阀 1 的作用是调节齐头部分机构的气缸的气压，使其工作时能够自由升降，一般维持在 30000~40000Pa；调压阀 2 的作用是调节齐尾部分机构使其工作时产生瞬时下降的动作，气压 30000Pa。

(1) 功能分析

齐头机构的工作过程如图 10-26 所示，当板材碰到行程开关 2 之后，齐头机构进入工作状态。板材随着输送带移动，板材前端与导向板 8 工作面接触，将齐头部分向左下方向推动，同时齐头锯片将板材前端多余的封边带切除，当齐头下降至齐头气缸磁性开关灯亮时，齐头气缸动作，齐头电机下降至脱离板材。当板材脱离行程开关时，齐尾气缸动作，齐尾导向板 9 上的两个轴承压在板材上表面，接近开关灯灭。板材脱离导向板 9 时，导向板 9 的侧面由气缸推力的作用下贴紧板材的后端，将多余封边带切除。当齐尾气缸磁性开关灯亮时，齐尾气缸动作将齐尾机构拉回顶端，接近开关感应灯亮后，齐头气缸动作，将齐头机构拉回复位，整个工作循环结束。

(2) 机构调节

齐头工序完成后，若出现如图 10-27 中效果 A 所示封边带还有残余的现象，将图 10-27 中螺钉顺时针方向旋转，电机向前产生移动即可；反之如果板材出现如图 10-27 中效果 B 现象所示，封边带出现被切多的现象，则可逆时针旋转图 10-27 中螺钉来调整。通过反复细微的调节，直到达到满意的齐头效果为止。

同时还可以调节电机与导轨的角度，得到图 10-28 中 A 和 B 所示的齐头效果。

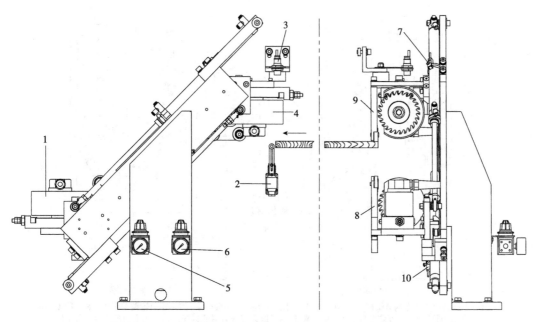

1—齐头机构；2—行程开关；3—接近开关；4—齐尾机构；5—调压阀1；6—调压阀2；
7—齐头气缸磁性开关；8、9—导向板；10—齐尾气缸磁性开关。

图 10-26　齐头机构的工作过程

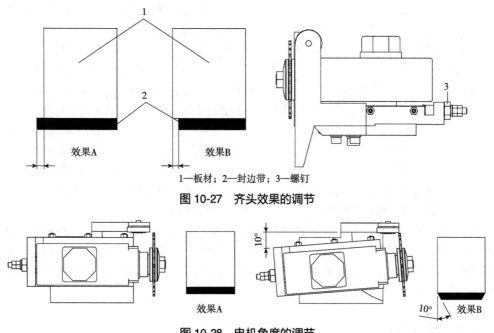

1—板材；2—封边带；3—螺钉

图 10-27　齐头效果的调节

图 10-28　电机角度的调节

10.4.5　修边

（1）功能分析

修边机构分一次修边机构和二次修边机构，作用是将封边带上下两边突出于板材上下表面多余的封边带切除，使封边带上下边缘与板材的上下表面平齐（图 10-29）。

（2）机构调节

①一次修边机构的调节　为了减小二次修边 R 圆角的铣削量，从而得到更为平整的 R 圆角；同时又为了满足不修 R 圆角，而修平直边时的需要，增设一次修边机构。

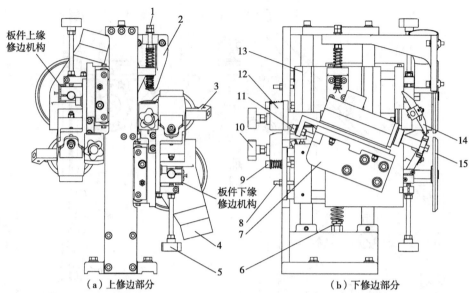

(a) 上修边部分　　　　　　　　　(b) 下修边部分

1—上修边调节压力调节螺杆；2—吊架；3—侧止动盘座；4—吸尘罩；5—导向轮调节手轮；6—下修边压力调节螺杆；7—角度调节座；8—限位螺钉；9—修边刀压力调节螺杆；10—侧止动盘进给调节手轮；11—修边刀进给调节螺钉；12—封边带厚度计数器；13—修边滑座；14—侧止动盘；15—导向轮。

图 10-29　修边机构

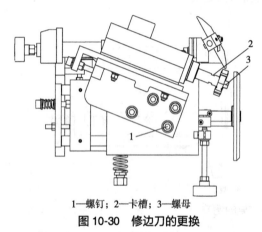

1—螺钉；2—卡槽；3—螺母

图 10-30　修边刀的更换

一次修边刀为平刀刃，安装和调试方法与二次修边刀的安装方法一样，只是一次修边刀的刀刃直线与水平方向的夹角为 10°左右。

②二次修边机构的调节　当利用二次修边机构整修工件的 R 圆角时，只须将上修边机构和下边机构的计数器值设置与封边带的厚度相对应即可。

③修边刀的更换步骤　拧下如图 10-30 中 4 个 1 号螺钉，将电机座部分取下，再在 2 号位置上用扳手卡住电机轴，用扳手拧开修边刀前端的螺母 3，将修边刀取出，换上新的修边刀，安装过程与上述相反。

在安装新的修边刀时，应特别注意电机旋向和修边刀旋向的相对关系，如果将修边刀装反，作业时将使修边刀破损，板件也会受到损害。同时因为修边电机在高速旋转，修边时稍有不平衡，电机就会产生强烈的振动，造成许多部件的损坏，因此，只要发现修边刀稍有破损就必须立即更换。

10.4.6　跟踪修边

(1) 功能分析

跟踪修边机构的作用是电机通过跟随板件移动，将板件上所封的封边带两端直角尖端铣成圆弧，使板件封边后更加美观和圆滑。一般要求封边带厚度大于或等于 1.5mm。

如图 10-31 所示，跟踪修边机构处于待机状态，此时感应器 2 的灯亮。当板件前端触到 1 号行程开关后，下跟踪修边机构进入工作状态，对板件左下角的直角尖端进行圆弧铣型，如图 10-32 所示，此时感应器 1 的灯亮。板件将跟踪修边电机往前推，两个气缸同时作用使得跟踪修边机构始终与板件紧密贴合，从而对板件进行仿型修边。当板件前端触到 2 号行程开关之后，上跟踪修边进入工作状态，准备对板件左上角的直角尖端进行圆弧铣型。当板件厚度脱离 2 号行程开关后，下跟踪修边机构对板件右下角的直角尖端进行圆弧铣型。当板件后端脱离 3 号行程开关之后，上跟踪修边机构对板件右上角直角尖端进行圆弧铣型。

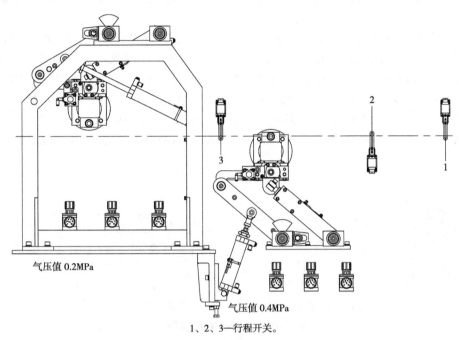

1、2、3—行程开关。

图 10-31　跟踪修边待机状态

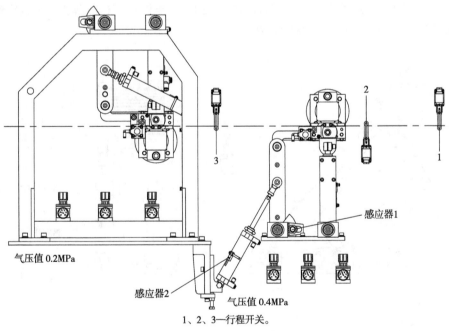

1、2、3—行程开关。

图 10-32　跟踪修边工作状态

在下跟踪修边机构运动到工作状态的过程中，如果跟踪修边机构运动速度太快，则会造成此机构与减振器发生较大力度的碰撞，使下跟踪修边机构就会产生很大的振动。在振动中下跟踪修边机构就会断断续续地脱离感应器 1 的感应范围，感应器 1 的灯不停地闪烁，因此导致此机构工作不正常或提前结束工作而恢复到待机工作状态。

解决上述现象的方法如下：

① 使用压力表调节工作压力；
② 使用流量调节阀调节气缸的气体流量；
③ 如果仍未消除此现象，那么首先矫正感应器 1 的安装位置，再采用方法①和②进行调整。

(2) 机构调节

① 工件铣削量的调节　图 10-33 中表示被加工件的运动方向，同时用 A、B、C 表示板件的位置。当板件 A 处铣削量大，而 B 处铣削量小时，松开螺钉 2，拧紧螺钉 1，使跟踪器向螺钉 2 方向偏移；当被加工件 A 处铣削量小，而 B 处铣削量大时，松开螺钉 1，拧紧螺钉 2，使跟踪器向螺钉 1 方向偏移，来矫正铣削量。调节板件 C 处的铣削量是通过图 10-33 中 3 处的螺杆和螺母来共同调节的。用 3 处的螺杆和螺母及丝杆 4 对所铣削出的 R 角进行调节。当机构处于正常工作位置时，更换不同厚度的封边带后，只须调节丝杆 4，使计数器的读数与所用封边带厚度一致即可。

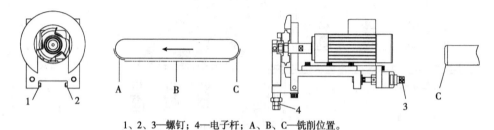

1、2、3—螺钉；4—电子杆；A、B、C—铣削位置。

图 10-33　板件铣削量的调节

② 电机转角调节　如图 10-34 所示，感应开关 1 为工作结束传感器，感应开关 2 为工作电机的旋转角度调节传感器。当感应开关 2 远离感应开关 1 时，电机的旋转角度就增大；当感应开关 2 靠近感应开关 1 时，电机的旋转角度就减小。

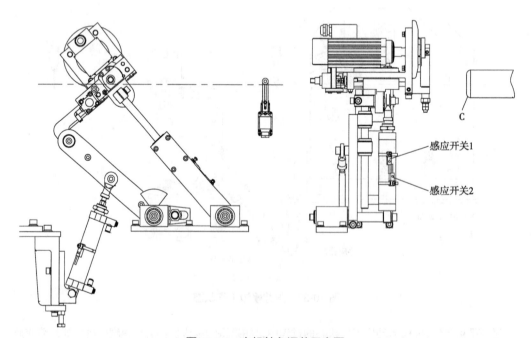

图 10-34　电机转角调节示意图

③ 刀具更换步骤　将图 10-35 中的 2 个螺钉 1 拧下，可将图 10-35(c) 结构整体取下，然后用扳手卡住图 10-35(b) 中电机轴的 2 处，用扳手拧下刀具前端的螺母 3，即可更换新刀。更换好后重新装回即可。

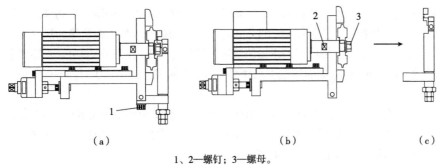

1、2—螺钉；3—螺母。

图 10-35 铣刀更换示意图

10.4.7 刮边

刮边机构的安装与调试与修边机构相似，功能是去除修边刀留下的刀痕及精修 R 圆角，所以它的安装直接关系到工件的加工质量（图 10-36）。

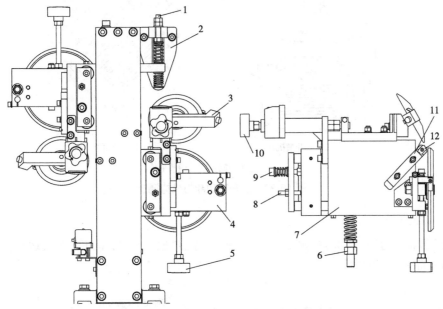

1—上修边调节压力调节螺杆；2—吊架；3—侧止动盘座；4—导向轮座；5—导向轮调节手轮；6—下修边压力调节螺杆；7—刮边滑座；8—限位螺钉；9—修边刀压力调节螺杆；10—侧止动盘进给调节手轮；11—刮刀座；12—刮刀。

图 10-36 刮边机构

刮边机构工作时所削下的封边带碎带应为 0.2~0.3mm，空气喷嘴的作用是吹走刮下的碎带，防止其夹到工件与导向轮之间，影响加工质量，因此喷嘴位置也应该调整到利于吹走碎带位置，同时还应该根据加工情况，适当控制加工过程各个方向上导向轮相对于工件的压力。

刮边机构在正常状态下，如果刮削出来的碎带太厚，则减小刮削量；如果刮边刀刮不到工件，则增大刮削量。

10.4.8 开槽

（1）上开槽

上开槽机构的主要作用是在板件的上表面铣出一个槽，以便于安装玻璃、背板等。加工简单,安装方便。

①操作方法　不使用上开槽机构时,机构处于待机状态。当需要使用此功能时,只须按下控制面板上的上开槽按钮,机构将自动进入工作状态。如须更改槽与板边缘的尺寸,只须旋转图 10-37(a)中调节手轮 2,将位置显示器的数字调整到与所需边距相同即可。若要调节开槽的深度,则可通过图 10-37(a)中的螺钉 1 来调节锯片的下降高度,图 10-37(a)中 H 即为开槽的深度。

②锯片更换方法　首先拆下吸尘罩,将图 10-37(a)中的 2 个锁紧块上的螺钉 3 拧松,然后拉开锁紧块,将开槽机构翻转到图 10-37(b)所示状态,即可更换锯片。更换好锯片之后,将机构翻回原位,锁紧锁紧块,固定后装上吸尘罩即可。

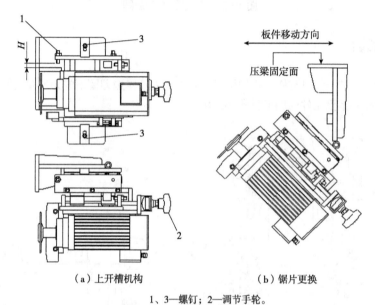

(a)上开槽机构　　(b)锯片更换

1、3—螺钉;2—调节手轮。

图 10-37　上开槽功能与机构调节

(2)水平开槽

水平开槽机构(图 10-38)的主要作用是在板件侧边铣出一个槽,以便于安装玻璃、防撞条等,加工简单,安装方便。

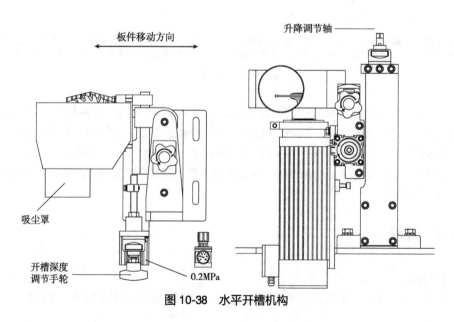

图 10-38　水平开槽机构

操作方法：不使用开槽机构时，机构处于待机状态。当需要使用此功能时，只须按下控制面板上的开槽按钮，机构将自动进入工作状态。如须更改槽与板边缘的尺寸，只须用扳手调节升降调节轴，将位置显示器的数字调整到与所需边距相同即可。若要调节锯槽的深度，则可通过图中的开槽深度调节手轮来调节，将计数器的数字调整到与所需的开槽深度相同即可。

(3) 垂直开槽

垂直开槽机构(图 10-39)的主要作用是为背板或玻璃的安装预先铣出一个安装槽，省去传统安装中的钉钉工序或推台锯开槽工序，使安装更简单、更精确，外观更为美观。

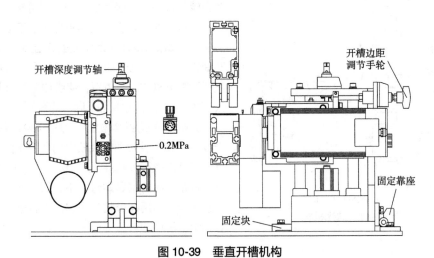

图 10-39　垂直开槽机构

①操作方法　不使用开槽机构时，机构处于待机状态。当需要使用此功能时只需按下控制界面上的开槽按钮，机构将自动进入工作状态。如需更改槽与板边缘的尺寸，只需调节开槽边距调节手轮，将位置显示器的值调整与所需边距相对应即可。若要调节锯槽的深度，则可通过图 10-40 中的开槽深度调节轴来调节锯片上升的高度。

②锯片更换方法　首先将图 10-40 中的固定块紧固螺钉拧松后将固定块拉开，然后将整个开槽机构翻转至固定靠座上，便可开始更换锯片。更换好锯片之后，将机构翻回原位，将固定块压在底座上，固定块紧固螺钉即可。

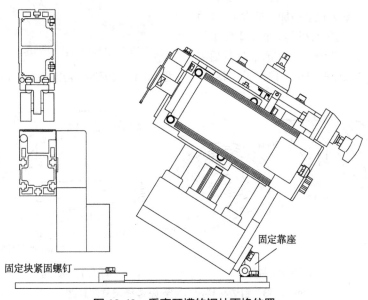

图 10-40　垂直开槽的锯片更换位置

10.4.9 抛光

抛光机构的作用是抛除封边带的边缘毛刺及封边带与板件之间的残余胶水,使板件封出来的边更加干净光滑。

①操作方法 若对不同厚度的板件进行封边,则需调整上下抛光布轮的间距,只需拧动上下两个调节螺母 2 调节布轮间的间距即可。若要调节布轮与板件上下表面的倾角,则可松开固定电机的螺钉,调整电机轴线与板件上、下表面的垂直夹角,如图 10-41 中所示角度 A 在 5°~10°;松开螺钉 1,调整电机的水平夹角;利用升降调节丝杆调整电机的上下位置,使所加工的 R 圆角嵌入布轮 3~5mm,拧紧各个固定的螺钉。

②抛光布轮更换方法 抛光布轮为易损件,当板件经抛光后抛光效果较之前明显下降,则需立即更换布轮。如图所示,松开固定电机的螺钉,将布轮前的锁紧螺母拧下,卸下旧布轮,换上新布轮,再用螺母将其固定,并将电机按原位置固定于滑块即可。

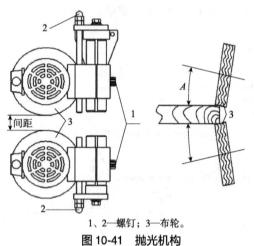

1、2—螺钉;3—布轮。

图 10-41 抛光机构

10.5 异型封边机

异型封边机是一种直线曲面封边机。它可以封贴如图 10-42 所示各种形状的曲面,同时也可作直线平面边缘封边。封边材料可分为装饰单板、PVC 薄膜、三聚氰胺层积材、实木条等,采用热熔胶封贴。封边材料尺寸和封贴边缘尺寸如图 10-43 所示。

如图 10-44 所示是 KLO78E 型异型封边机。该机由床身 10、进给机构 9、上压紧机构 8、电控盘 2 和 6 个基本机构:万能预加工机构 1、封贴机构 3、万能成型加压机构 4、前后截头机构 5、上下边粗铣机构 6 和上下倒棱机构 7 所组成。为了扩大机器的功能,在其后部设有长度为 1600mm 的空位,根据工艺要求,

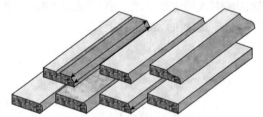

图 10-42 异型封边机封贴的各种曲面形状

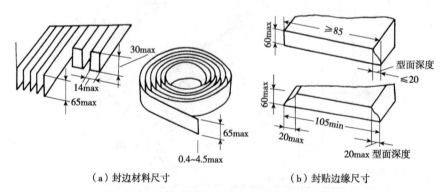

(a) 封边材料尺寸   (b) 封贴边缘尺寸

图 10-43 封边材料尺寸和封贴边缘尺寸示意图

可加装 9 种任选修整加工机构。为便于制造、选用和装配,各加工机构都做成定型结构,相应加工机构的工作原理和结构与直线封边机基本相同。该封边机采用宽度为 80mm 的稳固的履带链条轨道无级调速进给机构和机动调整高度的上压紧机构,保证了工件有优越的基准导向;各加工机构很方便地安装在机架上,需要时,可快速地对机器进行改装;电气系统安全可靠,装有一个 300Hz 的变频电机;机器容易操作和维护,控制盘装在机器进给端的明显部位,具有总开关按钮、信号灯和紧急停车按钮,还设有各加工机构的高度总调整系统。

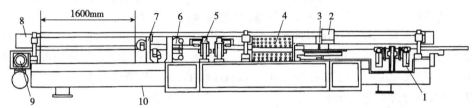

1—万能预加工机构;2—电控盘;3—封贴机构;4—万能成型加压机构;5—前后截头机构;
6—上下边粗铣机构;7—上下倒棱机构;8—上压紧机构;9—进给机构;10—床身。

图 10-44 KLO78E 型异型封边机外形结构

10.5.1 基本机构

①万能预加工机构 由两个铣削机构组成,分别装在支架的两边,铣刀直接装在高频电机的轴上。每台电机功率为 3kW,频率为 300Hz,转速为 9000r/min,都具有垂直和水平调整机构。第一个铣刀头进行逆向铣削,并设有电气动中断加工控制机构,以防止工件横头撕裂。第二个刀头采用顺向铣削。

②封贴机构(热熔胶软边机构) 该机构采用热熔胶胶合技术。具有一个 10L 的胶容器,胶辊施胶,胶辊直径 40mm,可正反转动。直缘封边时,将胶施在工件上;加工异型边缘时,将胶施在封边带上。具有电子温度控制和有带料或卷状封边条仓和切断装置。当缺封边条时,能自动停止进给。胶料加热器功率约 5kW。设有封边料与工件同步进给机构和预压合装置。后者由一个主压辊和若干辅助压辊组成,以保证直角和异型边的预封贴作业。

③万能成型加压机构 它由很多不同形状的压辊组成。全部压辊分为四组,分别装在可转动的转轴四边。每边压辊的安排都适用于一个特别的型面压合,即不改变压辊排列,只靠转动压辊组就可以满足四种型面压合作业。

④前后截头机构 其结构和平面封边机相似。用于对封边材料前后头倾斜或垂直截断。可适应封边料最大厚度为 14mm,异型面封边深度最大为 20mm。每台电机功率为 1kW,频率为 300Hz,转速为 18000r/min。

⑤上、下边粗铣机构 用于铣削超出工件上、下表面的封边料多余部分。设有垂直限位装置,上、下各具有一个能正反转的硬质合金铣刀头。每台电机功率为 1.5kW,频率为 300Hz,转速为 18000r/min。

⑥上、下铣棱机构 用于塑料或木质封边料的工件上、下边纵向修整倒棱或圆化($r = 2 \sim 6mm$)。设有垂直和水平导向辊,保证铣刀头能对工件进行精确修整。铣刀机构能作 30°以内的转动调整。每个电机功率为 0.6kW,频率为 300Hz,转速为 18000r/min。

10.5.2 任选修整加工机构

①上成型修饰机构 它由两个从上部修饰加工前、后横头封边条端头的铣刀切削机构组成。为使铣刀头做仿型运动,每个铣刀头在做切削运动的同时还受控于一个能沿工件端头形状做仿型

运动的靠环一起运动,并设有刀具快速更换装置。每个电机功率为 0.3kW,频率为 300Hz,转速为 18000r/min,所需安装长度为 930mm。

②万能修整机构　由装在专用支架两边的铣削机构组成,两个铣刀直接装在电机轴上。用于在工件上加工贯通或不贯通凹槽或钝棱。由改变转动方向的正反向开关实现顺铣或逆铣。铣刀可以调成上位、下位或倒位完成不同的作业。电机功率为 3.0kW,频率为 300Hz,转速为 18000r/min,该机构还可附装一个中断修整加工控制装置,所需安装长度为 470mm。

③刮光机构　由装在专用支架两边分别对工件上、下棱进行直接或成型刮削的机构组成。刮刀由相应的限位导向盘控制并可作相应的调整,所需安装长度为 575mm。

④带式砂光机构　用于对单板或实木条封贴面进行砂光。电气控制的砂光垫可以防止工件两头砂圆或过量砂削。进料停止时,砂垫自动抬起。砂带除进行切削运动外还有侧向摆动,用数控调整对不同厚度封边条的加工。砂带尺寸为 120mm×2100mm,砂带速度为 11m/s,电机功率 1.8kW,所需安装长度为 400mm。

⑤成型带式砂光机构　用于对宽度不超过 60mm 的直缘和异型面砂光,最小允许外圆弧半径为 4mm。由于该机构有较大的转动角度(向下可转 10°,向上可转 60°)并且倾斜带辊和砂垫之间距离很大,所以砂光机构对封贴面形状变化的适应性较强。可以用气压无级调整。在工件停止时,砂垫受电气控制自动抬起。砂带尺寸为 (60~80)mm×2500mm。带速为 5.5m/s、11m/s。相应的电机功率为 1.1kW 和 1.8kW,所需安装长度为 650mm。

⑥上、下倒棱带式砂光机构　用于上、下边倒棱或加工圆化(圆化半径达 12mm)。设有一个快速夹紧系统,不用工具能快速转换砂垫位置。砂带尺寸为 (20~35)mm×200mm。砂带速度为 7m/s,每台电机功率为 0.55kW,所需安装长度为 350mm。

⑦抛光机构　是采用两个层状砂布或其他材料做成的轮子对封贴面上、下棱角抛光的机构。抛光角度可以调整。抛光轮转速为 2800r/min,每台电机功率为 0.25kW。

⑧镶嵌封面加工机构　该机构由划痕锯片、清理铣刀和带有圆刀片的成型压辊等组成。其主要用来使包覆封边材料包贴在工件表面上,具有与工件上、下表面等高效果的加工作业。

10.6　曲直线封边机

曲直线封边机用于板件直线边缘和曲线边缘的封边作业。一般为手工进给,结构简单,适应性较强,生产效率较低。

如图 10-45 所示是曲直线封边机外形图。此种封边机可以采用塑料封边带、浸渍纸层压条和单板条为曲线外轮廓的板件封边,可以封边的最小圆弧半径为 20mm。封边条厚度为 0.4~0.8mm,直线封边时厚度可达 5mm。

该机由床身 1、操作控制板 2、工作台 3、上修整刀架 5 和下修整刀架 4、压贴辊 6、涂胶辊 7 和涂胶辊 8、送料针辊 9、盘状封边带安放轴 10、计量辊 16、封边带宽度限位杆 15、偏心辊 14、压紧气缸 13、剪断气缸 12、胶罐 11、侧向压紧架 21、封边带导向片 20、导尺 17、涂胶量调节手轮 18 和涂胶量调节手轮 19 等组成。

工作时,将热熔胶加入胶罐 11 中,通电加热,当温度达到规定值时才可启动机器。在封边带安放轴 10 上安放盘状封边带,根据封边带宽度调节限位杆 15 的高度。如使用单板条封边时,则应卸去偏心辊 14,由压紧气缸 13 压向封边条。封边材料由送料针辊 9 送进,送料针辊和封边材料啮合或分离由气缸带动。封边材料经涂胶辊 7 涂胶后经导向片 20 由压辊 6 压向手工进给的工件封边表面使其贴合。计量辊 16 对封边长度进行计量并适时发出信号控制剪切气缸 12 动作,将连续封边带切断。工件经上、下修整刀头修边完成封边作业。涂胶量调节手轮 18、涂胶量调节手轮 19 用以调节涂胶量。在进行直线封边时,借侧压紧支架 21 将工件压向导尺 17,操作人员只需向进给方向施加一定的力就可以实现封边作业。

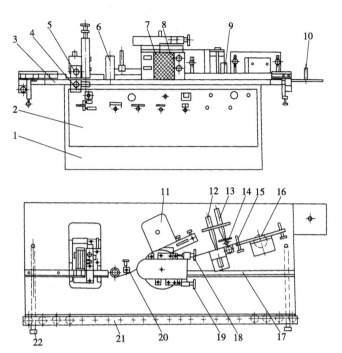

1—床身；2—操作控制板；3—工作台；4、5—修整刀架；6—压贴辊；7、8—涂胶辊；9—送料针辊；10—封边带安放轴；11—胶罐；12—剪断气缸；13—压紧气缸；14—偏心辊；15—封边带宽度限位杆；16—计量辊；17—导尺；18、19—涂胶量调节手轮；20—封边带导向片；21—侧向压紧架；22—侧向压紧架。

图 10-45　BRT 型曲直线封边机外形图

第11章
贴面压机与真空气垫薄膜压机

- 11.1 工艺流程
- 11.2 短周期贴面压机
- 11.3 真空气垫覆膜压机

板件贴面设备广泛用于对木制品板件进行表面装饰贴面加工。装饰贴面所用的材料有木制刨切单板和人造薄膜装饰材料。

人造薄膜装饰材料主要是聚乙烯膜(PVC)、聚酯薄膜(PET)和三聚氰胺浸渍纸。人造薄膜装饰材料有各种花色和纹理，可以节省珍贵木材，无须挑选和拼接，贴面时无须砂光。木质刨切单板可以最大限度地利用珍贵材种。

木质刨切单板贴面工艺可以采用单层或多层贴面热压机或冷压机，人造薄膜装饰材料的贴面工艺可以采用单层、多层平面热压机或辊压机。平压机和辊压机都可以压出装饰纹理，以提高薄膜的装饰效果。因此，平压机上采用专用浮雕垫板，而辊压机则借助于浮雕压辊。

用单层和多层压机覆贴刨切薄木和人造薄膜装饰材料的贴面工艺过程非常相似，因此所用设备也相同。目前多用单层短周期覆贴压机。由于人造薄膜装饰材料一般为卷材，所以用单层压机和多层覆贴时，应将薄膜裁成与被装饰件相适应的尺寸。

根据热压机工作特性，贴面压机可以分为短周期式贴面热压机和连续式贴面热压机两大类。根据所用贴面材料不同，可以分为刨切单板贴面压机和浸渍纸或人造薄膜装饰材料贴面压机。根据加工工艺和压机结构特点，可以分为平压机和辊压机两种。平压机又可以分为单层和多层平压机，辊压机又可以分为热辊压机和冷辊压机。目前国内广泛应用短周期平压法冷、热机进行覆贴。

11.1 工艺流程

11.1.1 短周期热压胶贴生产线

短周期热压胶贴生产线，可以用刨切单板(薄木)、浸渍纸和装饰薄膜对家具板件、门、各种板材和活动工房板件进行胶贴，其典型流程和结构如图11-1所示。

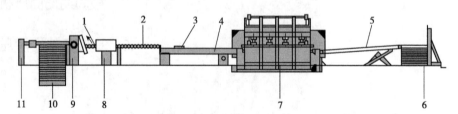

1—输送辊台；2—盘式输送机；3、4—组坯台；5—升降机；6—辊台；7—单层短周期覆贴压机；8—涂胶机；9—除尘机；10—液压升降台；11—气动进料装置。

图 11-1 短周期热压胶贴生产线典型流程和结构图

需要贴面的板垛用车间输送小车放置在液压升降台10上，气动进料装置11将板料自动送入除尘机9清除表面灰尘。然后板料经输送辊台1通过涂胶机8到达盘式输送机2，操作人员将装饰薄木存放架上的薄木和已涂胶的板料在组坯台4上组坯，然后送往坯台输送机送入单层短周期贴压机7，服帖好的板件经升降机5堆入辊台6上堆垛。

11.1.2 浸渍纸覆贴生产线

树脂浸渍纸覆贴后的板材表面可以无须进行装饰加工。在热压时，浸渍纸中的胶，一部分在高压下使浸渍纸和基材胶合，另一部分到达胶贴板表面形成一层牢固的装饰表面。

多层压机覆贴按下列工艺进行：首先在组坯输送机上组坯，坯垛由表面装饰纸、板料、上下衬板和石棉平衡压力垫板组成。一般采用机械化方式同时对多层压机进行装料，装料在压机冷却状态下进行，坯垛装入后热压机闭合，然后使热压板升温加热浸渍纸，温度达到170℃，压力超过2.5MPa，加压时间为8~10min。热压完毕，压机冷却到80℃时热压板打开，进行机械化卸料。

现代生产较广泛地采用单层短周期热压机作业线进行覆贴，与多层压机作业线相比，在经济方面和技术方面更为优越。三聚氰胺浸渍纸固化时间一般为30~50s，热板温度为190~210℃，板面压力为2.0~3.0MPa，热板进出口的温度差不得超过4℃。在单层压机上加工大幅面板更为合理。

图11-2为三聚氰胺浸渍纸短周期压机贴面生产线平面示意图。

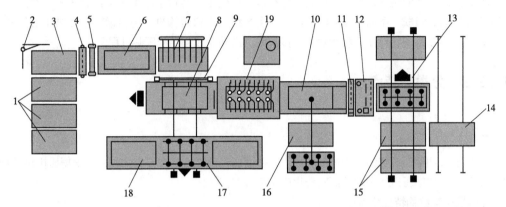

1—输送辊台；2—推料器；3—升降台；4—刷光机；5、6—中间输送机；7—转送台；8—组坯台；9—装卸料机；10、13—输送机；11—锯机；12—修边机；14、18—小车；15—辊台机；16—料台；17—真空输送机；19—压机。

图11-2　三聚氰胺浸渍纸短周期压机贴面生产线

用车间输送设备将板材垛放在输送辊台1上，以保证连续供料。三聚氰胺浸渍纸放在料台16上，其中一个存放上表面浸渍纸，另一个存放下表面浸渍纸。板料垛从输送辊台1输送到升降台3上，升降台上升一板厚距离，推料器2将板垛最上一块板送入刷光机4除去灰尘。此后，升降台下降至最初位置，承接来自输送辊台1的下一个板垛。板料经刷光机4和中间输送机5和中间输送机6进入转送台7，必要时(如塑贴合成人造薄膜时)可将中间输送机5换装成涂胶机对板坯进行涂胶。浸渍纸存放小车18被送到真空输送机17。真空输送机借真空吸盘将浸渍纸送到至组坯台8上，转送台7将板料放在底面塑贴纸上，然后真空输送机17再将上表面浸渍纸放在其上，完成组坯。坯垛借单层压机的装卸料机9送进压机19，并同时将已覆贴好的板件提起送出压机并放在输送机10上。塑贴板材在锯机11上裁成较小幅面，然后在修边机12上修边，去除板材多余伸出部分浸渍纸。塑贴板材进而在输送机13上检验上表面质量，并使板材翻转90°检验下表面质量。然后根据质量分级放在相应的辊台机15上。当已塑贴好的板材达一定数量时，真空输送机将一块保护板盖在板垛的上边，板垛被送到横向小车14上，并用车间运输机送入仓库。

11.2　短周期贴面压机

11.2.1　功能与用途

表面覆贴装饰工艺是用刨切单板、装饰纸、塑料装饰板或其他饰面材料覆贴到基材的表面上，遮盖材面的缺陷，提高基材表面耐磨性、耐热性、耐水性和耐腐蚀性等，同时可以改善和提高材料的强度和尺寸稳定性，短周期贴面热压机就是为满足不同装饰贴面工艺和保证贴面质量的一种设备。

短周期覆贴热压机广泛用于木质板式家具零件胶贴生产中，在门窗生产中应用也很普遍。短周期压机和多层热压机相比有着更多的优越性，其结构较为简单，容易实现连续化自动化生产，投资效益高，操作维修较方便且宜覆贴大幅面板件。

在家具生产中，特别是板式家具生产中，板式零部件有很大的比重，这些零部件一般都是刨花板、中密度纤维板、纤维板、胶合板等素板进行覆贴木质刨切薄木、人造薄膜和浸渍纸等，以提高其装饰性能。该处理有利于利用低品质材和提高木材利用率，降低家具生产成本。

随着家具等木制品生产中各种木质人造板的广泛应用和表面装饰材料加工技术的进步，使各种贴面材料饰面的需求不断增多，各种木制品生产厂家对自动化和智能化机械和工艺的需求也越来越高，连续高效的短周期热压机饰面工艺技术应运而生。其将组坯工序组合到压机生产线中，简化工序同时，组成一条自动循环的生产线。生产线由进料运输机、出料运输机和热压机组成，计算机数字控制系统将热压机和运输机连接起来，自动完成制品的压贴过程。

11.2.2 分类与特点

11.2.2.1 分类

根据短周期贴面压机的应用情况，短周期贴面压机分类方法主要有两种，即根据压机机架结构特征分类和根据压机使用的贴面复合生产工艺分类。

(1) 按机架结构特征分类

机架是短周期贴面压机承受作用力的主要部件，用于支撑油缸、热压板、隔热垫等各基本部件，并在工作时承受压机的总作用力，根据压机的机架结构特征压机分类，可分为型材焊接式(图11-3)和钢板框架组装式(图11-4)两种。

①型材焊接式　该结构采用上、下横梁与立柱焊接，构成一个整体机架。活动横梁通过油缸上、下运动开启闭合，完成加压制作。上热板安于活动横梁上，下热板安装于下横梁上，工件置于两个热板之间。型材焊接式机架整体刚度好，制造工艺简单，经济性较好，市场占有率高。因此型材焊接式是我国行业内目前使用较典型的类型。

②钢板框架组装式　该结构与型材焊接式的区别是机架，其他部分基本相同。钢板框架组装式机架是由厚板切割成的单片整体镂空框架组成。就是将两片或两片以上框架通过焊接或螺栓拼接成的一个受力单元，该结构拆装方便，便于运输。

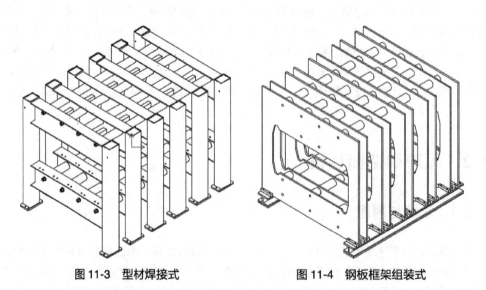

图 11-3　型材焊接式　　　　　图 11-4　钢板框架组装式

(2) 按贴面复合生产工艺分类

贴面复合工艺流程为：备料→涂胶→组坯→压贴→修补。

根据贴面胶合工艺的特点，贴面胶合工艺可分为以下两种：

①冷压贴面工艺 冷压贴面工艺无须加热，有的冷压须在一定的温度下陈放一定时间再进行压制；有的冷压无须陈放，压制时间短，生产效率高，比如常用的 AB 胶生产工艺。

②热压贴面工艺 热压贴面工艺需要热压板达到一定的温度，一般为 100℃，热压时间短，生产效率高。

每种贴面工艺都有各自的优缺点，实际应用中需要根据生产条件和需求，选择不同的生产工艺，短周期贴面压机都可以满足不同工艺的使用要求。

11.2.2.2 主要特点

①贴面压机热压板单位工作压力要求比较低，一般情况下，面压小于 0.5MPa。

②要求热压温度高（或冷压）、时间短，进出料速度快，既能保证工件压贴质量，也能显著提高工作效率。

③工艺参数调整范围较宽，通过调整控制过程，能满足各种贴面生产工艺的要求。

④采用耐高温、耐腐蚀、耐磨损与防粘胶的高性能薄膜，具有性能优良，使用寿命长的优点。

⑤根据不同的压制工件，设备可以进行偏压设置，加压油缸可以分成左、中、右三组，当工件幅面大时，可以三组同时加压，当工件幅面小而不能满铺热压板幅面时，可以根据情况将左或右加压油缸组停止加压，尽可能满足更多规格工件的压制，这样既可以节约能源、节省成本，又可以延长压机使用寿命。

⑥由短周期贴面热压机为主组成的机组可以一次完成组坯、进料与出料的功能。最大限度降低由于人工装料造成面材开缝和重叠的缺陷。短周期贴面压机机组如图 11-5 所示。

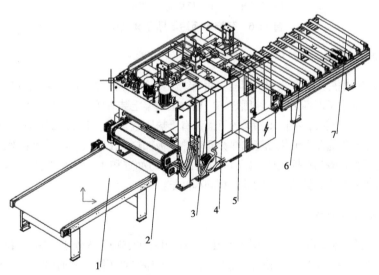

1—组坯皮带运输机；2—驱动辊筒；3—压机；4—下热压板；5—上热压板上限位行程开关；6—出料辊筒；7—光电开关。

图 11-5 短周期压机机组

11.2.3 结构

贴面压机主要用于对各种人造板和木质基材覆贴刨切装饰单板，也可用于其他片状装饰薄膜覆贴加工。

图 11-6 是一种装饰单板短周期覆贴压机的示意图。压机由机架 3、液压系统 1、板坯运送装置 4、蒸汽管 2、上压板 5、下压板 6 和上压板平衡运动机构 7 等组成。

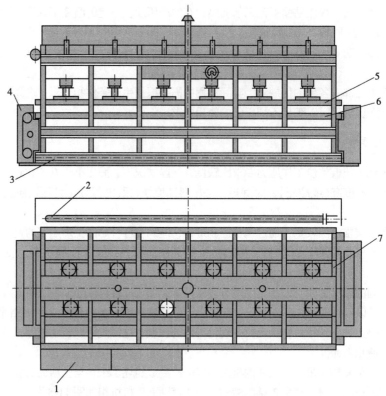

1—液压系统；2—蒸汽管；3—机架；4—板坯运送装置；5—上压板；
6—下压板；7—上压板平衡运动机构。

图 11-6 装饰单板短周期贴面热压机

11.2.3.1 主机结构

机架由厚钢板框片组成，底部用螺栓和两个纵向支承基梁连在一起，便于在基础上安装。机架下梁上面和上横梁下面各装有一块固定热压板，上横梁上装有压力油缸和回程油缸。油缸活塞杆分别与上活动横梁连接，在活动横梁的下面装有上热压板，上、下热压板中加工有一系列互相接通的管道，用于接通蒸汽或热油等加热介质对热压板加热。上热压板与活动横梁之间和下热压板与下横梁之间都有隔热石棉板层。压机有 12 个主压力油缸和 4 个回程油缸，不同的工件幅面和压力要求压机有不同数量的主压力油缸和回程油缸。

11.2.3.2 液压传动系统

图 11-7 是短周期贴面热压机液压系统图。当三位四通换向阀 15 处于中间位置和两位二通阀 4 接通时，回程液压缸 12 接通油箱 11 回油。上热压板靠自重下降，同时带动压力缸柱塞下降，液压油从油箱 11 经充油阀 10 对主压力油缸 9 充油。换向阀 15 处于左位时压力油进入主压力液压缸加压。卸载时，换向阀 15 处于右位，两位二通阀 4 关闭，液压泵控制油打开压力缸的充油阀 10，压力油进入回程液压缸 12，使上热压板和压力缸柱塞上升，压力缸中液压油经充油阀 10 回油箱 11。

11.2.3.3 板料装卸运送机构

板坯运送装置(图 11-8)由电机 7 带动位于压机边部的两根链条 2 运动。两链条上装有相应的夹紧装置 6，并带动四根夹紧运送装置推动聚酯前一个板长的距离，送入压机两块 1.22m×2.44m 的板坯垛。在上热压板 4 和下压板 1 与运送聚酯带之间，各装有一块防静电织物衬带 3 和防静电织物衬带 5。

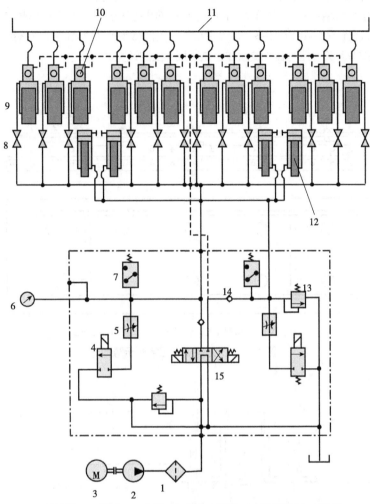

1—滤气器；2—气泵；3—电机；4—两位二通阀；5—节流阀；6—压力表；
7—压力继电器；8—截止阀；9—主压力液压缸；10—充油阀；11—油箱；
12—回程液压缸；13—溢流阀；14—单向阀；15—三位四通换向阀。

图 11-7　短周期贴面热压机液压系统图

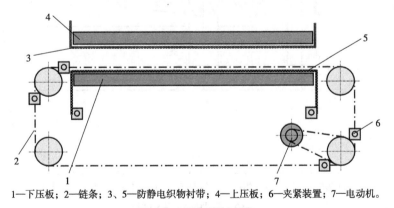

1—下压板；2—链条；3、5—防静电织物衬带；4—上压板；6—夹紧装置；7—电动机。

图 11-8　装卸运输机构

11.2.3.4　压力保护装置

压机热压板受压不均不仅影响产品质量，还会损坏热压板。因此一般设有压力保护装置，其结构示意如图 11-9 所示。

在进行压力保护初调前，必须具备下列条件：①全机必须精确调平，装好电气装置；②清除热压板上的灰尘和污垢；③装好装卸料带和防护带；④热压板加热到最高操作温度。

压力保护装置(图11-10)是由多个均布在框架1上的微型开关2和控制电路组成的，每横排压力缸有两个微型开关。压力保护装置在上热压板3上的调整。

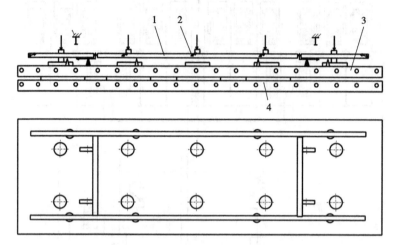

1—框架；2—微型开关；3—上热压板；4—下热压板。

图11-9　压力保护装置结构示意图

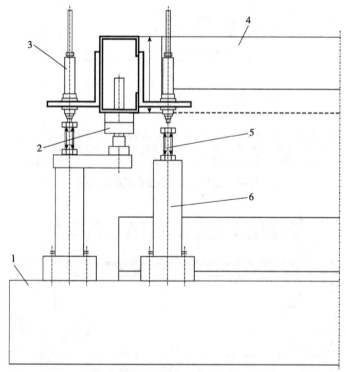

1—上热压板；2—滚花头螺钉；3—微型开关；4—框架；5—螺钉；6—支架。

图11-10　压力保护装置调整图

调节步骤如下：①闭合压机；②转动滚花头螺钉2，调节框架4与上热压板1平行，借滑规检查。支架6应正常支承框架4；③将螺钉5旋入支架6内，将所有微型开关3旋至同一水平面，再使所有调节螺钉5和微型开关间保持0.02mm的间隙；④指示装置或报警装置必须正常工作，电压为220V。

微型开关精度为 0.4mm，重复精度为 0.01mm。所有微型开关装在一个共同框架 4 上，控制上压板的变形，微型开关始终调到加工板料厚度位置。在正常情况下，当压力保护装置框架 4 均匀地支承在支架 6 上时，所有微型开关应关闭。

当压机的加压误差超过允许量或调整错误时，在热压板和框架之间会产生不同的间隙，相应的微型开关会打开而停止工作，这时压机不能升压并立即打开，指示装置指示出错误加压字样。

当热压机完全打开时，框架 4 从其支架 6 上抬起，所有微型开关便打开。如有一个或几个未打开，则压机不能闭合，指示装置指出错误加压字样，在消除调整错误原因后压机才能正常工作。

11.2.3.5 机械同步装置

在单层短周期热压机上，一般都装有机械同步装置，用于提高活动横梁的运动精度和抗偏载的能力。主要结构有齿轮齿条式和连杆式两种（图 11-11）。

图 11-11(a)为齿轮齿条式，在活动横梁 6 的前后均设有一根和活动横梁下平面平行的齿轮轴 4，轴两端固定大小相同的齿轮 3 与固定在机架 1 上的齿条 2 啮合。这样就保证了活动横梁的平行运动。其运动精度取决于齿轮传动精度和轴的刚度。有的压机结构把齿轮轴布置在机架上横梁上，两齿轮固定在活动横梁上，可视具体情况而定。

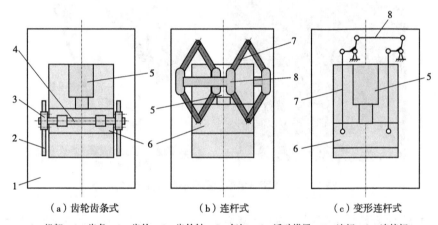

(a) 齿轮齿条式　　(b) 连杆式　　(c) 变形连杆式

1—机架；2—齿条；3—齿轮；4—齿轮轴；5—气缸；6—活动横梁；7—连杆；8—连接杆。

图 11-11　短周期热压机机械同步装置

图 11-11(b)为连杆式同步结构，它是利用两个平行四边形机构保证活动横梁平行移动，每组又各由四根连杆 7 和连接杆 8 构成。这些连杆、连接件和机架上横梁及活动横梁铰接。

图 11-11(c)是(b)同步机构的变形，结构作用原理相同。采用机械同步装置后，活动横梁运动精度大为提高，大大减小了偏载下导轨面上的挤压应力，并改善了应力分布状况。

11.3　真空气垫覆膜压机

真空气垫覆膜压机是使用压缩空气以及真空压力作为压力，将通过接触、对流或辐射加热后的表面装饰膜贴覆在各种表面成型板材上的一种机械设备，表面装饰膜主要以 PVC 膜为主，同时还可以使用天然木皮、皮革、PP、PET 膜等各种材料，主要用于制作家具门板、门扇等，如橱柜、衣柜门板、内室门、门窗的各种套板等，同时可以延伸到汽车内饰产品的表面贴膜，平板电脑保护壳的贴膜，冰箱、空调外壳的贴膜，飞机、高铁、房车的内部装饰等。真空气垫覆膜压机如图 11-12 所示，覆膜加工的产品如图 11-13 所示。

图 11-12 真空气垫覆膜压机外形图

图 11-13 真空气垫覆膜压机覆膜加工的产品

真空气垫覆膜压机是随着家具产品的市场需求，原材料的改进，特别是中密度纤维板在家具产品上的应用，不断改进和发展起来的。而真空气垫覆膜压机技术的不断完善，也促进了家具工艺技术的进步。

中密度纤维板的出现，为家具工业提供了一种可以进行三维立体成型的木质人造板，从而实现了过去难以实现的设计思想。实木和人造板制品几乎都需要进行表面处理，但对三维成型的工件，大多数传统装饰工艺技术并不适用，只有喷漆工艺还可以使用，但也存在问题。由于中密度纤维板在铣削的过程中，其纤维不是被平滑地沿加工表面切断，而是被撕断或剪断，并且被铣刀和切削产生的热熨平在切削面上。一旦从胶黏剂或涂料中获得水分就会重新竖起。对于中密度纤维板工件铣削后产生的这种表面缺陷，要想得到高质量的装饰效果，一般要喷涂并砂磨 5~8 次，这无疑增加了相应的生产成本。另外，涂饰工艺也会使工件的表面造型受到一定的限制。因此生产工艺需要一种方法，既可以减少生产高质量表面的工序，又可以把通过印刷或压花技术的覆面材料包覆在工件表面上，达到理想的装饰效果。

11.3.1 分类

真空气垫覆膜压机分为真空覆膜压机(也叫真空吸塑机)和正负压覆膜压机(也叫正负压吸塑机)。

真空气垫覆膜压机按加热方式不同，也可以分为热水床压机、红外加热薄膜气垫压机、电热毯加热薄膜气垫压机、接触加热和对流加热薄膜气垫压机、无气垫覆膜压机。

①真空覆膜压机　使用真空负压作为设备的动力，真空泵是设备的动力源，同时具有膜材加热系统对装饰膜进行加热，通过真空将装饰膜吸覆在成型板件的表面上定型等。

②正负压覆膜压机　设备的动力源既有真空负压，也有压缩空气的压力，两种压力同时作用覆贴的装饰膜上，配合加热系统对膜和产品进行加热覆贴装饰膜在成型板件的表面上定型，加工出来的产品膜与板件之间黏接力更好，胶合强度更高。

11.3.2　工作原理

如图 11-14 所示，1 为上压板，2 为高弹性的覆膜气垫，3 为覆面薄膜，4 为工件，5 为下热压板。热压时，在覆膜气垫上腔充压，下压板内抽真空，覆膜气垫与覆面薄膜在等压力作用下包覆在工件表面，实现对异型工件的表面覆贴。

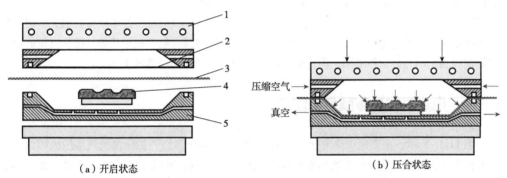

1—上压板；2—覆膜气垫；3—覆面薄膜；4—工件；5—下热压板。

图 11-14　真空覆膜气垫压机的工作原理

11.3.3　红外加热薄膜气垫压机

图 11-15 是红外加热薄膜气垫压机的工作原理图。此种压机上压板 1 可不加热，薄膜气垫装在上压板上，红外加热器 2 装在上压板下，内压框架 3 与薄膜气垫 4 构成一个相当大的密封空间 5，薄膜气垫围绕内压框架由夹紧装置 6 夹紧。这种压机不需要特殊的密封，因为压机开启时，薄膜腔内处于常压状态，内压框架与下密封框架 7 之间的薄膜气垫由液压缸夹紧，并同时起密封的作用。

覆面加工时，将工件 10 型面朝上放在底板 9 上，底板的规格必须比工件小 5~10mm，以便

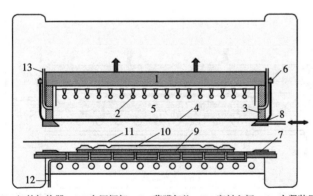

1—上压板；2—红外加热器；3—内压框架；4—薄膜气垫；5—密封空间；6—夹紧装置；7—下密封框架；8—上密封框架；9—底板；10—工件；11—覆面薄膜；12—真空系统；13—压缩空气管道。

图 11-15　红外加热薄膜气垫压机的工作原理示意图

薄膜气垫能把覆面的薄膜紧紧地压在工件的背面边缘。红外加热薄膜气垫压机，其覆面薄膜的塑化成型是在压机闭合后直接与加热薄膜接触实现的，在覆面材料发生变形前，工件与覆面薄膜间的空气由真空系统 12 吸走，以免工件的表面凹陷部分存有气泡而产生缺陷。然后加热的压缩空气经压缩空气管道 13 进入薄膜腔，以使已塑化的覆面薄膜发生变形。

红外加热是一种直接加热方式，在适用范围内其加热温度不受任何限制，但它也存在以下问题：

①加热温度不均 红外加热不能精确地控制热辐射的范围，以使薄膜气垫各部分均匀加热。各点的温度不同对产品的质量和薄膜气垫的寿命都有不利影响。

②热能损失大 在使用红外加热的条件下，为了防止薄膜气垫受到过度的热辐射，上、下压板间的距离必须达到 200~220mm，而用其他方法，根据工件的厚度尺寸其调节范围只需 70~100mm。因此，红外加热所需的加热压缩空气量可能是非红外加热方式的两倍以上。而这些热空气携带的热量随压机的开启和闭合而被释放。另外，由于所用空气的容积大，在薄膜气垫腔内产生和消除压力的时间就要相应地加长，从而延长了热压周期。

③不能进行具有侧凹型面工件的覆贴加工 由于工件上的侧凹部位的形状变化最大，覆面材料由于变形而产生的应力也最大，而此部位正好是照射的盲区，由于热量不足，覆面材料的塑化和胶黏剂的固化不充分，不能阻止因覆面材料的内应力而产生的脱落现象。

11.3.4　电热毯加热薄膜气垫压机

如图 11-16 所示，电热毯加热薄膜气垫压机的结构基本上与红外加热薄膜气垫压机相同，覆贴工艺程序很大程度上也与红外加热薄膜气垫压机相同，不同的仅是薄膜气垫上方的加热元件是柔性电热毯 2，热量直接传给薄膜气垫 4，薄膜气垫受热更均匀。

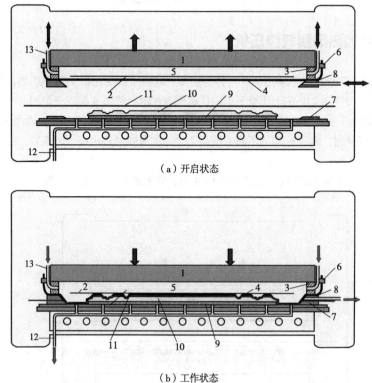

（a）开启状态

（b）工作状态

1—上压板；2—电热毯；3—内压框架；4—薄膜气垫；5—薄膜气垫腔；6—气垫夹紧装置；7—下密封框架；8—多功能框；9—垫板；10—工件；11—覆面薄膜；12—真空管路；13—压缩空气管道。

图 11-16　电阻加热的薄膜气垫压机

与红外加热薄膜气垫压机相比，该结构的压机具有以下优点：

①内压框架的高度可降低50%，减少了压缩空气的耗量以及加空气所耗的能量。

②柔性电热毯的温度可以快速灵敏地调节。

③加热均匀，不存在局部过热现象，可以相对延长薄膜的寿命。

④快速装卸，用于平面或型面覆贴加工比较方便。

电热毯薄膜气垫压机的一个致命弱点是气垫对型材表面凹陷部分和垂直边，特别是侧凹部位的加热覆贴效果不好。电热毯的柔性明显低于薄膜气垫，加热层只是轻轻地压在气垫上，不能与薄膜气垫的变形同步，由于接触不够，在加热层与气垫之间的某些部位，传热不好，而这些部位的胶合强度对覆贴质量的影响是至关重要的。

11.3.5 接触加热和对流加热薄膜气垫压机

接触加热和对流加热薄膜气垫压机的工作原理如图11-17所示。图11-17(a)为开启状态的压机，循环空气管路13吸气，形成负压真空后，使薄膜气垫紧贴在上热压板1上，并得到加热。

图11-17(b)表示进料后处于闭合状态的压机，薄膜气垫腔5的真空状态已经消除，并已按要求吹入空气，使薄膜气垫4下降到中间位置，通过多功能框的真空管使热塑性覆面薄膜11附在薄膜气垫上，由薄膜气垫加热使其塑化。这时的薄膜位置是非常重要的，一方面要使覆面薄膜与冷工件保持非接触状态，因为接触会发生热传导，从而使覆面薄膜不能均匀地完成塑化过程；另一方面又不能使覆面材料离工件太远，否则会产生双向延伸，在随后的加压过程中，会使覆面

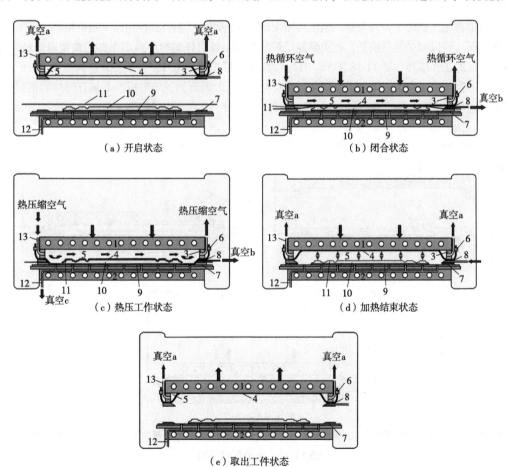

1—上热压板；2—下热压板；3—内压框架；4—薄膜气垫；5—薄膜气垫腔；6—薄膜气垫夹紧和张紧装置；
7—下密封框；8—多功能框；9—工件垫板；10—工件；11—覆面薄膜；12—覆贴真空管路；13—循环空气管路。

图 11-17　接触加热和对流加热薄膜气垫压机

薄膜产生皱折，从而产生废品。由于薄膜气垫的热含量是有限的，所以，在塑化阶段要通过循环空气管路 13 使常压热空气处于循环状态，以便为薄膜气垫补充热量。

图 11-17(c)是压机的热压工作状态，此时薄膜气垫腔 5 中循环的是经电加热器加热的压缩空气，对薄膜气垫施加所需的变形压力，并不断供给薄膜气垫热量，充足的热量补充既保证了胶黏剂的充分固化，也可保证最短的热压周期。

图 11-17(d)和(e)分别为压机工作结束状态和取出工件状态。

由于此种压机是通过压缩空气不断对被加工件进行加热的，所以很容易覆贴形状复杂的工件，如凹陷度较大、垂直边、侧凹部位等。为了避免在工件与覆面材料之间产生气泡，要在加压之前，通过覆贴真空管路 12 吸走工件与覆面薄膜之间的空气。

压机开启前，多功能架起着特别重要的作用。在热压过程中，由于压力和加热的作用，在薄膜气垫与覆面薄膜之间产生了很强的附着力。另外，由于使用的胶黏剂是热塑性胶黏剂，其最终形成网状结构，完全固化需很长时间。如果此时立即开启压机，提升薄膜气垫，覆面薄膜与工件之间胶层因尚未固化，强度不足，难以承受这种瞬间的压力释放而剥离。此时多功能架上的管道系统即可发挥其作用，在覆面薄膜与薄膜气垫之间吹入冷却压缩空气使其彼此分离，同时保持一定时间的压力，让胶层的温度降低，胶合强度增强。还可以缩短热压时间。一个热压周期结束，真空装置再次将薄膜气垫吸起在上热压板上加热。覆面工件由进出料装置送出送入，新的热压周期开始。

11.3.6 无垫覆贴压机

无垫覆贴压机的主要特点是用热塑性覆面薄膜代替薄膜气垫。这样可以节省价格昂贵的薄膜气垫，而且可以减少热量损失，更重要的是较薄的薄膜能更好地覆盖展示工件的细微表面轮廓。这种压机的工作原理如图 11-18 所示。其结构组成包括上加热板 1，其上装有密封框架 2，框架上有管道系统 3，通过它可进行薄膜的上压腔 4 中的压力调节，下加热板 5 上装有同样的密封框架 6，框架上有管道系统 7，通过此框架可进行工件背腔 10 内压力的调节。

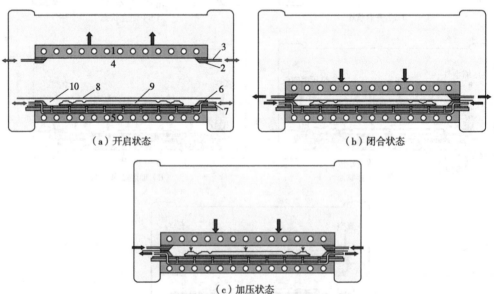

1—上加热板；2、6—密封框架；3、7—管道系统；4—上压腔；5—下加热板；8—覆面薄膜；9—工件；10—工件背腔。

图 11-18 无垫覆贴压机

工件 9 被送入压机后，热塑性覆面薄膜 8 在上加热板下压后被夹紧在上下框架之间，然后在薄膜的上压腔减压，工件背腔升压，以便将冷的覆面薄膜呈平面状地推向上加热板，对薄膜进行加热塑化。覆面薄膜完全塑化后，进行压力的转换，也就是薄膜的上压腔由真空状态转为加压状态，工件背腔由加压状态转为真空状态，使已加热的覆面薄膜热塑成型，避免在工件的凹陷部位形成气泡。下面真空，上面加压，结果是使覆面材料覆贴在工件的型面上，并可呈现工件所有的细微轮廓。

与其他结构形式的薄膜气垫压机相比，无垫覆贴压机主要存在以下问题：

①材料较薄　可以充分呈现成型工件的细微轮廓，是无垫覆贴压机的优点，同时也是它的一大弱点，因为这样也就无法避免使由于基材本身和工艺加工中产生的缺陷呈现出来。

②覆面薄膜易发生破裂　在加工中发生薄膜破裂就意味着真空系统和加压系统工作失灵，从而产生废品。产生破裂的原因主要是上加热板的热含量不足，以致不能将覆面薄膜的热塑性保持到它与工件表面凹陷深处接触为止。因此这类压机热量的补充是至关重要的。

③覆面薄膜发皱　这是由于覆面薄膜吸向上加热板进行塑化过程中覆面材料发生了双向拉伸。

11.3.7　正负压覆膜机

11.3.7.1　主要用途和功能

正负压覆膜机的工作台在压机的两侧，工作台内径长 3m。可进行 PVC、热转印及单面木单板在橱柜门板、衣柜门板、内室门等产品表面的立体贴饰，一次可以贴覆板件的 5 个面。

11.3.7.2　组成结构

正负压覆膜压机主要由机架及平衡装置、加热及控制部分、液压系统、真空系统、压缩空气系统等组成。

11.3.7.3　性能及主要参数

(1) 模式选择

真空气垫覆膜压机模式分为一次充压、二次充压、覆贴木单板模式、膜压模式四种。只有在手动状态下，才可以进行选择模式，自动运行时不能转换模式。真空气垫覆膜压机包含四种工作模式：

①哑光模式　加热时，通过硅胶膜将热量传递给 PVC 膜，抽取 PVC 膜和硅胶膜中间的空气，但硅胶膜不参与吸塑膜压，正压压缩空气在硅胶膜与 PVC 膜中间施加，PVC 膜单独被贴覆到产品表面，不消耗硅胶膜。一般门板类板件轮廓形状相对简单，PVC 膜质量较好的情况下，使用哑光模式为佳。

②高光模式　制作高光门板时使用的模式，硅胶膜始终在加热板上吸附着，高光 PVC 膜通过空气和热辐射进行加热，加热完毕后，正压压缩空气在硅胶膜与 PVC 膜中间施加，PVC 膜单独被贴覆到产品表面。不消耗硅胶膜。

③膜压模式　加热时，通过硅胶膜将热量传递给 PVC 膜，抽取 PVC 膜和硅胶膜中间的空气，加热完毕，从硅胶膜上部施加一个较小的压力，硅胶膜和 PVC 膜一起被贴覆到门板表面，定型后，释放硅胶膜上部的正压压力，二次从硅胶膜与 PVC 膜中间施加较大的压力，从而定型 PVC 膜。消耗和使用硅胶膜。一般门板类板件轮廓形状相对复杂，对到位程度要求较高，且 PVC 膜质量一般，优先使用膜压模式。

④木单板模式　主要是用于产品表面贴覆木单板的产品，亦可用于"补单"制作单件的产品。此模式对硅胶膜的损耗较大。

(2) 温度设定

温度设定为 60℃，压制高光 PVC 覆贴表面时下压板开启温度，夏季根据室温，一般不超过 50℃，春、秋、冬季下压板开启温度设定为 55℃。上压板温度根据选用的模式和 PVC 设定，选择亚光 PVC 时，设定温度为 135℃。选择高光 PVC 时，设定温度为 100℃。覆贴木单板时，设定温度为 120℃。

(3) 压力设定

正负压覆膜压机正压压力最高可以设定 0.6MPa，不能超负荷使用。

(4) 手动操作

手动操作一般为预热工作台时使用，选择吸覆按钮，气垫薄膜硅胶膜开始吸覆加热。工作台高速进台、低速进台、停止进台，工作台开始上升，硅胶膜自动落下，液压系统加压，均为手动操作。液压压力已到设定压力，液压系统自动停止。

(5) 自动操作

自动操作为首先选择模式，设定所有的参数，设定压力，按吸覆按钮，预热硅胶膜，5min以后左台启动或右台启动，机器按照设定的参数自动运行，工作结束后自动出台。

11.3.8 国产真空气垫覆膜压机技术参数

①外型尺寸为 10030mm×2230mm×2150mm；

②工作台尺寸为 3000mm×1320mm(内径)，加工工件最大长度 2850mm；

③最大加工高度为 50mm；

④额定工作压力中正压≤0.6MPa，负压≥-0.095MPa；

⑤电加热板总功率为 39.2kW(上加热铝板 30kW，真空泵 2.2kW，液压系统 5.5kW，工作台 1.5kW)。

第12章
磨削与磨削机械

- 12.1 磨削分类
- 12.2 带式砂光机
- 12.3 异形砂光机

磨削是木材切削及家具加工中非常重要的工序之一。磨削通过去除工件表层的一层材料，来消除前道工序在木制品表面留下的波纹、毛刺、沟痕等缺陷，使零部件表面获得必要的表面粗糙度，同时还可以达到一定的厚度尺寸要求和厚度均匀性，为后续的油漆、胶合、贴面、装配、组坯等工序建立良好的基面。木质材料磨削中所用刀具为砂带、砂纸或砂轮等，其中砂带和砂纸应用最为广泛。

由于砂纸和砂带所用基材和胶黏剂具有一定弹性，磨粒在磨具上的排布无序且不等高（单个磨粒的去除量不同），以及木质材料的非均一性和弹性特征，以至于磨削去除量和表面粗糙度不能精确控制，因此，木质材料磨削可认为是一种"模糊"的切削加工工艺。

磨削加工在家具加工工业中常用于以下几方面：①工件定厚尺寸校准磨削。主要用在刨花板、中密度纤维板、硅酸钙板等人造板的定厚尺寸校准。②工件表面精光磨削。用于降低工件表面经定厚粗磨或铣、刨加工后形成的较大表面粗糙度，获得更光洁的表面。③表面装饰加工。在某些装饰板的背面进行"拉毛"加工，获得所要求的表面粗糙度，以满足胶合工艺的要求。④工件油漆膜的精磨。对漆膜进行精磨、抛光，获取镜面柔光的效果。

相较于锯、铣等木材切削加工形式，磨削具有以下显著优势：①磨削时绝大多数磨粒呈负前角切削，木材表面不易产生超前劈裂等加工缺陷；②砂带磨削具有"弹性磨削"的特点，易实现自适应加工；③磨具成本显著低于锯片、铣刀等，且更换方便；④磨削过程相对安全，噪声污染小，粉尘易收集；⑤切削刃短，磨削时多个磨粒共同参与切削，切削加工表面质量好。加之大功率砂光机、高精度宽带砂光机、异形砂光机发展迅速，为大幅面人造板、胶合成材、拼板和异形曲面的定厚尺寸校准及表面精加工提供了理想设备，因此，磨削的应用前景非常广阔。

12.1 磨削分类

木质材料磨削所用的磨具绝大多数是砂布、砂纸和砂轮。按磨具形状不同，磨削可分为以下几种。

12.1.1 盘式磨削

盘式磨削利用表面贴有砂纸（布）的旋转圆盘磨削工件。盘式磨削分为立式、卧式和可移动式三种（图12-1）。

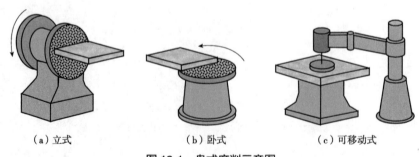

(a) 立式　　　　　　(b) 卧式　　　　　　(c) 可移动式

图 12-1　盘式磨削示意图

盘式磨削可用于零部件表面的平面磨削或角磨箱子、框架等。这种方式结构简单，但因磨盘不同直径上各点的圆周速度不同，所以零部件表面会受到不均匀的磨削，砂纸（布）也会产生不同程度的磨损。磨盘除绕本身轴线旋转外，还可平面移动，以磨削较大的平面，如图12-1中的可移动式磨削。

12.1.2 带式磨削

由一条封闭无端的砂带,绕在带轮上对工件进行磨削。按砂带的宽度,分为窄带磨削和宽带磨削。窄砂带可用于平面磨削、曲面磨削和成型面磨削,如图12-2(a)~(d)所示;宽砂带则用于大平面磨削,如图12-2(e)所示。带式磨削因砂带长,散热条件好,故不仅能精磨,亦能粗磨。通常,粗磨时采用接触辊式磨削方式,允许磨削层厚度较大;精磨时采用压垫式磨削方式,允许磨削层厚度较小。

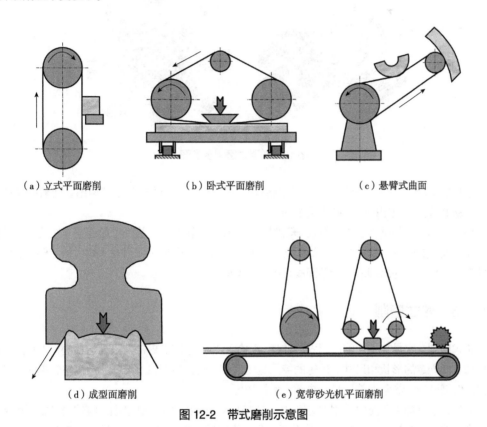

(a)立式平面磨削　　(b)卧式平面磨削　　(c)悬臂式曲面

(d)成型面磨削　　(e)宽带砂光机平面磨削

图 12-2　带式磨削示意图

12.1.3 辊式磨削

辊式磨削分为单辊式磨削和多辊式磨削两种。单辊磨削用于平面加工和曲面加工,如图12-3(a)所示;多辊磨削用于磨削拼板、框架以及人造板等较大幅面工件,如图12-3(b)所示。磨削时,磨削辊除了做旋转运动外,还需做轴向振动,以提高加工质量。

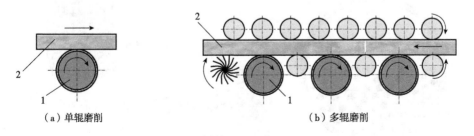

(a)单辊磨削　　(b)多辊磨削

1—磨削辊;2—工件。

图 12-3　辊式磨削示意图

12.1.4 刷式磨削

刷式磨削适合于磨削具有复杂型面的成型零部件。磨刷上的毛束装成几列(图 12-4)。当磨刷头旋转时,零部件靠紧磨刷头。由于毛束是弹性体,故能产生一定的压力,使砂带紧贴在工件上,从而磨削复杂的成型表面。

图 12-4　刷式磨削示意图

一种刷式磨削是切成条状的砂带绕在磨刷头的内筒上,通过外筒的槽伸出。随着砂带的磨损,可从磨刷头内拉出砂带,截去磨损的部分。

另一种刷式磨削是将砂带条粘在一薄圆环上,在做旋转运动的滚筒上叠压若干个这样的薄圆环,在滚筒做旋转运动的同时,滚筒还要在轴向上做振动,砂带条即可对木质材料工件的表面进行磨削。此种形式的磨削适合于平面成型板件的磨削加工。

12.1.5 轮式磨削

轮式磨削在家具加工中的应用发展较晚。砂轮可用于木制品零部件表面的精磨,亦可用于将毛坯加工成规定的形状和尺寸。砂轮的特点是使用寿命长,使用成本低,制造简单,更换比砂带方便。但因砂轮散热条件差,易发热而使木材烧灼。

此外,家具加工工业中应用的磨削加工方式还有滚辗磨削和喷砂磨削。滚辗磨削主要用于木质小零部件的精磨加工,如螺钉旋具手柄、短小的圆榫、雪糕棒等。此法是将磨料(浮石)、木质零部件一起放入一个可转动的大圆筒内(圆筒转速为 20~30r/min),靠圆筒的转动和同时产生的纵向振动,使零部件得到充分的辗磨,如图 12-5 所示。

喷砂磨削用于砂磨压花的刨花板表面和实木雕刻工件的表面。喷砂利用高压空气把磨粒喷到工件表面,如图 12-6 所示。其磨削效率和质量受空气压力、喷嘴形状、喷射角度和磨粒种类等因素的影响。

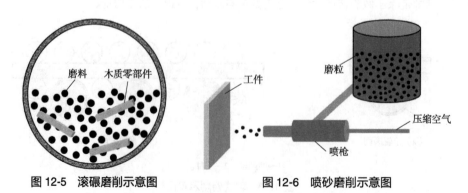

图 12-5　滚碾磨削示意图　　图 12-6　喷砂磨削示意图

12.2 带式砂光机

木制品加工工艺中,砂光的功能和作用有以下两个方面:一是进行精确的几何尺寸加工。即对人造板和各种实木板材进行定厚尺寸加工,使基材厚度尺寸误差减小到最低限度。二是对木制品零部件的装饰表面进行修整加工,以获得平整光洁的装饰面和最佳装饰效果。前者一般采用定厚磨削加工方式,后者一般采用定量磨削加工方式。

按照木制品生产工艺的特点和要求,以及成品的使用要求,确定加工工艺中使用何种磨削加工方式。定厚磨削加工方式一般用于基材的准备工段,是对原材料厚度尺寸误差进行精确有效的校正。定量磨削加工方式主要是对已经装饰加工的表面进行精加工,以提高其表面质量。从加工的效果上看,定厚磨削的加工用量较大,磨削层较厚,加工后表面粗糙度较大,但其获得的厚度尺寸精确。定量磨削的加工用量很小,磨削层较薄,加工后被加工工件表面粗糙度较小,但板材的厚度尺寸不能被精确校准。

定量磨削加工方式由于所用的压垫结构形式不同,其适用的范围以及所能达到的加工精度亦不同。整体压垫适用于厚度尺寸误差较小的工件加工,分段压垫适用于厚度尺寸误差较大的工件加工。无论是整体压垫、分段压垫还是气囊式压垫,其工作原理都是由压垫对砂带施加一定的压力,在此压力的控制下,砂带在预定的范围内对工件进行磨削加工。在整个磨削过程中,磨削用量相等或接近相等,达到等磨削量磨削。定量磨削压垫对砂带的作用面积大、单位压力小,在去掉工件表面加工缺陷和不平度的同时,磨料在工件表面留下的磨削痕迹小,因此被加工表面光洁平整。另外,数控智能化分段压垫通过控制压力的变化,还可以消除工件前后和棱边区在磨削加工时产生的包边、倒棱现象。常见的砂光机生产线如图12-7所示。

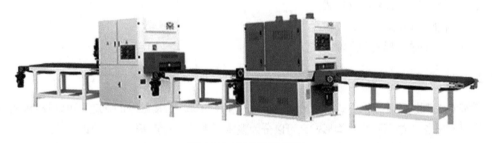

图12-7 砂光机生产线

12.2.1 窄带砂光机

带式砂光机的磨削机构是无端的砂带套装在2~4个带轮上,其中一个为主动轮,其余为张紧轮、导向轮等。窄带式砂光机砂光大幅面板材表面时,在进给板材的同时须同时移动压带器(图12-8),其进给速度受到压带器移动速度的限制,故生产率较低,仅适用于对工件的表面精磨。

12.2.2 宽带砂光机

宽带砂光机是木质材料加工中使用最为广泛的一种磨削机械,常用于大幅面工件的定厚加工和表面抛光。

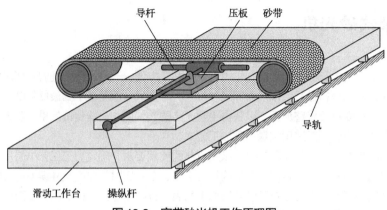

图 12-8 窄带砂光机工作原理图

12.2.2.1 技术参数

技术参数是选择宽带砂光机的依据，是制订磨削加工工艺、确定工艺参数的基础。一般情况下选用宽带砂光机时，应主要依据宽带砂光机以下几个技术参数及结构形式：

①加工工件的最大宽度是宽带砂光机的主参数，也是决定砂光机生产能力的主参数。
②工件的厚度尺寸范围包括加工工件的最大厚度尺寸和最小厚度尺寸。
③砂带的长度和宽度尺寸。
④接触辊直径和接触辊硬度。
⑤压垫的宽度尺寸和材料硬度。
⑥砂带的磨削速度和配备的电机功率。
⑦砂架的结构形式和组合形式。
⑧进料速度和调速方式。
⑨工作台的结构形式和升降方式。

12.2.2.2 分类

宽带砂光架按砂架结构形式可以分为接触辊式和压垫式。按接触辊的硬度又可以分为软辊和硬辊。压垫式按压垫不同的结构形式又可以分为整体压垫式、气囊压垫式和分段压垫式。

宽带砂光机按砂架布置形式的不同，可以分为单面上砂架、单面下砂架和上下双面对砂式等形式。

宽带砂光机按砂光机上砂架数量的不同，可以分为单砂架、双砂架和多砂架等形式。

宽带砂光机按砂架相对工件的磨削的方向，可以分为纵向磨削式和纵横磨削式两种形式。

12.2.2.3 结构原理

宽带砂光机的砂带宽度大于工件的宽度，一般砂带宽度为 630~2250mm，因此对板材的平面砂磨，只需工件做进给运动即可，且允许有较高的进给速度，故生产率高。此外，宽带砂光机的砂带比辊式砂光机的砂带要长得多，因此砂带易于冷却，且砂带上磨粒之间的空隙不易被磨屑堵塞，故宽带砂光机的磨削用量可比辊式砂光机大；辊式砂光机磨削板材时，一般情况下，磨削每次的最大磨削量为 0.5mm，而宽带砂光机每次最大磨削量可达 1.27mm。辊式砂光机进料速度一般为 6~30m/min，而宽带砂光机为 18~60m/min。宽带砂光机砂带的使用寿命长，砂带更换较方便、省时。由于上述种种优点，在平面磨削中，宽带砂光机几乎替代了其他结构形式的砂光机，在现代木材工业和家具生产中，用于板件大幅面的磨削加工，尤其是家具工业中用于对刨花板、中密度纤维板基材的表面磨削。

(1) 砂架结构种类

①接触辊式砂架(图 12-9) 砂带张紧于上下两个辊筒上,其中一个辊筒压紧工件进行磨削。由于靠辊筒压紧工件接触面小,单位压力大,故多用于粗磨或定厚砂磨。接触辊为钢制,表面常有螺旋槽沟或人字形槽沟,以利于散热及疏通砂带内表面粉尘,有的接触辊表面包覆一层一定硬度的橡胶,粗磨时橡胶硬度选 70~90 邵尔;精磨选 30~50 邵尔。

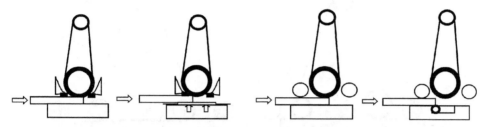

图 12-9　四种接触辊式砂架的工作原理图

②砂光垫式砂架(图 12-10) 工作时砂光垫(压板)紧贴砂带压紧工件进行磨削。这类砂架接触面积大、单位压力小,故多用于精磨或半精磨。砂光垫通常有标准弹性式、气体悬浮式和分段电子控制式三种。标准弹性式最简单,它由铝合金做基体,外覆一层橡胶或毛毡,最外包一层石墨布。后两种形式砂光垫更能适应工件厚度的大误差,但成本高,技术复杂。

分段压垫式砂架的结构原理如图 12-11 所示,其压垫工作原理如图 12-12 所示。

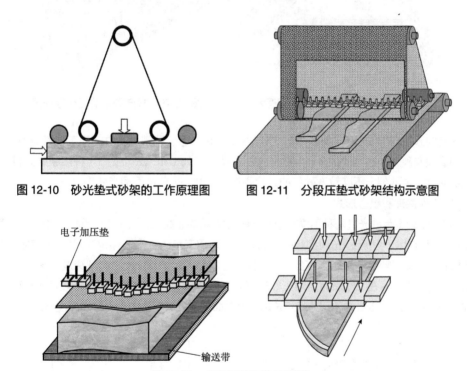

图 12-10　砂光垫式砂架的工作原理图　　图 12-11　分段压垫式砂架结构示意图

图 12-12　分段压垫工作原理图

③组合式砂架(图 12-13) 它是接触辊式砂架和压垫式砂架的组合,同时具有两种砂架的功能或配合使用的功能,经调整可实现三种工作状态,一是砂光垫和导向辊不与工件接触,只靠接触辊压紧工件磨削;二是使接触辊和砂光垫同时压紧工件磨削,接触辊起粗磨作用,砂光垫起精磨作用;三是只让砂光垫压紧工件磨削。组合式砂架较灵活,适合单砂架砂光机,也可与其他砂架组成多砂架砂光机。

④压带式砂架(图 12-14) 砂带由三个辊筒张紧成三角形,内装有两个或三个辊张紧的毡

带，压垫压在毡带内侧，通过压带来压紧砂带。砂带和毡带以相同的速度、同方向运行，砂带与毡带之间无相对滑动，故可采用高的磨削速度，减少压垫与砂带之间的摩擦生热。此外，这种砂架磨削区域的接触面积要比压垫式砂架大，所以它适用于对板件表面进行超精加工。压带式砂架的结构原理如图 12-15 所示。

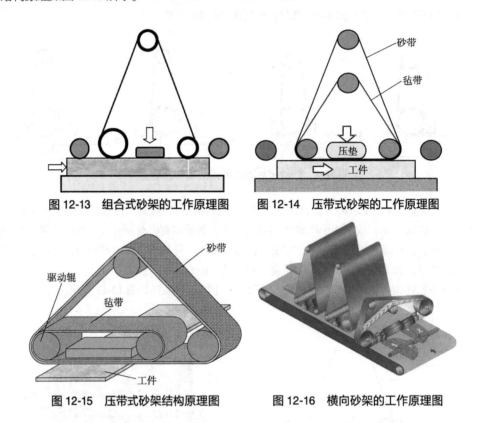

图 12-13 组合式砂架的工作原理图　　图 12-14 压带式砂架的工作原理图

图 12-15 压带式砂架结构原理图　　图 12-16 横向砂架的工作原理图

⑤横向砂架（图 12-16）　将砂光垫式砂架转动 90°布置，砂带运动方向与工件进给方向垂直，即可构成横向砂架。这类砂架多与其他砂架配合使用，如 DMC 公司生产一种漆膜砂光机。这种砂光机通过四个砂架上不同粒度砂带的过渡和重复砂磨，可获镜面磨光效果。

(2) 工作原理和组合形式

图 12-17 为宽带砂光机两种不同压带机构的工作原理简图。图 12-17(a) 为利用接触辊压紧砂带于工件表面而对工件进行砂光的接触辊式磨削，一般用于粗砂，作板件定厚尺寸的精确校准。这种结构砂架的加工特点是磨削接触面积小、磨削压力大，适宜于较大的磨削深度。图 12-17(b) 为利用压垫将砂带压紧在工件表面而对工件进行表面修整砂光的压垫式磨削，一般用于精砂，提高板件表面质量。这种压垫式砂架的特点是磨削接触面积大、磨削压力小、磨削深度不大。

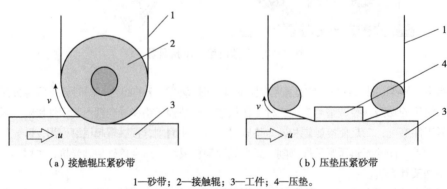

(a) 接触辊压紧砂带　　(b) 压垫压紧砂带

1—砂带；2—接触辊；3—工件；4—压垫。

图 12-17 宽带砂光机工作原理图

按加工对象的要求不同，可用接触辊式砂架和压垫式砂架组合成各种不同类型的砂光机（图 12-18）。其中，图 12-18(a)是由接触辊式砂架和压垫式砂架组合而成的双砂架宽带砂光机。工艺加工方面，第一个砂架主要用于定厚尺寸校准，第二个砂架主要用于表面修整。图 12-18(b)是由两个压垫式砂架组合而成的双砂架宽带砂光机，它适用于板件表面修整性精砂，适用于对涂过腻子或底漆的板材进行砂光。图 12-18(c)是由三个接触辊式砂架组合而成的三砂架宽带砂光机。三个砂架接触辊的硬度及其使用砂带的粒度号各不相同。第一个砂架用于大磨削用量的磨削，起定厚尺寸精确校准作用，采用钢制辊筒或表面包覆硬度为 70~90 邵尔的硬橡胶，粒度号为 24~120 号的砂带。第二个砂架用于半粗磨，采用包覆橡胶的接触辊，其硬度约为 55 邵尔，砂带粒度号可选用 60~150 号。第三个砂架用于精磨，其辊筒表面包覆橡胶的硬度为 35~55 邵尔，砂带粒度号可选用 150~240 号，对于精砂底漆还可选用更细的砂带。接触辊式砂架精砂效果不如压垫式砂架，因此，图 12-18(d)所示的形式比(c)所示的形式应用得更普遍，它是由两个接触辊式砂架和一个压垫式砂架组成三砂架宽带砂光机；图 12-18(e)是由一个接触辊式砂架和两个压垫式砂架组成的三砂架宽带砂光机，这种组合型砂光机加工的板件表面粗糙度比使用图 12-18(d)所示的砂光机加工的板件表面粗糙度低，但磨削量比图 12-18(d)所示的砂光机小；图 12-18(f)是由三个压垫式砂架组成的三砂架宽带砂光机，特别适用于磨削量不大，而表面质量要求特别高的精砂。

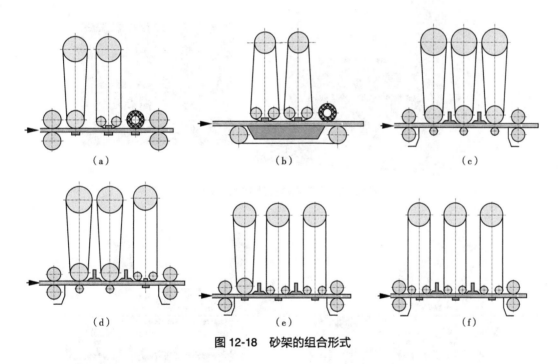

图 12-18 砂架的组合形式

12.2.3 单面宽带砂光机

12.2.3.1 分类与结构

根据用途、工况条件的不同，单面宽带砂光机也有很多结构上的差别。单面宽带砂光机按单机拥有砂架数量的不同，可分为单砂架、双砂架和多砂架宽带砂光机，常用的为双砂架（图 12-19）和三砂架（图 12-20）两种机型。

单面宽带砂光机的送料进给方式有两种，分别是通过式送料和往复式送料。往复式送料进给方式（图 12-21），主要用于金属材料的平面度或等厚度精度要求较高的磨削加工。木制品磨削加工常用的进给方式是通过式，即待磨板件从机器的进料端口送入，经过砂架实现表面磨削,从出料端口走出后即完成了磨削加工。通过式送料方式包含辊式输送(图12-22)和带式输送(图12-19、图12-20)。

图 12-19　履带进料双砂架宽带砂光机

图 12-20　履带进料三砂架宽带砂光机

 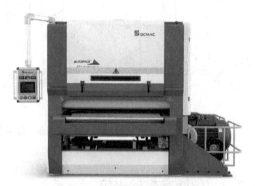

图 12-21　往复式送料进给的宽带砂光机　　图 12-22　辊筒进料宽带砂光机

根据结构功能的区分,单面宽带砂光机还有上砂式(图12-23)和下砂式(图12-24)两种。待磨板件通过机器后,获得的加工表面是上面的机型即上砂式结构,如果获得的加工表面在下面,则机型就是下砂式结构。

加工不同厚度工件时,机器厚度开档量调整方式的不同,单面上砂式宽带砂光机又可分为机体砂架升降式(图12-23)和工作台升降式两种不同的结构。

单面宽带砂光机的基本结构组成如图12-25所示,图12-25(a)为单面宽带砂光机外观照片,图12-25(b)为单面宽带砂光机的结构示意图。单面宽带砂光机由下列主要部分组成:对工件上表面进行磨削加工的砂架1、砂架2与规尺10~12,砂架分别由电机6和电机7带动。砂架3由张紧辊4张紧,其张紧力可通过改变压缩空气压力调节。工作时砂带由接触辊1和压垫5压到工件表面上对工件进行砂光。工件在工作台8上,由进料主驱动辊15带动循环运行的进料输送带9实现进给运动。当工作台调好高度或处于浮动状态时,工件被压辊与规尺10~12压紧,按照接触辊与工作台间的开档距离来限定加工余量的大小。工作台支撑在四个升降支柱上,利用电机13或手轮来调节工作台的高度,被磨掉的粉屑经集尘罩14被外接除尘管送走。

图12-23 机体升降上砂式双砂架宽带砂光机

图12-24 下砂式双砂架宽带砂光机

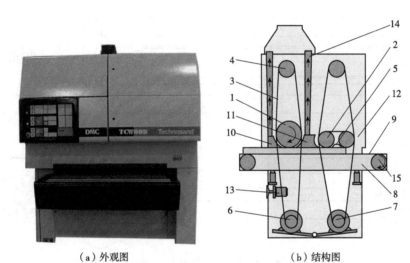

(a) 外观图　　　(b) 结构图

1、2—砂架；3—砂带；4—张紧辊；5—压垫；6、7、13—电动机；8—工作台；9—进料运输带；
10、11、12—规尺；14—除尘管；15—进料驱动辊。

图12-25 宽带砂光机示意图

12.2.3.2 砂架

砂架是用于安装砂带并带动砂带运行实现磨削加工的主要功能系统,实现不同功能和用途的磨削时,所需砂架的结构组成也有所不同。宽带砂光机常用的砂架结构有三种,分别是接触辊式砂架、压垫式砂架及接触辊加压垫组合的砂架,还有一种窄带式横向砂架,可与以上三种砂架形式不同地组合,制作成特殊功能用途的砂光机。

(1) 接触辊式砂架

接触辊式砂架多用于定厚重磨削加工,是定厚砂光机型的结构特点之一。接触辊式砂架如图12-26、图12-27所示。

接触辊砂架有一种基本结构形式和两种接触辊安装支撑方式,因接触辊直径尺寸、表面材料硬度及表面螺旋槽结构上有差别,其功能和用途不同,同时砂带所需张紧力和驱动力也不同。

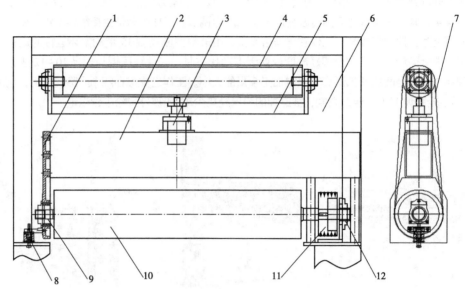

1—托板；2—主梁；3—张紧气缸；4—张紧辊；5—张紧梁；6—砂带对中装置；7—砂带
8—锁紧支撑；9—轴承；10—轴承式接触辊；11—三角带轮；12—轴承。

图 12-26　接触辊式砂架结构（轴头支撑式）

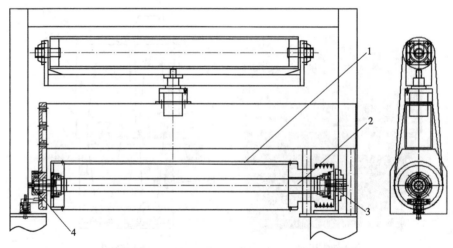

1—芯轴接触辊；2—偏心芯轴；3—支撑座；4—蜗轴可调支撑座。

图 12-27　接触辊式砂架结构（芯轴支撑式）

接触辊的表面硬度和螺旋槽结构，基本决定了接触辊磨削过程中的切削状态。钢辊或 80 邵尔以上硬度橡胶表面包覆辊，由于接触辊表面硬度高，砂带在工件表面接触磨削时，磨削区砂带和工件表面发生了较小的弹性接触变形，辊面自身几乎无变形。在磨削去除量一定时，磨削区的磨削接触面积就相对小，如图 12-28 所示。此时，如果通过改变接触辊表面结构，使接触区实际有效接触面积较空间几何接触面减小，磨削区接触辊与工件表面间的实际接触压力就会增大，磨料在接触区切入工件表面的深度也就会增加，根据磨削原理，此时磨料颗粒在经历的四个切削过程中，形成有效切削的"耕犁"和"切削"过程所占比例最高，也就是磨削切除效率最高，这正是定厚磨削加工所需的效果。

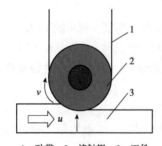

1—砂带；2—接触辊；3—工件。

图 12-28　钢接触辊磨削示意图

接触辊的表面一般采用多头螺旋式开槽结构，接触辊表面螺旋槽结构的作用：一是可以减少磨削接触区封闭式切削的排屑时间,从而降低磨削热的产生;二是起排风卸压作用,防止砂带与接触辊间切入部位在接触辊与砂带之间产生高压气垫,而降低接触辊与砂带之间摩擦力;三是螺旋槽在排风的同时可以为接触辊表面和砂带背面起到强制散热作用。

软胶面接触辊由于表面硬度低,接触辊通过砂带与工件表面接触磨削时,即使接触压力较小,但在磨削接触区,胶面也会发生变形,使实际磨削接触面积变大,如图 12-28 所示。这种情况下,整个磨削区的压力就会变小,经过磨削区的每个磨料颗粒能够切入工件表面的深度也就减小了,也就是说磨料颗粒在接触区经历的四个切削过程中,形成有效切削部分,即"耕犁"和"切削"的比例会随着接触辊胶面硬度的降低而减小,而滑擦和挤压作用会随着接触辊胶面硬度的降低而增加。

磨削加工过程复杂,磨料在磨削区经历挤压、滑擦、耕犁、切削的四个过程所占比例与接触辊表面硬度、辊面螺旋槽的槽面积比、砂带速度、砂带目数、磨料形状、接触辊直径及磨削正压力有关。

对接触辊来说,表面硬度高,直径较小,磨削速度快,辊面螺旋槽垅槽面积比小,都代表磨削机构具有良好的切削性能,是重磨削、大去除量砂光机接触辊应该具备的特点。反之,表面胶层厚且软,直径较大,磨削速度较慢,辊面螺旋槽垅槽面积比较大,则代表接触辊抛光性能良好,但切削性能差。

砂带目数小,磨料颗粒大,代表磨削时可压入工件表面的深度也大,所以有效切削能也大。磨料颗粒细长锋利,采用静电植砂时,易形成砂带工作运行方向的小前角,代表着砂带上的磨料易于压入工件表面形成有效切削。图 12-28 竖直箭头所指区域为磨削接触区。

(2) 压垫式砂架

压垫式砂架(图 12-29)呈等腰三角形结构,其中起接触磨削作用的常见砂光压垫有以下三种:

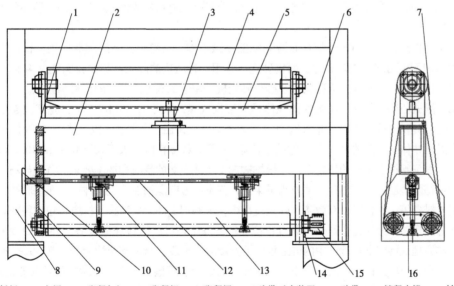

1—托板;2—主梁;3—张紧气缸;4—张紧辊;5—张紧梁;6—砂带对中装置;7—砂带;8—锁紧支撑;9—轴承;10—手轮;11—可调支座;12—调节杆;13—支撑辊;14—轴承;15—三角带轮;16—压垫及安装导向装置。

图 12-29 压垫式砂架

①普通弹性压垫 图 12-30(a)是最常见的普通弹性压垫,主要用于平面板件的精砂光,根据弹性层配置的硬度及厚度不同,可适用砂带的粒度范围一般在 180~400 目。垫体也称压枕,常用的材料有普通碳素结构钢、铸铁、铸铝合金和铝合金型材。铸铁材料的重量较大,拆装不方便,常用于磨削宽度 900mm 以下的砂光机。铝合金型材因为是冷拔或挤出成型,内应力较大,一般也只用于磨削宽度 900mm 以下的砂光机。碳钢焊接结构或冷拔型材结构经热时效定型处理,可以使其几何精度稳定;材料和制造成本相对低,所以应用较为普遍。可时效处理的铸铝合金垫体,时效处理后几何精度稳定,且强重比高,多用于负荷较大的重型砂光机。

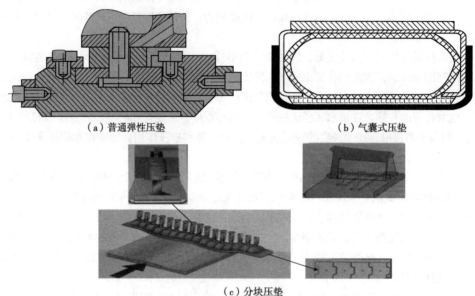

图 12-30 压垫结构种类

压垫体由于工作载荷大，持续工作时间长，温升较高，且不均匀，易出现变形，而影响工作精度和抛光表面质量，工作精度要求较高或工作载荷较大的砂光机，压垫体有时做成内部可通冷却水的结构，工作时接通外部循环的冷却水，可有效对垫体降温。压垫体工作面上贴有海绵、橡胶和工业毛毡的复合弹性层，现在也有用耐温高分子弹性材料作为弹性层的，弹性层外包覆或黏贴有石墨布。

砂架工作时，石墨布与砂带背面滑动摩擦接触工作，石墨有良好的润滑作用。普通弹性压垫，主要用于平面度要求较高的板面精砂光。应用此种压垫的砂架常与橡胶面硬度 40~70 邵尔的定厚接触辊式砂架组合成双砂架或三砂架砂光机，用于二次加工前后的板材精砂光。

②气囊式压垫　气囊式压垫的弹性体是个带状气囊，如图 12-30(b) 所示，充气鼓起后有较大的弹性，其软硬程度决定于充气压力。压垫体呈槽型，由于气囊弹性体有较大的弹性缓冲能力，所以对垫体工作面的直线度精度要求不高，一般直线度要求不大于 0.3mm/1000mm，因此采用截面形状符合要求的型材即可，根据被加工工件表面的状况和加工要求，气囊与石墨布之间可加毛毡隔垫层，也可加在长度方向呈柔性，在宽度方向呈刚性的过渡件，如布基联排铝合金板、尼龙排条等，这样可以有效防止砂光过程中，被磨削工件产生啃头、打尾和包边现象。

③分块压垫　分块压垫是一种具有定位、定量及压力可调的智能型压垫，如图 12-30(c) 所示。工作原理是传感器对行进中的进给板件沿宽度方向分段，沿纵向连续检测厚度，每个检测单元对应一个下压单元的工作端，下压单元压砂带的分段小压垫是一个左右两端指状相扣的压板，沿砂光机工作台的宽度方向，所有下压板都是指状相扣相邻排列。分块压垫由 PLC 控制，表面形状或表面结构复杂的工件，可按图纸编程控制压垫自动下压幅度。只有厚度差的工件，依据传感器在线测量采集的数据，PLC 指令执行单元的自动调整控制下压量来完成磨削加工。智能化程序较高的分块压垫还具有自动仿真功能。分块压垫可补偿工件厚度差在 2.0mm 以内、平滑过渡表面的精砂光，加工表面的失真度取决于分段宽度，测量传感器精度及执行单元的动作精度，目前磨削宽度为 1300mm 的分块压垫砂光机，分块压垫分段执行单元有 32~40 个。

(3) 组合式砂架

接触辊与压垫组合式砂架呈不对称三角形结构，组合式砂架兼具有压垫式砂架和接触式砂架两种砂光功能，可分别实现压垫单独工作、接触辊单独工作、接触辊和压垫同时工作的三种工作方式。有接触辊固定，压垫升降来实现三种工作状态调整，也有接触辊和压垫均有升降调节功能，后者多用于两个砂架以上的机器，这种砂架可适合砂带目数范围更宽，40~320 目的砂带都可以用，组合式砂架是多功能砂架，主要应用于一机多用、单机独立使用的砂光机上。

单面宽带砂光机组合式砂架如图 12-31 所示，其砂架结构如图 12-26 所示，该砂架是以主梁 2 为核心的部件，主梁与机体都是通过悬臂梁方式连接的，接触辊支撑辊一端通过托板 1 安装在梁的悬臂端，另一端安装在梁坐或机体上。张紧辊 4 安装在张紧梁 5 上，张紧梁中部安装在张紧气缸 3 的活塞杆端部，张紧气缸座安装在主梁 2 中部。砂带摆动对中装置 6 的支座端也安装在主梁上，也可在主梁的悬臂端。

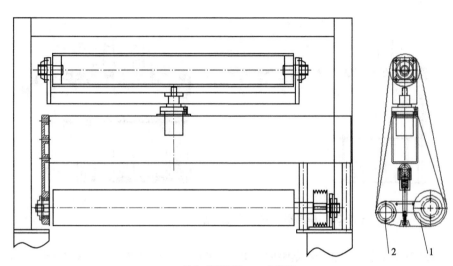

1—轴头式接触辊；2—支撑辊。

图 12-31 接触辊与压垫组合式砂架

12.2.3.3 摆带装置

图 12-32 是一种摆带装置的结构，摆带动作由感应单元 1 控制执行单元 2（包括伺服电机 6 和直线驱动器 7）带动挡板组件 8 运动，挡板组件与张紧辊连接。摆带装置的具体结构形式较多，原理就是通过改变张紧辊与接触辊或支撑辊轴线的空间交角形成砂带运行的左右螺旋角，使砂带的运行沿张紧辊呈左右螺旋式交替旋绕，从而实现砂带的动态对中运行。

摆带动作的控制原理是传感器监测砂带任意一个边左右行走的极限位置，然后将信号发送给控制单元，进而执行机构动作。对于气缸驱动的摆带装置而言，传感器信号发送至控制气缸动作的换向阀，换向阀动作，气缸就有动作输出。常见的传感器有光电继电器、射流气压放大器等。

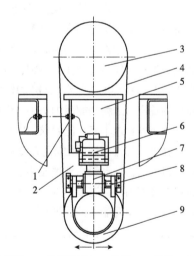

1—感应单元；2—执行单元；3—砂辊；4—砂带；5—悬臂；6—伺服电机；7—直线驱动器；8—挡板组件；9—张摆辊。

图 12-32 摆带装置

12.2.3.4 工作台系统

单面宽带砂光机工作台的主要作用：一是为砂架磨削的切向力提供相抵的反向力，以实现磨削过程的送料进给；二是承受砂架磨削的正压力，为砂架磨削过程提供基准。

工作台作为宽带砂光机的加工基准，其自身平面度或模拟基准平面的平整度及抗载荷刚度，都可以影响到砂光机的定厚加工精度。常见砂光机的送料方式有输送带拖料式和对夹排辊推进式，如图12-18所示。输送带拖动进料工作台常用三种不同结构方式。

如图12-33(a)所示，工作台是整体焊接结构，这种结构刚度大，通过机加工后，工作台面可获得较高的平面精度，为输送拖带与被加工板件的背面建立模拟基准提供了可靠保证，缺点是要经过时效处理等方法去除材料及焊接内应力，来保证工作台面稳定的平面度，同时拖带的自身精度、平整度、等厚性及受压抗变形刚度都会影响到砂光机的定厚加工。由于输送带与工作台面间长期滑动接触摩擦，产生磨损后会破坏工作台面的平面度，重新修复平面度精度须拆下工作台再进行机加工。

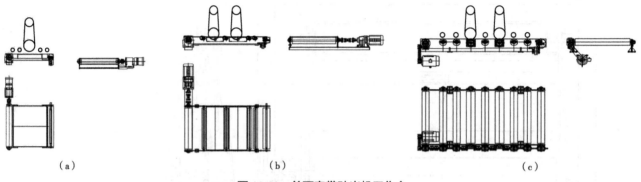

图12-33　单面宽带砂光机工作台

如图12-33(b)所示，工作台不是整体结构，只有砂架下面对应的部位是实体台，也称反冲工作台。反冲台前后均有托带辊，托带辊的上母线与反冲工作面在同一平面上，这样同一工作台上的反冲台托带辊就构成了一个模拟平面，砂光机工作时，输送带的下表面以此模拟平面为依托，上表面与被磨削板件的背面接触进料，共同建起了动态的模拟加工基准。

由于砂架前后的压料辊一般与工作上的托带辊上下对应，工作时可对工件形成有效的夹紧力，虽然压辊和托辊均为从动辊，但托带带着被磨削工件夹在其上下之间，借助夹紧力，输送带与工件下表面可形成足够的进料摩擦力。这种送料工作台，输送带与工作台间的滑动摩擦消耗动力相对小，但工作台输送带与被磨削板背面建立起来的模拟动态加工基准的精度和可靠不如整体工作台，这种工作台适合在重磨削、定厚加工的重型宽带式砂光机上使用。

图12-33(c)所示的工作台与(b)的相似，但砂架下面磨削区对应的是反冲辊而不是反冲台。这种结构的输送带进料摩擦阻力更小，但反冲辊较反冲台的抗弯刚度小，适合于定厚磨削去除量不大、加工精度要求不高，但要求工作效率高、进料速度快的重型宽带砂光机。

输送托带式工作台均采用环形输送带，输送带套装在工作台上，驱动输送带的进料主动辊和张紧输送带的进料从动辊均支撑连接在工作台的侧支板上，进料主动辊在出料端，进料驱动电机通过减速机降速后与之连接，进料从动辊在进料端，一般为芯轴结构，芯轴两端的轴头支撑在支板的滑槽内，可实现输送带的张紧调节，同时一端还与气动对中装置连接，实现输送带在工作过程中的动态对中。这种驱动辊在后，张紧辊在前的工作方式，是为了让输送带受拉的紧面输送工件。

图12-34的夹排辊夹持工件滚动推进进料的工作台结构与图12-33(c)的托带式进料工作台接近，最大区别是没有输送带。工作台上与上压辊对应的排辊直径相同均为有动力的驱动辊，由同一个动力源提供动力驱动力，砂架接触区对应的反冲辊直径较驱动排辊直径大，一般无动力，是从动辊，仅用于快速进料，磨削薄板工件时，反冲辊带动力，动力来源于排辊的同一动力源，与排辊工作速度一致。

排辊外面一般包有厚度10~15mm，硬度60~80邵尔的橡胶或聚氨酯胶层，以增大进料摩擦驱动力，由于胶层具有弹性，所以这种进料方式的模拟基准精度和可靠度都较低。如果考虑辊面摩擦不均匀的因素，基准的精度会更低，排辊进料的优点是变滑动摩擦为滚动摩擦，进料传动效率较高；适合厚度误差较小，同时磨削去除量也较小的板材的普通快速砂光，主要用于半定厚及表面抛光的重型砂光机。

12.2.3.5 加工厚度开档量调整系统

砂光机磨削加工板材时，砂架接触磨削区相对于工作台模拟工作基准面的最小距离，也就是工件经过此砂架磨削加工后所获得的理论厚度值。砂光机在出板方向的最后一个砂架的磨削区与工作台模拟工作基准面间的最小距离称作砂光机的厚度开档量。

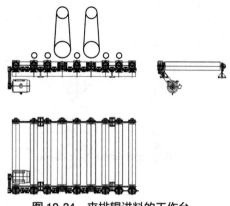

图 12-34　夹排辊进料的工作台

厚度开档量是仅次于砂光机最大工作宽度的第二主参数，其调节误差直接影响着砂光机的定厚加工精度。单面宽带砂光机常见的厚度开档量调节方式有两种，一是工作台升降调节，二是砂架升降调节。

单面宽带砂光机用于厚度开档量调节的基本机构是同一动力源传动的一组丝杆螺母付，常采用四套相同的丝杆螺母副推动工作台升降，丝杆螺母副有丝杆螺母开式传动和丝杆螺母带导向约束的闭式传动的两种升降结构。

图 12-35(a)是丝杆螺母闭式传动升降的厚度开档量调节系统结构简图。工作台 1 通过四个拐铁 2 与四套丝杆螺母闭式传动的升降支柱 3 上的导向螺母栓结固定，工作时，电机 5 直联减速机作为动力源，驱动链条 4 带动四个升降支柱上的链轮同步旋转。

如图 12-35(b)所示，升降支柱，链轮 5 驱动丝杆 3 旋转时，导柱螺母 2 就会沿着导套 1 的内孔上下滑动，动力源正反转驱动链轮旋转，就可实现四个导柱螺母沿各自固定在机体上的四个导套实现同步升降运动。每个升降支柱兼有升降传动和约束水平二维自由度的功能，同时闭式传动可以起到良好的防护作用，可效防止润滑区污染。

图 12-35(b)为升降支柱的结构图，导套 1 与螺母导柱 2 采用较小间隙的滑动配合，为了保证配合间隙的稳定，导套 1 与螺母导柱 2 一般采用同种材料，通常均为普通铸铁式球墨铸铁。为了防止配合面咬合失效，通常在螺母导柱的配合表面镀工业铬进行强化隔离，表面镀铬还可以降低粗糙度，从而减轻滑动配合面间的摩擦力。丝杆 3 是硬齿面精磨三角螺纹或梯形螺纹，精密级。轴承 4 的结构数量与负载有关，一般普通工作台升降的上砂机常采用单套双向角接触轴

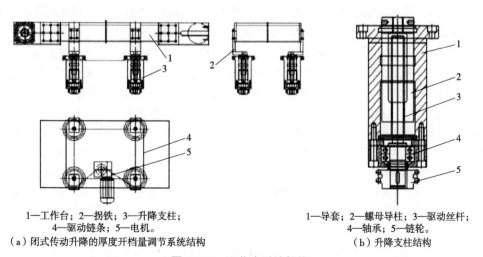

1—工作台；2—拐铁；3—升降支柱；
4—驱动链条；5—电机。
(a) 闭式传动升降的厚度开档量调节系统结构

1—导套；2—螺母导柱；3—驱动丝杆；
4—轴承；5—链轮。
(b) 升降支柱结构

图 12-35　工作台升降机构

承，普通工作台升降的单砂架或双砂架砂光机通常以图 12-35(a) 所示的链条传动方式实现同步升降传动。较重的机型升降支柱一般采用蜗杆副驱动升降丝杆，蜗杆副之间采用受扭杆连接传动，如图 12-36 所示。

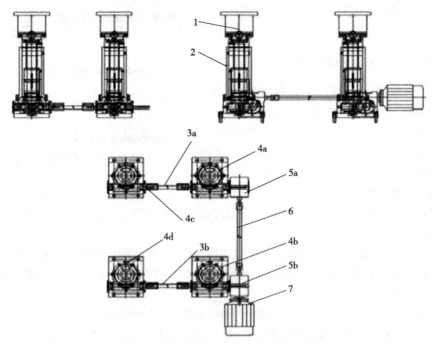

1—连接机体；2—升降支柱；3a、3b—传动轴；4a、4b、4c、4d—升降蜗轮减速机；
5a、5b—蜗轮减速机；6—横向传动轴；7—电机。

图 12-36 蜗杆杆副丝杆升降驱动机构

机体砂架升降的砂光机一般采用图 12-36 所示的升降调节结构，这类升降调节结构一般也被双面宽带砂光机普遍采用，图 12-36 过渡连接件用于 1 连接机体安装面与重型升降支柱 2，电机 7 通过直联蜗轮减速机 5b，经横向传动轴 6 串联带动蜗轮减速机 5a，5a 与 5b 同速比、同侧隙，由同一电机串联驱动，所以蜗轮轴具有相同的输出转速，四个重型升降支柱 2 分别装在 4a~4d 的四个升降蜗轮减速机上，4a 与 4c 的蜗杆轴经传动轴 3a 串联，4b 与 4d 的蜗杆轴经传动轴 3b 串联，4a~4d 的四个蜗轮减速机同速比等侧隙，电机 7 经减速机 5a、5b 驱动 4a~4d 同步正反转旋转，使四个升降支柱实现同步升降。为了防止各传动轴与蜗杆连接产生过定位安装应力，每个传动轴两端都通过柔性联轴器与蜗杆连接。重型升降支柱结构如图 12-37 所示，用手的扭力正反向旋合双螺母 1 相对丝杠 3 调整至无间隙，定位锁紧双螺母。双螺母与导柱 4 紧密配合且是防转安装，丝杆 3 的传动端串联安装轴承 9、蜗轮 11 和轴承 12、轴承 13，减速机合箱安装后，上压盖压紧角接触轴承 9，轴承 9 通过外传内与推力轴承 13 形成轴向预紧，这样可完全消除导柱的轴向间隙。升降支柱工作时，机体上的载荷就通过四个导柱丝杆的传递，最终作用在推力轴承下的减速机下端盖 14 上。图 12-37 中减速机下端盖 14 安装在砂光机的机体底座上，而过渡连接件 6 安装在可升降的机体安装面上，为了保证合机安装时四个重型升降支柱能与四个过渡连接件 6 吻合对位，四个连接件与重型升降支柱连接处均采用球面配合对位的方法来限制水平方向的两个自由度。球碗 7 的深轴球窝与连接件 5 中心处的浅球窝对夹上定位钢球 6 就实现了对位安装。此时方可紧固连接件 5 与升降机体安装面的固定螺钉。球碗 7 与连接件 5 在定位夹持钢球后，球碗端面与连接件 5 相对的端面是不接触的，中间有 3mm 左右的间隙，压盘 8 托在球碗下端面的外缘通过螺钉与连接件 5 紧固后，由于球碗和连接件靠近的端面间存在间隙，使这些紧固的螺钉旋紧后整体受拉，这种全长度的受拉螺钉，可以弹性补偿导柱 4 工作时垂直度延伸误差，使四个支柱可自如同步升降。

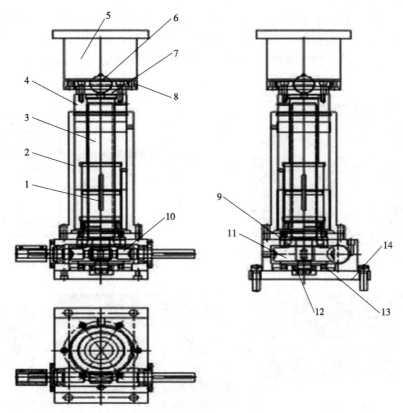

1—正反向旋合双螺母；2—支柱；3—丝杠；4—导柱；5—连接件；6—过渡连接件；7—球碗；
8—压盘；9—轴承；10、11—蜗轮；12、13—轴承；14—减速机下端盖。

图 12-37 重型宽带砂光机工作台升降支柱

12.3 异形砂光机

异形砂光机是通过在圆周上均匀排列的、带有一定支撑力的分段砂条磨削凹凸不平表面的砂光机。对平面砂光机无法磨削到的带造型、凸起线条与凹陷部位进行磨削加工。一般通过多道工序将工件不同角度与位置，带有棱角、接缝、毛刺、底漆等表面打磨圆滑，为下道工序做好准备。

随着市场对门窗、扶手等外观质量要求的不断提高和加工企业对提升生产效率的期望，纯手工打磨已不能满足市场需求，主要应用于小型家具生产企业，不能适应大批量的生产需求。自动异形砂光机采用机械化、自动化、连续化砂光技术，配合多工位联合砂光机床，并可排入加工自动线，是目前国内外广泛采用的异形砂光设备。

12.3.1 分类

按照操作方式及砂光工艺，异形砂光机大致可分为以下两种：

(1) 半自动异形砂光机

半自动异形砂光机一般磨削特殊尺寸与外形的工件，如超大、超小、细长、弯曲、卷曲、圆形等。砂光时一般刷辊或刷盘旋转但不移动，由人工手持工件靠近刷辊或刷盘调整角度进行打磨，如图 12-38 所示。

(2) 全自动异形砂光机

全自动异形砂光机一般磨削平板、边框及条类工件，适用于外形相对规整，相同厚度工件较多，易于实现批量化、自动化的异形砂光。此类砂光机主要特点是带自动送料、压料与磨削装置，如图 12-39 所示。为了适用不同加工需求，针对不同加工面有专用的全自动异形砂光机，如图 12-40 所示。

图 12-38　半自动异形砂光机

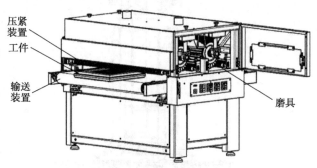

图 12-39　全自动异形砂光机

（a）顶面异形砂光机

（b）侧面异形砂光机

（c）底面异形砂光机

图 12-40　专用全自动异形砂光机

12.3.2　机床结构组成和工作原理

12.3.2.1　机床床身

异形砂光机床身部分主要由机体框架、外围钣金、配电柜、控制箱、集尘管道、升降系统等组成，如图 12-41 所示。

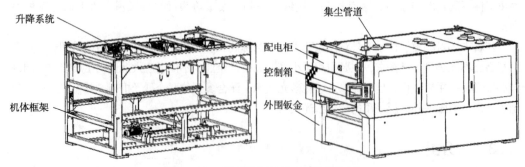

图 12-41　异形砂光机机床床身示意图

12.3.2.2　磨削机构

大型异形砂光机一般组合使用横刷辊、刷盘、纵刷辊等多道工序，达到一次通过多角度全面磨削的效果，如图 12-42 所示。

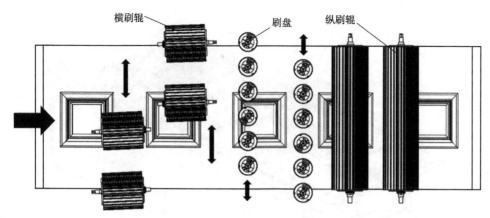

图 12-42 多工序砂光机构示意图

①横刷辊磨削机构 如图 12-43 所示，横刷辊 1 由前两组和后两组共 4 根刷辊组成，前后两组按序号 2 方向反向旋转，并按序号 3 方向作相对循环串动。工件 5，按序号 4 方向通过前后两组横刷辊，横刷辊主要处理工件横向表面的磨削。

②异形刷盘磨削机构 如图 12-44 所示，刷盘 1 由前一组和后一组共 12 个刷盘组成，前后两组按序号 2 方向反向旋转，并按序号 3 方向作相对循环串动。工件 5，按序号 4 方向通过前后两组刷盘，刷盘主要处理工件夹角接缝等部位的表面磨削。

③异形纵刷辊磨削机构 如图 12-45 所示，纵刷辊 1 由前后两组刷辊组成，前后两组按序号 2 方向反向旋转，工件 4 按序号 3 方向通过前后两组纵刷辊，纵刷辊主要处理工件纵向表面的磨削。

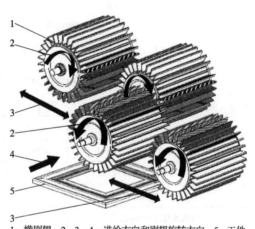

1—横刷辊；2、3、4—进给方向和刷辊旋转方向；5—工件。

图 12-43 横刷辊磨削示意图

1—刷盘；2、3、4—进给方向和刷盘旋转方向；5—工件。

图 12-44 刷盘磨削示意图

1—纵刷辊；2、3—进给方向和刷辊旋转方向；4—工件。

图 12-45 纵刷辊磨削示意图

12.3.2.3 输送压料机构

如图 12-46 所示，输送床机构 1，主要作用为托料与送料。压辊机构 2 由多组靠近磨削机构 3 的压辊组成，主要作用为工件 5 在通过磨削机构 3 时，起到压紧固定作用。防止工件 4 被磨削机构 3 磨削时移动而损坏设备。

12.3.3 技术参数

以青岛威特动力 FHDR1300 异形砂光机为例，异形砂光机的主要技术参数见表 12-1。

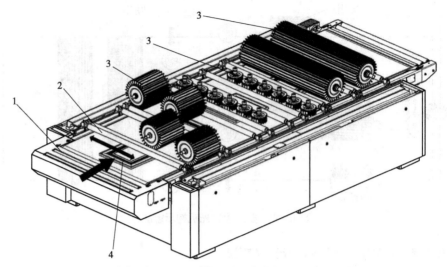

1—进料机构；2—压料机构；3—磨削机构；4—工件。

图 12-46 输送压料机构示意图

表 12-1 青岛威特动力 FHDR1300 异形砂光机主要技术参数

参 数	第一组砂架(横刷辊)	第二组砂架(刷盘)	第三组砂架(刷辊)
最大加工宽度/mm		1300	
开真空吸附最小加工尺寸/mm	200×200 或 0.06m²	200×200 或 0.06m²	200×200 或 0.06m²
不开真空吸附最短加工长度/mm	460	260	380
加工厚度/mm		3~120	
输送速度/(m/min)		3~17	
总功率/kW		20	
风机功率/kW		2×3.7	
砂架电机功率/kW	4×0.4	2×1.5	2×1.5
毛刷电机功率/kW		0.55	
输送电机功率/kW		1.5	
压辊升降电机功率/kW		0.37	
砂架升降电机功率/kW	0.37	0.37	0.37
砂架串动电机功率/kW	0.75	0.55	—
砂架刷辊、刷盘直径/mm	306、336、356	180	306、336、356
砂架刷辊、刷盘转速/(r/min)	60~280	60~280	60~280
砂布条长度尺寸/mm	30、45、55	30、45、55	30、45、55
工作气压/MPa		0.6	
压缩空气消耗量/(m³/h)		0.037	
吸尘量/(m³/h)		15000	
外形尺寸(长×宽×高)/mm		2230×4650×2135	
总重量/kg		5800	

第13章 涂饰机械

↘ 13.1 分类及工艺流程

↘ 13.2 喷漆设备

↘ 13.3 辊涂设备

按照一定工艺将涂料涂布于家具产品的表面，形成具有一定理化性能的覆盖层的加工过程称为涂饰。这一覆盖层不仅能使家具基材避免受空气、水分、日光、酸碱的作用和日常磨损而过早损坏；还能美化、提高家具表面质量，起装饰作用。由于人造板和非木质材料在家具生产工艺中的广泛应用，表面涂饰早已是家具制造中不可缺少的工序。随着科技的发展，涂料的结构、性能和品种都发生了根本性的变化、为家具的表面涂饰向机械化、自动化方向发展提供了物质基础。

表面涂饰的生产流程设计和工艺要求，依据表面涂饰层的种类、涂饰方法及生产规模来选择。涂饰机械的质量优劣和选用是否恰当也直接影响表面涂饰的质量、生产效率和涂料的消耗量。

13.1 分类及工艺流程

13.1.1 涂饰机械的分类

依据一般家具产品表面涂饰的需求，其分类见表13-1。

表13-1 家具表面涂饰机械

机械类型	涂饰方式	
喷涂	气压喷涂	常温空气喷涂
		加热空气喷涂
	无气喷涂	常温无空气喷涂
		加热无空气喷涂
	静电喷涂	固定式静电喷涂
		手提式静电喷涂
		自动式静电喷涂
淋涂	平面淋涂	—
	方料淋涂	—
	封边淋涂	—
辊涂	辊涂	—
浸涂	浸涂	—

13.1.2 生产工艺流程

①光敏涂料涂饰工艺　采用光敏涂料的表面机械涂饰工艺流程如图13-1所示。该流程适用于平面类家具部件的表面涂饰。

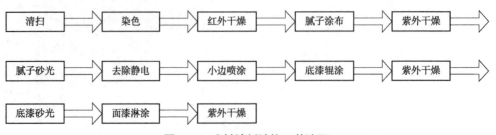

图13-1 光敏涂料涂饰工艺流程

②硝基涂料涂饰工艺　采用硝基涂料的表面机械涂饰工艺流程如图13-2所示。

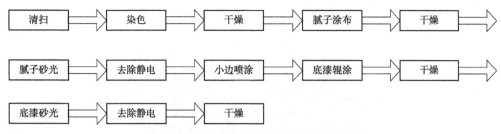

图 13-2　硝基涂料的表面机械涂饰工艺流程

13.2　喷漆设备

13.2.1　气压喷漆设备

气压喷漆是利用压缩空气,将涂料雾化高速喷到工件表面形成连续漆膜,达到工件表面涂饰效果的一种涂饰方法。气压喷漆主要有两种形式：常温空气喷漆和加热空气喷漆。

图13-3是常温气压喷漆装置示意图。它主要由喷枪、空气压缩机、贮气罐、油水分离器、压力漆桶、导气管及喷漆室等组成。其工作原理是空气压缩机1产生的压缩空气送入贮气罐2中,经导气管3和油水分离器4,一部分压缩空气进入压力漆桶5,使漆桶内的漆在空气压力的作用下经软管6送到喷枪8,另一部分压缩空气直接经软管7送至喷枪。图中所示喷漆室9和排气管道10的作用是将悬浮在空气中的涂料及溶剂排走。

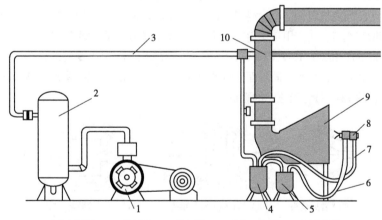

1—空气压缩机；2—贮气罐；3—导气管；4—油水分离器；5—压力漆桶；
6、7—软管；8—喷枪；9—喷漆室；10—排气管。

图 13-3　空气喷漆装置示意图

(1)喷枪

喷枪的作用是将液态的涂料雾化成细小的颗粒,喷向制品。图13-4是一种喷枪的结构图,它主要由喷头和枪身两个部分组成。当扳动枪机8时,针阀9和空气阀杆6同时向后移动,压缩空气通道首先接通,从空气接口7进入的压缩空气经枪身内部空气通道送到喷头1。继续扳动枪机,针阀后退至涂料嘴开口,从接口10进入的涂料经枪身涂料通道送至喷头。工作时,压缩空气应在涂料前喷出,否则,涂料便会呈柱状流出,而不能雾化成颗粒状,停止喷漆时,针阀先闭合,空气阀后闭合,空气调节旋钮4用于调节空气的进气量,当旋动旋钮时,阀杆2的阀口开度得到调整，改变了气流量，调节空气的进气量。涂料调节旋钮 5 用于调节涂料的进漆量，旋动时限制了针阀的后退位置，控制了漆量。

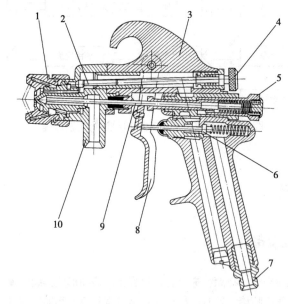

1—喷头；2—空气调节阀；3—枪身；4—空气调节旋钮；5—涂料调节旋钮；
6—空气阀杆；7—空气接头；8—枪机；9—针阀；10—涂料进口。

图 13-4　喷枪的结构

喷枪的主要组成部分是喷头(图 13-5)。它主要由涂料喷嘴和空气喷嘴组成。当压缩空气从空气喷嘴 2 喷出时，在涂料喷嘴 1 前产生真空，涂料在压力漆桶的压力和真空的抽吸作用下，从涂料喷嘴中喷出，在压缩空气的冲击和空气阻力作用下，涂料细化，喷向制品。图 13-5 中(a)所示的喷头有一个压缩空气口和一个涂料口，(b)在(a)的基础上加了侧方空气口，(c)是在(b)的基础上加了辅助空气口，其作用是避免在喷头的前端形成(b)所示的涡流。

侧方空气口的作用如图 13-5(d)~(f)所示，转动喷头时，可以改变侧方空气口的位置，以改变了涂料流的压力方向，得到不同断面形状的射流。图 13-5(d)为水平扁形射流，图 13-5(e)为垂直扁形射流，图 13-5(f)为无压时的圆形射流。

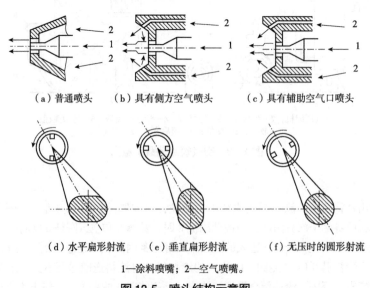

(a) 普通喷头　　(b) 具有侧方空气喷头　　(c) 具有辅助空气口喷头

(d) 水平扁形射流　　(e) 垂直扁形射流　　(f) 无压时的圆形射流

1—涂料喷嘴；2—空气喷嘴。

图 13-5　喷头结构示意图

喷枪的种类很多，但其工作原理大致相同。以上介绍的喷枪是借助压缩空气的压力和真空的抽吸作用，将涂料送入喷枪，称为压入式喷枪。图13-6(a)、(b)所示为另外两种喷枪。图13-6(a)为吸入式喷枪，枪身的下方装有一个小漆罐，涂料只借助真空的抽吸作用进入喷枪。优点是充漆方便，更换不同种类的涂料比较容易。缺点是为了减轻劳动强度，漆罐容积较小，一般低于1L。喷不同种类的涂料时，涂料的黏度不同，喷漆量也不同。另外，过度倾斜漆罐，涂料容易漏出。图13-6(b)为重力式喷枪，漆罐在枪身上方，涂料借助于重力和真空的抽吸作用进入喷枪。优点也是充漆方便，缺点是容积较小，一般不超过0.5L。这两种喷枪都适于小面积的喷漆。另外，重力式喷枪也可以去掉漆罐，在空中接一个容积较大的漆桶，供长时间供漆。图13-6(c)为压入式喷枪，它适用于大批量、大面积的喷漆，喷流方向不受限制，操作方便。还可以将涂料从固定的装漆间用导漆管送至喷漆室，以减少火灾的危险性。但此设备费用大，清洗比较困难。

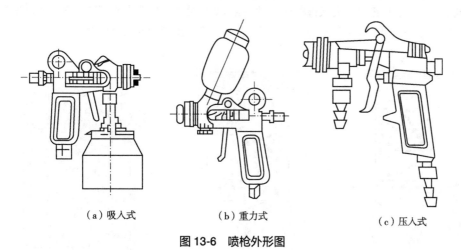

(a) 吸入式　　　(b) 重力式　　　(c) 压入式

图13-6　喷枪外形图

由此可知，压入式喷枪对涂料施压，喷漆量最大，重力式喷枪次之，吸入式喷枪只借助真空的抽吸作用，喷漆量最小。

喷枪的口径一般在0.2~12mm，常用喷枪口径为1.0~1.9mm，喷涂黏度较小的涂料时，可采用2~1.0mm小口径喷枪，喷涂黏度较大的涂料时，可采用2.5~12mm大口径喷枪。

(2) 空气压缩机

空气压缩机的作用是产生压缩空气以供喷涂使用。空气压缩机主要由电机和气缸组成，电机带动气缸曲轴旋转，气缸活塞上下往复运动，产生压缩空气，送往贮气罐。

(3) 贮气罐

贮气罐用于存储供喷枪连续使用、清洁和稳定压力的空气。气缸靠油滴的飞散润滑，这些油滴会随压缩空气进入贮气罐中，压缩气体进入贮气罐时，速度下降，油滴便积于贮气罐底部。另外，由于空气压缩机提供的压缩空气是脉动气流，不能供喷枪直接使用，需用贮气罐稳定压缩空气的气压。

图13-7为贮气罐示意图。它主要由罐体、压力表、安全阀、进气口、排气阀和排油水阀等组成。贮气罐的进气口6与空气压缩机的排气阀7连接，启动压缩机前，打开下边的排油水阀4，排除罐中积存的油和水后关闭，然后开动压缩机，压力达到气压表2指示使用值时即可，贮气罐的贮气量应比实际喷枪消耗量多20%~30%。

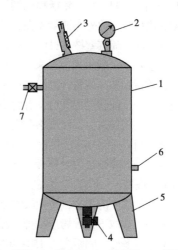

1—罐体；2—压力表；3—安全阀；4—排油水阀；5—支架；6—进气口；7—排气阀。

图13-7　贮气罐

(4)油水分离器

油水分离器用来进一步分离贮气罐排出的压缩空气中微量的油和水分,当带有油水的压缩空气进入油水分离器时,突然膨胀,速度下降,油滴在重力的作用下下落。另外,分离器内含有吸附油水的物质,当压缩空气从其上通过时,油水被过滤。图13-8为两种油水分离器结构图。图13-8(a)为直通式,图13-8(b)为隔离式。油水分离器里分层装有刨花丝2和木炭3。压缩空气通过时即得到过滤分离,纯净的空气从排气阀1排出,积于底部的油水从排油水阀定期排出,附于木炭和刨花上的油水,随定期更换木炭和刨花时清除。隔离式的分为两腔,气体通过的路径比直通式的长,分离效果更好。

(5)压力漆桶

压力漆桶用于贮存容量较大的涂料,以备长时间连续喷漆。如图13-9所示,它主要由桶体、调压阀、气压表、吸漆管、进气管和过滤网等组成。经油水分离器来的压缩空气,从进气管1进入,加压于涂料上部,涂料在压力作用下经过滤网4进入出漆管6送至喷枪。

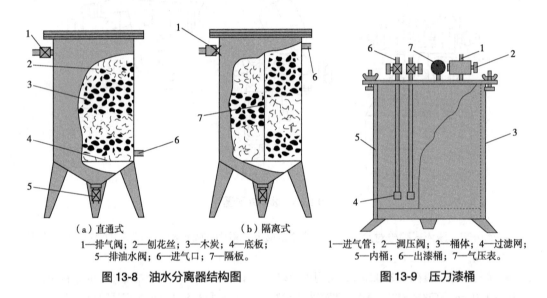

(a)直通式　　　(b)隔离式
1—排气阀;2—刨花丝;3—木炭;4—底板;
5—排油水阀;6—进气口;7—隔板。

图13-8　油水分离器结构图

1—进气管;2—调压阀;3—桶体;4—过滤网;
5—内桶;6—出漆桶;7—气压表。

图13-9　压力漆桶

(6)喷漆室

喷漆室用于喷漆时排除悬浮在空气中的涂料溶剂微粒,保护人的身体健康以及周围环境。从喷枪喷出的涂料,呈圆锥状喷向制品,射流中心速度较快,越向外越慢,一部分涂料微粒和空气摩擦脱离射流。另外高速射流在运动中蒸发以及喷到制品后反弹出的涂料,都悬浮于空气中,必须将其排除。喷漆室按其过滤方式分为干式和湿式两类。干式喷漆室有板式和垫式两种,湿式喷漆室有喷水式、撒水式、水沫式三种。图13-10(a)为干式喷漆室示意图。它主要由室体、通风装置、放置和装卸装置、过滤装置四部分组成。室体一股由金属板制成,可以防止火灾。放置装置通常是一个能转动的圆台,有的采用气缸自动升降。

装卸装置通常由工件规格而定,大规格工件喷漆时,一般用吊式运输机或传送链,小规格工件喷涂时可以采用小车,同时小车也可以兼做放置装置。图13-10(c)、(d)为板式过滤装置示意图,这是一排等距离的金属板,当气流通过时,使涂料颗粒附于其上。板厚2~3mm,宽150~250mm,高度一般和喷漆室高度相宜,采用图13-10(d)中的双板是为提高其附着效能,另外,如果排气在喷漆室的上方,应使板的上部前倾安装。这种喷漆室的特点是结构简单,但当涂料颗粒黏附较多时须取下,火烤后刮掉。图13-10(b)为垫式过滤装置,网垫用耐火纤维制成,可以单层、双层或多层,间距应为150~200mm,也可以采用不同目数的金属网代替垫网。垫式比板式吸附效率高,但易堵塞,需经常清洗。

图13-11为湿式喷漆室。图13-11(a)为喷水式,它主要由喷水头、去水器和风机等组成。水从喷水头3喷出,经两个斜面流下。废气从箭头所示方向进入。绕过喷水头经过去水器5,滤出

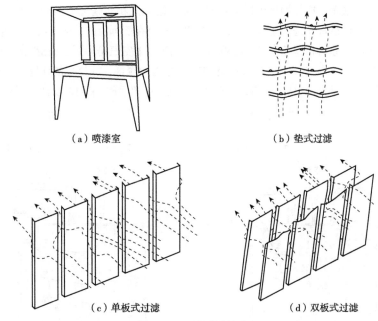

图 13-10 干式喷漆室

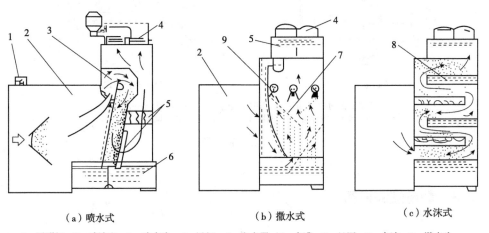

1—照明灯；2—喷漆室；3—喷水头；4—风机；5—去水器；6—水漕；7—丝网；8—水池；9—撒水头。

图 13-11 湿式喷漆室

水分，然后由风机4排出。在废气通过水幕时，漆粒和溶剂被水吸附，水可以循环使用。图13-11(b)为撒水式，水从图示2个撒水管撒出，落在丝网上，经冲击，水分细化，形成一个水过滤层，当含漆粒和溶剂的废气通过时，便被吸附。图13-11(c)为水沫式，它的过滤原理是当高速气流通过狭缝水面时，水分蒸发飞散，形成水过滤层，达到过滤的目的。为了得到高速气流，应采用大风量的风机。

湿式喷漆室为了减少耗水量，采用水循环系统，设备的费用较高，但比较整洁，特别是夏季，水对喷漆室还起到冷却作用，维修也方便。

13.2.2 加热空气喷漆设备

常温喷涂时，要求涂料有较低的黏度，所以常加稀释剂降低黏度，使固体含量降低，一次喷漆所得漆膜薄，又耗费了大量的稀释剂。加热也可以降低涂料的黏度，另外，涂料的流平性也得到改善，可以获得较好的漆膜。

加热器的种类很多,按其加热涂料是否流动分为循环式和非循环式两种。图 13-12(a)为循环式,涂料由压力桶沿管 6 进入漆桶 5 中,压缩空气从绕在漆桶上的管道 3 通过,当加热管 4 中通入蒸汽或热水后,涂料和压缩空气一起被加热。加热压缩空气是为了在喷枪喷漆时涂料不迅速冷却。图 13-12(b)为非循环式,加热漆桶是加热式的压力漆桶,加热后的压缩空气一部分经调节阀 10 进入漆桶中,将涂料从出漆口 9 送至喷枪。另外,也可以采用电加热,用恒温控制器控制水温。

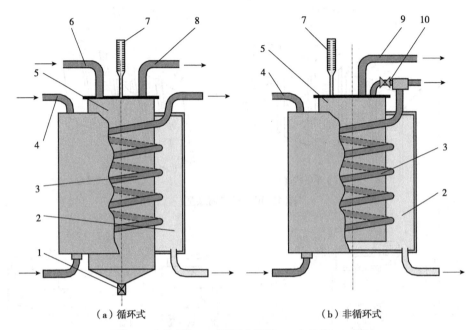

(a)循环式　　　　　　　　　(b)非循环式

1—开关;2—加热套箱;3—压缩空气管道;4—加热管;5—漆桶;
6、8—输漆导管;7—温度计;9—出漆口;10—调节阀。

图 13-12　加热器

13.2.3　静电喷漆设备

静电喷漆是利用静电原理,使涂料带负电,制品带正电,在电场力的作用下(辅以机械力),涂料便会喷向制品。

静电喷涂有很多种形式,按其工作方式可分为固定式、手提式和自动式三种。

13.2.3.1　固定式静电喷漆设备

图 13-13 为固定式静电喷漆原理图,它主要由静电发生器、供漆装置和喷具等组成。其工作原理是静电发生器 4 的负极接到喷具 1 上,正极和制品 8 接地,这样,喷具和制品之间就形成了一个电场。

静电发生器是静电喷漆的主要设备,是一种高压输出电源。常用的主要有两种:一种是利用工业频率变压器升压,再用高压整流;另一种是利用工业频率或高频电源,再采用多级倍压整流获得高压直流电,供漆为重力式,也可使用压力漆桶,喷具的种类比较多,图 13-13 所示的喷具 1 为旋杯式,它的形状像一个普通的无底杯,利用电机 3 带动其旋转,涂料在离心力和静电力的作用下,沿杯的内壁向外甩出,喷向制品。图 13-14 为另外几种喷具示意图。图 13-14(a)为圆盘式,涂料在圆盘转动时,沿切线方向飞出,圆盘的直径通常为 100~500mm。其上、下两面可通入两种组分的涂料,在边缘混合喷出。图 13-14(b)为蘑菇式,漆所受的离心力和静电场力方向不一致,喷漆面积比圆盘式大。它的规格有多种,直径通常为 50mm、100mm、150mm。

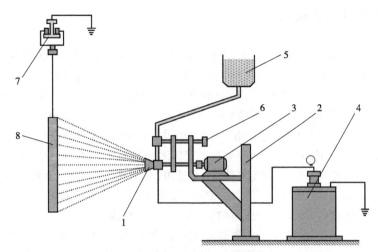

1—喷具；2—支座；3—电动机；4—静电发生器；5—漆槽；
6—输漆调节阀导管；7—运输机；8—制品。

图 13-13　固定式静电喷漆原理图

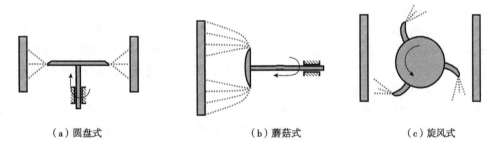

（a）圆盘式　　　　　　　（b）蘑菇式　　　　　　　（c）旋风式

图 13-14　静电喷具示意图

图 13-14(c)为旋风式，在一个扁圆体上，有 2 个伸出的喷嘴。此种喷具可以防止其沾染杂物，但喷头弯转角度应适宜。

13.2.3.2　手提式静电喷漆设备

和气压喷漆一样，手提式静电喷漆是借助于喷枪完成的。图 13-15 是一种喷枪头结构图。喷嘴在直径方向上开有长孔，它可以使用低压空气，喷广角的涂料射流。大多采用压缩空气雾化涂料，有的也用无气压喷漆的形式。供漆装置可使用小漆罐或漆桶。

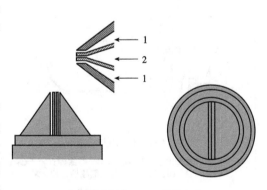

1—压缩空气入口；2—涂料入口。

图 13-15　喷枪头结构图

13.2.3.3　自动式静电喷漆设备

自动式静电喷漆一般是将手提式喷枪安装在有轨道的横、竖梁上，自动控制其上下和水平移动，枪机是由枪中的气缸来遥控的。自动式静电喷漆实现了生产线的涂料自动化。

静电喷漆有许多优点。由于静电吸引，可以保证大部分涂料附于制品上，节省涂料，适于机械化作业，减轻了工人劳动强度，避免了涂料对身体的直接危害。缺点是设备费用高，不适用于小规模的喷漆，另外，由于木材的导电性差，因此要求木材有一定含水率。

13.2.4 无气压喷漆设备

在家具工业喷涂作业中,利用压缩空气雾化涂料已有相当长的历史。然而这种雾化方法有许多不足之处,如喷雾的密度较大、喷射工作效率低等。由于压缩空气进入大气扩散后带走了不少雾化较好的雾状涂料,因此涂料和介质损耗较大,运用的范围受到限制。而无气压喷枪是用压缩空气作动力源,但不参加雾化,不与涂料一起从喷嘴中喷出。它是使用一个柱塞式或隔膜式泵将须雾化的涂料吸入后,再从一个特别的喷嘴喷出。由于喷嘴的作用,在瞬时达到 22.4MPa 的压力。这样高的压力,足以使涂料在没有压缩空气带动下也能高度雾化并喷出。这种喷涂方法使涂料被雾化成微粒状,消除了喷雾面的模糊不均、起泡等现象,更适用于高效率、高质量、低消耗的生产要求。

气压喷漆是涂料借助于压缩空气雾化后喷向制品表面的一种方法,而无气压喷漆是依靠压力直接喷漆。无气压喷漆的雾化是自身压力和空气阻力作用的结果。

无气压喷漆按照涂料是否加热分为常温无气压喷漆和加热无气压喷漆两种。图 13-16 为两种无气压喷漆原理图。图 13-16(a) 为常温无气压喷漆,它主要由泵、漆箱、贮漆桶及喷枪等组成。其工作原理是压缩空气驱动活塞泵,将涂料送入贮漆桶中贮存,使用时送至喷枪。图 13-16(b) 为加热无气压喷漆,主要由漆箱、泵、加热器、喷枪等组成。其工作原理是漆箱里的涂料在泵 6 的作用下,在加热器 8 中加热后经温度计 9 送至喷枪,多余的涂料经回漆管 2 回到泵中,排出阀 3 用来排出系统内的涂料。

加压方法如图 13-16 所示主要有两种:即图 13-16(a) 所示的利用压缩空气带动泵加压,图 13-16(b) 所示的利用电机驱动泵加压。无气压喷漆是借助泵产生 10~30MPa 的压力进行喷漆。而加热喷漆是涂料在受热时,内含的溶剂汽化产生压力,在泵的作用下,使涂料喷射出来,速度快,遇到空气阻力便会迅速雾化。

无气压喷漆和气压喷漆比较有许多优点,如涂料损失小,对黏度的适应性强,一次作业喷漆量比较大,生产效率高,附着力大,无气压喷漆所得断面呈均匀平状,往返喷漆量小。缺点是它不能调节喷射流断面的形状。

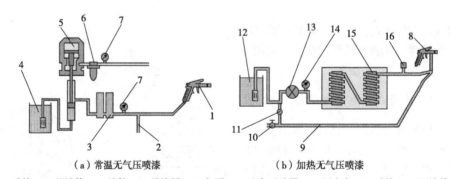

(a) 常温无气压喷漆　　　　(b) 加热无气压喷漆

1—喷枪;2—回漆管;3—漆箱;4—贮漆桶;5—气泵;6—空气过滤器;7—压力表;8—喷枪;9—回漆管;
10、11—阀;12—储漆桶;13—泵;14—压力表;15—加热器;16—温度计

图 13-16　无气压喷漆原理图

13.2.4.1　结构

无气压喷枪结构如图 13-17 所示,由以下几部分组成:涂料供应泵、储料桶、搅拌器、增压泵、控制阀、高压软管、喷枪等。通常涂料供应泵与增压泵组合为一体,以缩小体积、提高效能。涂料供应泵是一种以压缩空气作为动力的隔膜泵。柱塞泵用以将涂料从储料桶中吸入送到增压隔膜泵中。搅拌器是电机带动一个小型搅拌桨,以防止涂料分层,将溶剂与涂料混合得更均匀。增压泵的动力是 0.4~0.8MPa 的压缩空气,在压缩空气推动下增压泵将吸入的涂料增压到 22.4MPa,通过控制阀经喷枪的喷嘴雾化喷出。增压泵、喷枪和涂料供应泵结构如图 13-18~图 13-20 所示。

第 13 章　涂饰机械　225

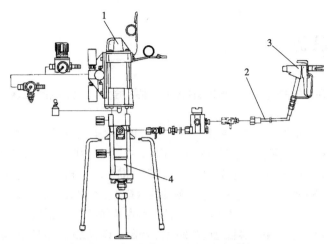

1—增压泵；2—高压软管；3—喷枪；4—涂料供应泵。
图 13-17　无气压喷枪结构图

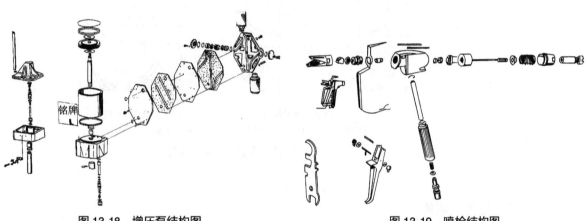

图 13-18　增压泵结构图　　　　　图 13-19　喷枪结构图

13.2.4.2　传动系统

无气压喷枪组合中除搅拌器由一小型电机直接带动外（也可由气动马达带动），其他动作均以压缩空气作为动力。

13.2.4.3　工作原理

压缩空气通过空气调节装置经控制活塞，进入驱动缸活塞下面的缸体内，向上推动驱动缸活塞和介质活塞。与此同时涂料入口阀打开，涂料被吸入缸内。当驱动缸的活塞接近行程的上端位时，控制阀便改变了压缩空气的流动方向，这时空气便通过活塞流入驱动缸活塞的上腔。控制活塞把空气从缸底部的一个排气孔经消音器排出、此时，驱动缸和涂料缸的活塞向下运动，出口阀打开，涂料被以很高的压力排到喷枪，其喷嘴使涂料雾化并喷出。在驱动缸活塞到达缸底后，系统的工作状态再次变化，又使活塞上升开始下一个工作循环。柱塞泵为一复式泵，可连续上下往复运动，从而使涂料能连续喷出。

若调整驱动缸活塞的行程，可以使驱动缸的活塞运动加快、行程缩短，从而使压力下降，增压泵的排量就变小。

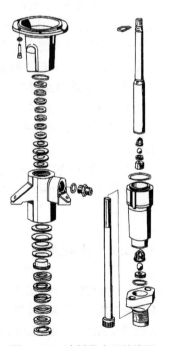

图 13-20　涂料供应泵结构图

13.3 辊涂设备

辊漆是涂料附在回转的辊筒上，当输送带带动制品通过时，在制品表面获得涂料膜的一种涂饰方法。

图13-21为辊式涂饰工作原理示意图。它主要由上漆辊4、分漆辊1、进给辊3等组成。图13-21(a)、(b)均为上辊式辊涂机，图13-21(c)为下辊式辊涂机，其工作原理相同。图13-21(a)、(b)略有不同。图13-21(a)的分漆辊和上漆辊同向转动，此种形式适用于较高黏度的涂料，而图13-21(b)不安装刮刀，适用于较低黏度的涂料。上辊式辊漆机，涂料贮存于分漆辊和上漆辊及两侧板形成的空间内。而图13-21(c)的涂料由漆槽贮存，上漆辊浸入其中。涂料漆膜的厚度可以通过调整分漆辊和上漆辊之间的距离来控制，设有专门的调整机构。

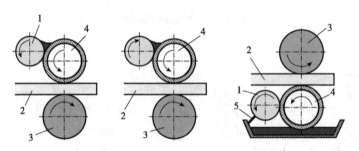

(a)、(b)上辊式辊涂机　　　(c)下辊式辊涂机
1—分漆辊；2—工件；3—进给辊；4—上漆辊；5—刮刀。

图13-21　辊式涂饰工作原理示意图

13.3.1　结构

如图13-22所示，辊涂机由涂布辊、计量辊、刮刀、传动系统、进料带、供料泵、调整机构、安全装置、机架等部分组成。涂布辊是一个包覆有光滑橡胶层的辊筒，其直径为238mm。工作时由它将涂料涂布到工件表面上。计量辊起控制涂布量的作用，它是一个光洁度较高的镀铬光辊。计量辊和涂布辊间形成贮漆槽，两个辊的端面各有一块塑料挡板，以防止涂料从端面流失。涂料积聚到一定程度时可以通过溢流管返回贮料桶。供料泵采用薄膜泵由压缩空气作动力，由它将贮料桶中的涂料泵入贮漆槽。在计量辊和涂布辊的斜上方各安装有刮刀，涂布辊上的刮刀将涂料膜刮均匀，使工件上的漆膜更均匀；计量辊上方的刮刀将计量辊带出的涂料刮下返回到贮料槽中。

进料装置由输送带、主动辊、张紧辊、从动辊、支承辊、传动电机组成。支承辊承受涂布辊对工件的压力，防止输送带受压变形而影响输送和涂布质量，张紧辊不仅起张紧作用，还可调整带的跑偏。

13.3.2　传动系统

辊涂机的传动系统分四部分：第一部分是涂布辊的传动，它由电机带动无级变速器经减速箱传动涂布辊，或由变频电机直接驱动涂布辊(图13-23)。第二部分是计量辊的传动，它由电机带动无级变器经减速箱驱动计量辊，或由变频电机直接驱动计量辊(图13-24)。第三部分是输送带的传动，它由电机带动无级变速器(或由变频电机)经减速箱，然后通过链传动带动输送带的主动辊(图13-25)。输送带跑偏时由张紧辊的摆动实现调整,而张紧辊的摆动则由气缸来实现(图13-26)。第四部分是输料泵的传动,由压缩空气推动薄膜泵完成抽吸和输送涂料的动作,其原理如图13-27所示。

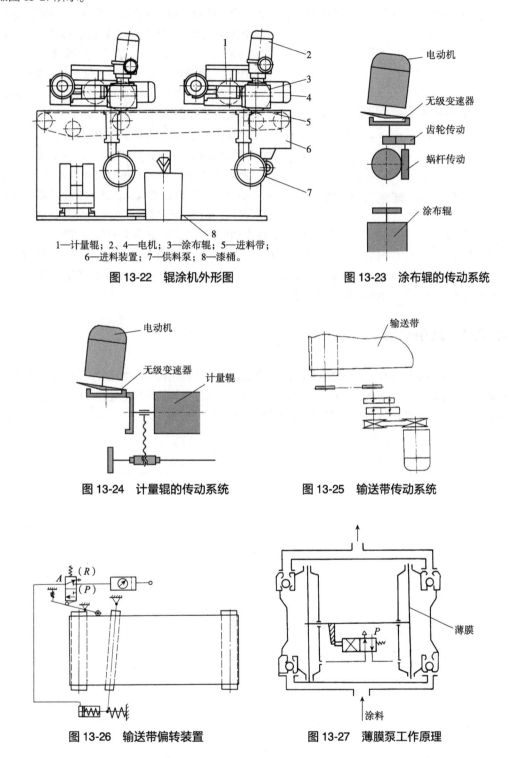

1—计量辊;2、4—电机;3—涂布辊;5—进料带;
6—进料装置;7—供料泵;8—漆桶。

图13-22 辊涂机外形图　　图13-23 涂布辊的传动系统

图13-24 计量辊的传动系统　　图13-25 输送带传动系统

图13-26 输送带偏转装置　　图13-27 薄膜泵工作原理

辊涂机的调整机构有三组:第一组是根据工件厚度调整涂布辊的高度,通过蜗杆传动副转动丝杠调整涂布辊的上、下位置。第二组是计量辊与涂布辊的间距调整,也是通过蜗杆传动副转动丝杠来调整计量辊的前后位置。第三组是刮刀与计量辊及涂布辊表面距离的调整,通过蜗杆传动副驱动刮刀架轴来实现位置调整。

13.3.3 辊涂工作原理

旋转的涂布辊沿工件前进方向旋转,计量辊与涂布辊的旋转方向相反,以控制涂布辊上涂料的厚度和均匀度,工件送入输送带后被带入涂布辊和支承辊之间(图 13-28)。涂布辊将底漆压涂在工件表面上。输送带跑偏时(图 13-26),它的边缘触动气阀的杠杆,换向阀换向使摆气缸动作,张紧辊摆动使输送带复位。

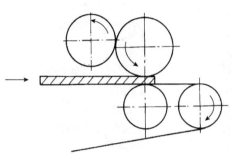

图 13-28 辊涂机工作原理

计量辊与涂布辊形成的凹槽中储存涂料,该涂料由薄膜泵供给。如图 13-27 所示,当压缩空气通入气阀的 P 腔时,右边薄膜的左腔进入压缩空气,而左边薄膜的右腔连通大气,这时右边的薄膜通过拉杆带动左边的薄膜同时向右变形位移,从而使右边薄膜的右腔将涂料经过上面的单向阀泵出,而左边薄膜的左腔经过下面的单向阀吸入涂料。当拉杆向右移动到一定位置后,碰压阀芯杆使阀换向。这时右边薄膜左腔通大气,左边薄膜右腔进入压缩空气,吸入和泵出涂料顺序与前述相反。这样随着拉杆的左右移动,涂料就源源不断地从涂料桶泵入涂布辊与计量辊间的储料凹槽。

13.3.4 适用范围

由于辊涂机的涂布量一般在 $30\sim80\text{g/m}^2$,比较适合于表面比较光滑的工件。因此,应对已涂过腻子或其他涂料的表面先进行砂光处理。若工件表面未进行其他涂料的处理,则工件表面必须用 120 目或更细砂纸进行精磨,以保证表面平整光洁。

第14章
木工数控机床基础

↘ 14.1　数控加工

↘ 14.2　数控机床

↘ 14.3　数控机床的结构

计算机数字控制(computer numerical control，CNC)，是指用数字化信号对机床运动及其加工过程进行控制的一种方法。由计算机数字控制的机床称为数控机床。

数控机床是技术密集型及自动化程度很高的机电一体化设备。它按国际、国家或生产厂家规定的数字或编码方式，把各种机械的位移量、运转参数、辅助功能用数字或文字符号表示出来，通过能识别并可以处理这些符号的微电子系统变成电信号；利用相关的电器元件将电能转化为机械能，实现所要求的机械动作，从而完成加工任务。此处的微电子系统，即为计算机数字控制系统。

家具加工工艺过程中的数控加工工艺技术，就是指用数控机床加工木制品零部件的一种工艺方法。

14.1 数控加工

数控加工与通用机床加工在方法和内容上有许多相似之处，不同之处主要表现在控制方式上。用通用机床加工时，就某一道工序而言，其加工步骤、机床运动次序、走刀路线及相关切削用量的选择，都是由操作人员依据个人的经验和工艺规程来考虑和确定，并用手工操作的方式控制。如仿型铣床，其加工过程可以实现自动化，但其控制方式是通过靠模和气动或机械的压紧仿型机构实现的。而用数控机床加工时，就要预先将各种操作内容和机床动作，按规定的数码形式编排成程序记录在控制介质上，实现人与机床的联系。加工时，将控制介质上的数码信息输入数控机床的控制系统，控制系统对输入的信息进行运算与控制，并不断地向直接指挥机床运动的机电功能转换器件、机床伺服机构发送脉冲信号，伺服机构对脉冲信号进行转换与放大处理，然后由传动机构驱动机床按所编程序进行运动，可以自动加工出所需要的零部件形状。

一般的数控加工主要包括以下内容：①选择并确定进行数控加工的内容；②对零部件图纸进行数控加工的工艺分析；③数控加工工艺设计；④图形的数学处理；⑤编写加工程序；⑥按程序单制作控制介质；⑦程序的校验与修订；⑧首件试加工和现场问题处理。

14.1.1 加工特点

数控加工与普通机床加工相比较，在许多方面遵循的原则基本一致，但也有其自身的特点。具体如下：

①自动化程度高，加工工艺内容具体　数控机床的加工过程是按输入的程序自动完成，一般情况下，操作人员只是在机床旁观察和监控机床的运行状况。具体的工艺问题是早期数控工艺设计时考虑的内容，而且做出选择并已编入了加工程序，由操作人员在加工时灵活掌握，并可以适时调整。

②加工零部件的一致性好、质量稳定　由于数控机床的定位精度和重复定位精度高，所以很容易保证零部件尺寸的一致性，大大地减少了人为失误，故数控加工可以保证零部件较高的加工精度。

③生产效率高　由于数控机床加工时能在一次装夹工件中完成很多加工工序，即大多数数控机床采用工序集中的加工方式，可以省去普通机床加工时的中间工序，缩短了加工准备时间。

④便于完成各种复杂形状加工　由于数控机床一般不需要很多复杂的工艺装备，而是通过编制程序把形状复杂和精度要求高的零部件加工出来，故当设计更改时，也很容易对程序做出相应的软调整，不需要重新设计加工装夹具。所以数控机床可以缩短产品的研制周期，给新产品开发、快速适应市场的需求变化提供了一种有效的方法。

⑤便于实现 CAD/CAM　计算机辅助设计与制造(CAD/CAM)已成为现代工业技术实现现代化的必由之路。将计算机辅助设计出的图纸及数据，变成实际的产品，最有效的途径就是采用

CAM 技术加工制造，数控机床和数控加工技术是 CAM 制造系统的基础。

⑥数控机床只适宜多品种、小批量产品的生产　数控加工的对象一般为形状较为复杂的零部件，而多数机床又采用工序相对集中的工艺方法，因此，工序时间相对较长。尽管木材工业中的加工中心已采用多刀轴和柔性加工单元，但与多工位专用机床形成的生产线相比，其生产规模和效率仍有较大差距。

⑦加工中难以调节，自适应性差　数控机床不能像普通机床那样可以根据加工过程中出现的问题，比较自由地进行人为调整。程序一经启动，机床按程序进行自动加工。如在钻孔加工中，机床不可能根据材质的状况和排屑的状况，决定机床的加工速度和中途退刀、清屑等。

⑧加工成本高，维护困难　数控加工具有机床设备费用高和准备时间长的特点，以及机床须加外部的电子系统，使加工成本大大提高；数控机床是技术密集的机电一体化产品，因此维护相对较为困难。

⑨根据数控加工的特点和使用状况，按照木材加工生产工艺中零部件的类型，对数控加工有不同的适应程度　一般情况下，以下类型零部件加工适应性最好：内、外曲线、形状复杂，加工精度要求较高的零部件；可以用数学模型描述的复杂曲线和曲面轮廓，在普通机床上加工必须配备复杂的专用工装加工；根据市场的需求变化，要频繁变化和更改设计的，特别是曲线、曲面形状的中小批量、多品种产品的加工。

14.1.2　加工工艺设计

数控加工的工艺设计不同于普通木工机床的加工工艺设计，因为数控加工是按设计好的程序执行加工的，所以只有在工艺方案确定以后，编制程序才有依据。数控加工工艺设计主要包括：选择并决定零部件的数控加工内容；数控加工的工艺性分析；工艺路线设计和工序设计；加工工艺程序编写和设计。

当选择某一个零部件进行数控加工时，并不等于将零部件所有的加工内容全部由数控机床加工。因此，必须对零部件进行工艺分析，选择适合进行数控加工的内容和工序，以充分发挥数控加工的优势。一般将普通机床无法加工的内容作为优先选择内容，将普通机床难以加工或质量难以保证的内容作为重点选择内容。木材加工中最主要、最适合于数控加工的是复杂形状的曲线型面加工，其前提是被加工零部件需有定位基准。采用数控加工可以在产品质量、生产效率和综合经济效益上，有较显著的提高。

在数控加工工艺分析中，虽然涉及的内容很多，但主要应考虑数控加工的可能性和方便性。数控加工工艺分析首先应审查和分析零部件图纸中尺寸的标注方法是否适应数控加工的特点。对于数控加工尺寸的标注应从一个基准引出或直接给出坐标尺寸，这样便于编程和尺寸的协调，保证工艺设计、编程基准与程序原点设置的一致性。其次是审查和分析图纸中给出的构成几何轮廓的条件是否充分，以便编程时对几何元素进行定义和确定节点的几何坐标。另外要审查和分析工件定位基准的可靠性，以保证工件数控加工后轮廓和尺寸的协调。

数控加工的工艺路线设计是加工工艺过程的概括，包括工序划分、加工顺序安排及数控加工与通用机床加工的衔接等内容。当数控加工工艺路线设计完成后，各道工序的加工内容基本确定，接下来便是工序设计。工序设计的主要任务是确定各道工序的加工内容、加工用量、工艺装备、定位方式和刀具运动轨迹，为编制程序做准备。

①确定走刀线路和安排工步顺序　走刀线路是刀具整个加工工序中的运动轨迹，包括了工步的内容和顺序，是编写程序的依据。一般按最短加工路线、减小空行程时间和提高加工效率来安排。

②定位基准和装夹方式的确定　力求使设计、工艺和编程计算的基准统一。

③夹具选择　保证夹具的坐标方向和机床的坐标方向相对固定，要能协调零部件和机床坐标系的尺寸。

④刀具选择　数控加工的特点决定了对刀具刚性和寿命要求较高，以保证生产效率和加工精度。

⑤对刀点和换刀点的确定　对刀点是刀具和工件相对运动的起点，也是程序原点。换刀点是为加工中心等多刀机床加工过程中自动换刀而设置的。一般应设置于工件范围以外，并留有一定的安全量。

⑥加工用量确定　切削加工用量主要指切削层厚度、刀轴转速及进给速度。根据产品最终加工精度和表面粗糙度要求确定的加工用量应编入加工程序，按最终要求的表面粗糙度和刀具相应的每齿进给量来确定相应切削厚度、转速、进给速度和刀具齿数。

数控加工专用技术文件是数控加工的依据，是操作的规程，也是加工程序的具体说明，包括数控加工工序卡、数控加工程序说明卡和走刀线路图。

数控加工工序卡中应注明程序的原点、对刀点、程序的简要说明及切削参数的选定；数控加工程序说明卡是对加工程序的说明，其主要内容包括程序适用的机型，对刀点或程序原点及允许的对刀误差，工件相对于机床的坐标方向和位置、镜像加工的对称轴、所用刀具的规格、编号及程序中对应的刀具号、整个程序加工顺序安排等；走刀线路图是为了避免发生故障，而给操作人员指明的程序中刀具运动路线，如下刀点、抬刀点和斜下刀点的位置，使操作人员开机前对程序中刀具运动的各关键点有一定的了解，以便安排工件的装夹和工作台上各工件的高度。

14.2　数控机床

14.2.1　基本结构特征

数控机床基本上由机械本体、数控系统和伺服系统组成。数控系统是机床的指挥系统，依据按工艺要求编制的程序，数控系统指挥机床的驱动机构运动。驱动机构即伺服系统包括驱动主轴运动的控制单元、主轴电机、驱动进给机构运动的控制单元和电机。因此不能将可编程序控制器（PLC）控制的机床称为数控机床。因为数控机床还具有把加工过程中的一些运动参数通过计量元件反馈给数控装置以便调整误差的性能。

衡量一个数控系统的性能，主要是通过它的功能、可靠性和价格三项指标进行综合评价，即性能价格比要优越。作为一般用户选用数控系统的功能特性时，主要应从以下方面考虑：①控制形式，一般应首选软件型（CNC 型）；②控制轴数和联动轴数，决定可加工零部件的复杂程度；③分辨率，决定加工精度；④各轴快速移动速度，决定调节用的辅助工作时间；⑤进给速度，决定加工生产效率；⑥基本功能项目；⑦可选择或可扩展功能项目。

14.2.2　数控机床的选型

14.2.2.1　选型依据

选型依据是数控机床的使用要求。按照生产的性质确定机床的使用要求是选型的关键问题。数控机床与其他机械产品一样，都有其自身的适用范围，数控机床最适宜加工形状复杂、加工精度要求高、中小批量连续生产的零部件。

现代社会生活中，家具和其他木制品的市场需求越来越多样化、个性化，流行趋势和产品的更新速度越来越快。用多品种、中小批量生产以适应快速的市场变化已经成为木材加工企业的主要特征。为适应这种多品种、中小批量、快速调节、变化的生产特性，在加工工艺安排上应以各种数控机床作为首选的加工手段。正是由于数控加工技术有着普通加工技术无法比拟的优点，所以成为现代加工工业中选用的主要加工工艺方法。

如图 14-1 是实木组装的橱柜门。传统工艺加工方法是在铣床上用靠模铣削加工，然后组装成为制品，但曲线形状的上挡板和芯板的加工效率很低，精度也较差。如果用数控加工技术，可以分别加工各种零部件后组装，也可组装后用数控机床加工。对人造板整体板件橱柜门，传统工艺加工方法只能在上轴镂铣机上仿型加工，但在数控铣床或加工中心中则很容易加工。

图 14-1　橱柜门外形图

14.2.2.2　选型原则

选型原则包括选择数控机床的主参数、轴数、精度、刚性、可靠性等因素。

在数控机床所有的参数中，坐标轴的行程是主参数。三个坐标 X、Y、Z 的行程反映机床的加工能力。在木材加工所用的数控机床中，X、Y 轴的行程可决定加工工件的幅面尺寸，Z 轴的行程决定可加工轮廓的深度尺寸，联动的坐标轴数决定了可加工型面的复杂程度。

被加工工件的精度由尺寸精度、形状精度和位置精度组成。影响加工精度的因素很多，一般可分为两大类：一类是机床因素；另一类是工艺因素。加工精度在大多数情况下取决于加工机床的精度。机床因素中主要有主轴旋转精度、导轨导向精度、各坐标轴相互位置精度数控系统的功能等方面的内容。如对于铣削类机床，机床的精度主要影响位置精度和形状精度；机床的刚度也直接影响机床的生产效率和加工精度，由于刀具材料和技术的进步，数控机床加工中无须人为干预，加工切削速度很高，因此机床的设计刚度应大于普通机床。

机床的可靠性包含两重含义：一方面是机床在使用寿命期限内故障尽可能地少，另一方面机床连续运转稳定可靠。机床运转的可靠性由机床全部内在质量决定。

14.2.2.3　功能选择

由于机床本体和数控系统配备的不同，数控机床的功能也各不相同。除了坐标轴数以外，其他的功能也在不断地发展和完善。如三轴二联动的数控铣床，一般具有点位控制、连续轮廓加工控制、固定循环、镜像加工等功能。根据加工工件的要求选择机床功能时应首先选择坐标轴。木材加工中所用的数控机床多为铣（钻）类的三坐标轴以上的数控机床，坐标轴的多少和联动数决定了可以加工的复杂程度，如加工斜面时仍须增加旋转轴。

除了机床的主要功能以外，数控机床功能选择时还应根据加工性质的不同，选择机床的辅助功能和辅助坐标轴，如刀具的破损监控、机上对刀、在线检测、自适应、冷却系统监控、润滑系统监控等。另外考虑到企业的发展和技术的更新和进步，数控机床应有一定的功能预留。

14.3　数控机床的结构

14.3.1　结构类型

图 14-2 表示数控机床结构的基本类型。

①门架式　机床工作台与基础固定连接，门架纵向运动，门架和工作台或机床基础之间发生相对运动。此种形式的床身结构特别适合于工件纵向尺寸很长情况的加工。通过两侧立柱的支承，在保持挠度很小和悬臂质量很小的条件下实现大的跨度。这种结构形式的优点是机床占地面积较小，缺点是门架加速度大时门架在其横轴方向有倾翻的可能，在纵向导轨和导轨支座上引起较大的弯曲力矩和变形另一缺点是人工装料时可进入性较差。

②龙门式　为刚度最好的一种机床结构形式，使 Y 轴滑座的惯性力作用在与基础相连的立柱上。工件的纵向运动发生在工作台上，作用在基础上的惯性力很小。此种结构的缺点是占地面积

大，整台机床占用的场地大约为机床总工作面积的2倍。

③悬臂式　分为固定式和行走式两种。就操纵方便性而言，这种结构形式是可进入性最好的一种。固定悬臂式的优点是占用场地小，动力学性能好。行走悬臂式需要增大刀架 Y 轴的运行空间，又难以消除动力惯量，所以 Y 轴刀架联动时，其动力学性能很差。

④C 型　由于各轴的运动没有相互关联，其动力学性能良好。由于工作台直接在基础上，Y 轴支持在立柱的臂上，其惯性力小。此外，占地面积小，大约为工件尺寸的2倍。

⑤长悬臂式　与金属加工工艺中用的长悬臂式铣床相似，缺点是占地面积大，约为门架式机床的4倍；与行走悬臂式相似，由于加工刀架的质量和悬臂长度过大，其动力学性能较差。

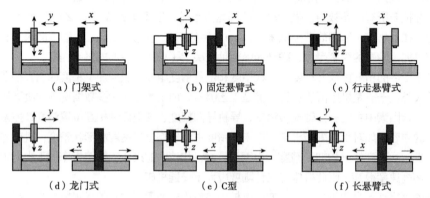

图 14-2　数控机床的结构类型

14.3.2　电主轴

家具加工工业中所用大多数数控机床的主轴就是一个电主轴（图 14-3）。主轴是一套组件，包括电主轴本身及其高频变频装置、油雾润滑器、冷却装置、内置编码器、换刀装置等。

这种电机与机床主轴"合二为一"的传动结构形式在传统木工机床中也很常见，如双端开榫机、封边机铣削机构等。使主轴部件从机床的传动系统和整体结构中相对独立出来，因此可做成"主轴单元"(motor spindle) 是数控机床的特点。电机的转子直接作为机床的主轴，主轴单元的壳体就是电机机座，并且配合其他零部件，实现电机与机床主轴的一体化。机床主轴由内装式电机直接驱动，从而把机床主传动链的长度缩短为零。由于当前电主轴主要采用的是交流高频电机，故也称为"高频主轴"(high frequency spindle)。由于没有中间传动环节，有时又称它为"直接传动主轴"(direct drive spindle)。

图 14-3　木工机床专用电主轴

14.3.2.1　电主轴结构

电主轴结构如图 14-4 所示，电主轴由无外壳电机、主轴、轴承、主轴单元壳体、驱动模块和冷却装置等组成。电机的转子采用压配方法与主轴做成一体，主轴则由前后轴承支承。电机的定子通过冷却套安装于主轴单元的壳体中。主轴的变速由主轴驱动模块控制，而主轴单元内的温升由冷却装置限制。在主轴的后端装有测速、回转编码器、位移传感器，前端的内锥孔和端面用于安装刀具。

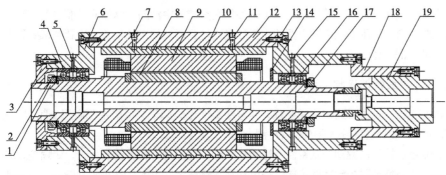

1—芯轴；2—前锁紧圆螺母；3—前端盖；4—前轴承；5—前喷嘴；6—前轴承座；7—冷却油入口；8—转子；
9—定子；10—冷却套；11—冷却油出口；12—外壳；13—前轴承座；14—后轴承油封；15—后喷嘴；
16—后轴承；17—后锁紧圆螺母；18—缸座；19—油缸组件。

图 14-4 电主轴结构

14.3.2.2 电主轴冷却

由于电主轴将电机集成于主轴单元中，且转速高，运转时会产生大量热量，引起电主轴温升，使电主轴的热态特性和动态特性变差，从而影响电主轴的正常工作。因此，必须采取一定措施控制电主轴的温度，使其恒定在一定值内。机床一般采取强制循环油冷却的方式对电主轴的定子及主轴轴承进行冷却，即将经过油冷却装置的冷却油强制性地在主轴定子外和主轴轴承外循环，带走主轴高速旋转产生的热量。另外，为了减少主轴轴承的发热，还必须对主轴轴承进行合理的润滑。

由于木工数控机床的主轴输出动力不大，扭矩较小，因此，木工数控机床多用风冷方式对电主轴进行冷却。

14.3.2.3 电主轴驱动

电主轴的电机均采用交流异步感应电机，由于是用在高速加工机床上，启动时要从静止迅速升速至每分钟数万转乃至数十万转，启动转矩大，因而启动电流要超出普通电机额定电流 5~7 倍。其驱动方式有变频器驱动和矢量控制驱动器驱动两种。变频器的驱动控制特性为恒转矩驱动，输出功率与转矩成正比。可实现主轴的无级变速。机床矢量控制驱动器的驱动控制在低速端为恒转矩驱动，在中、高速端为恒功率驱动。

14.3.2.4 电主轴特性

电主轴具有结构紧凑、重量轻、惯性小、噪声低、响应快等优点，而且转速高、功率大，简化了机床结构。因而，电主轴具有高转速、高精度、低噪音的特点，内圈带锁口的结构更适合喷雾润滑。

电主轴是一个高精度的执行元件，而影响电主轴回转精度的主要因素有：

①主轴误差 主轴误差主要包括主轴支承轴颈的圆度误差、同轴度误差（使主轴轴心线发生偏斜）和主轴轴颈轴向承载面与轴线的垂直度误差（影响主轴轴向窜动量）。

②轴承误差 轴承误差包括滑动轴承内孔或滚动轴承滚道的圆度误差，滑动轴承内孔或滚动轴承滚道的坡度，滚动轴承滚子的形状与尺寸误差，轴承定位端面与轴心线垂直度误差，轴承端面之间的平行度误差，轴承间隙以及切削中的受力变形等。

③主轴系统的径向不等刚度及热变形 从以上可以看出影响电主轴回转精度的主要原因就是轴承磨损、轴及接触面磨损。为了保证电主轴能在高精度下正常工作，应尽可能地降低轴承相关部位的磨损率，而降低磨损的主要方式就是润滑，对轴承进行润滑处理，保证良好的润滑及冷却效果。因此选择合理正确的润滑方式是保证电主轴正常工作的重要条件。

电主轴普遍使用油气润滑装置，电主轴油气润滑装置中油随气体的流动而往前运动。气体在运动过程中，会带动附着在管壁上面的少量油滴进入到两边的传动轴承，喷洒到摩擦面上的是带有油滴的油气混合体。

14.3.2.5　电主轴调速控制方式

在数控机床的电主轴通常采用变频调速方法实现无级调速。目前主要应用变频驱动和控制、矢量驱动和控制以及直接转矩控制三种控制方式。

变频驱动和控制的驱动控制特性为恒转矩驱动，输出功率和转速成正比。变频控制的动态性能不够理想，在低速时控制性能不佳，输出功率不够稳定，也不具备 C 轴功能。

矢量控制是以转子磁场定向，用矢量变换的方法来实现驱动和控制，具有良好的动态性能。矢量控制驱动器在刚启动时具有很大的转矩值，加之电主轴本身结构简单，惯性很小，故启动加速度大，可以实现启动后瞬时达到允许极限速度。这种驱动器又有开环和闭环两种，后者可以实现位置和速度的反馈，不仅具有更好的动态性能，还可以实现 C 轴功能。

直接转矩控制是一种高性能的交流调速技术，更适合于高速电主轴的驱动，更能满足高速电主轴高转速、宽调速范围、高速瞬间准停的动态特性和静态特性的要求。

14.3.3　直线导轨

14.3.3.1　分类与作用

直线导轨用于高精度或高速度直线往复运动场合，是用来支撑和引导运动部件按给定的方向做往复直线运动；也可以承担一定的扭矩，可在高负载的情况下实现高精度的直线运动。直线导轨按结构不同，可分为滚轮直线导轨、圆柱直线导轨、滚珠直线导轨三种，按摩擦性质，可分为滑动摩擦导轨、滚动摩擦导轨、弹性摩擦导轨、流体摩擦导轨等种类。目前常用的直线导轨主要有方形滚珠直线导轨、双轴芯滚轮直线导轨、单轴芯直线导轨。

直线导轨(图 14-5)主要是用在精度要求比较高的机械结构上，直线导轨的移动元件和固定元件之间不用中间介质，而用滚动钢球。

图 14-5　直线导轨

14.3.3.2　自动调心能力

来自圆弧沟槽的 DF(45°-45°)组合，在安装的时候，即由钢珠的弹性变形及接触点的转移，即使安装面有些偏差，也能被线轨滑块内部吸收，产生自动调心能力的效果而得到高精度稳定的平滑运动。

由于对生产制造精度严格管控，直线导轨尺寸能维持在一定的水准内，且滑块有保持器的设计以防止钢珠脱落，因此部分系列精度具有可互换性，可按需要订制导轨或滑块，亦可分开储存导轨及滑块，以减少储存空间。所有方向皆具有高刚性运用四列式圆弧沟槽，配合四列钢珠等 45°接触角度，让钢珠达到理想的两点接触构造，能承受来自上、下、左、右各方向的负荷；在必要时更可施加预压以提高刚性。

14.3.3.3　工作原理

直线导轨是一种滚动导引，是由钢珠在滑块跟导轨之间无限滚动循环，从而使负载平台沿着导轨高精度、线性运动，并将摩擦系数降至传统滑动导引的 1/50，能轻易地达到很高的定位精度。

滑块跟导轨间的结构使线形导轨同时承受上、下、左、右等各方向的负荷，回流系统及结构让直线导轨有更平顺、低噪声的运动。

直线导轨与平面导轨一样，有两个基本元件：一个作为导向的固定元件，另一个是移动元件，如图 14-6 所示。由于直线导轨是标准部件，在机床制造时唯一要做的只是加工一个安装导轨的平面和校调导轨的平行度。在多数情况下，安装简单。作为导向的导轨为淬硬钢，经精磨后置于安装平面上。与平面导轨比较，直线导轨横截面的几何形状，比平面导轨复杂，因为导轨上须加工出沟槽，以利于滑动元件的移动，沟槽的形状和数量，取决于机床要完成的功能。

图 14-6　直线导轨结构

直线导轨系统的固定元件基本功能如同轴承环，安装钢球的支架，形状为 V 字形。支架包裹着导轨的顶部和两侧面。为了支撑机床的工作部件，一套直线导轨至少有四个支架。

机床的工作部件移动时，钢球就在支架沟槽中循环流动，把支架的磨损量分摊到各个钢球上，从而延长直线导轨的使用寿命。为了消除支架与导轨之间的间隙，预加负载提高了导轨系统的稳定性，预加负载的获得是在导轨和支架之间安装超尺寸的钢球。钢球直径公差为 $\pm 20\mu m$，以 $0.5\mu m$ 为增量，将钢球筛选分类，分别装到导轨上，预加负载的大小，取决于作用在钢球上的作用力。

工作时间过长，钢球开始磨损，作用在钢球上的预加负载开始减弱，导致机床工作部件运动精度的降低。如果要保持初始精度，必须更换导轨支架，甚至更换导轨。如果导轨系统已有预加负载作用。系统精度已丧失，唯一的方法是更换滚动元件。

14.3.4　滚珠丝杠副

木工数控机床常用的运动执行传动副为滚珠丝杠副，如图 14-7 所示。由伺服电机经过滚珠丝杠副驱动工作台或主轴运动，完成要求的加工任务。滚珠丝杠副是由丝杠及螺母组成。滚珠丝杠副是目前传动机械中精度最高，也是最常用的传动装置。

驱动物体运动时，一般需要将动力源产生的运动直接或通过其他机构间接地传达到运动执行部件。以数控机床为例，在电机产生回转运动，通过滚珠丝杆将回转运动转换为直线运动传递到工作台，工作台做纵横移动即可以在板件表面上铣削出轮廓形状。机械的各种运动都是由各种形式的运动传导机构传递的。滚珠丝杠副是将回转运动转化为直线运动，或将直线运动转化为回转运动的最合理的部件。

图 14-7　滚珠丝杠副

滚珠丝杠副是在丝杠与螺母间以钢球为滚动体的螺旋传动元件，可将旋转运动转变为直线运动，或者将直线运动转变为旋转运动。因此，滚珠丝杠副既是传动件，也是直线运动与旋转运动相互转化元件。

14.3.4.1　特点

与滑动丝杠副相比，滚珠丝杠副驱动力矩为 1/3，由于滚珠丝杠副的丝杠轴与丝母之间有很多滚珠在做滚动运动，所以能得到较高的运动效率。与过去的滑动丝杠副相比，驱动力矩达到

1/3 以下，即达到同样运动结果所需的动力为使用滑动丝杠副的 1/3。

滚珠丝杠副是高精度的保证。滚珠丝杠副由于利用滚珠运动，所以启动力矩极小，不会出现滑动运动的爬行现象，能保证实现精确的微进给。滚珠丝杠副可以加预压，由于预压力可使轴向间隙达到负值，进而得到较高的刚性。滚珠丝杠副由于运动效率高、发热小，所以可实现高速进给运动。

14.3.4.2 使用注意事项

滚珠丝杠副在使用时应注意以下事项：

①滚动螺母应在有效行程内运动，必要时要在行程两端配置限位，以避免螺母越程脱离丝杠轴而使滚珠脱落。

②滚珠丝杠副由于传动效率高，不能自锁，在用于垂直方向传动时，需要设置平衡重量。

14.3.5 自动换刀系统

数控机床自动换刀系统是实现工序集中加工的保障系统，工件装夹固定一次完成所有工艺加工，是依靠自动换刀系统快速准确更换刀具来实现的。自动换刀系统是满足零部件不同工序之间连续加工的换刀要求的加工装置。自动换刀系统由刀库和换刀装置组成。其中，应用最为广泛的自动换刀系统主要有三种类型，分别是转塔式换刀系统、盘式刀库主轴直接换刀系统和链式刀库机械手换刀系统。

自动换刀系统简称 ATC，是数控加工中心的重要部件，由它实现零部件工序之间连续加工的换刀要求，即在每一工序完成后自动将下一工序所用的新刀具更换到主轴上，从而保证了加工中心工艺集中的工艺特点，刀具的交换一般通过机械手、刀库及机床主轴的协调动作共同完成，如图 14-8 和图 14-9 所示。

带刀库和自动换刀装置的数控机床，只有一个主轴，主轴部件具有足够刚度，因而能够满足各种加工的要求。刀库存放数量很多的刀具，以进行复杂零部件的多工序、多工步加工，可明显提高数控机床的适应性和加工效率。自动换刀系统特别适用于数控机床。

自动换刀系统应满足的基本要求包括：换刀时间短、刀具重复定位精度高、足够的刀具储存量。刀库占用空间少。

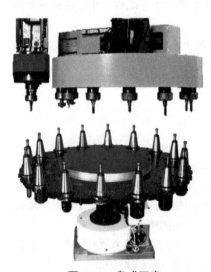

图 14-8 盘式刀库

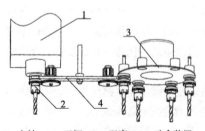

1—主轴；2—刀柄；3—刀库；4—啮合装置。

图 14-9 回转刀架换刀

14.3.5.1 组成结构

自动换刀系统一般由刀库和机械手组成。不同机床的自动换刀系统可能不同，这正是体现机床独具特色的部分。

①刀库　刀库是存放刀具的仓库，加工零部件所用的刀具存放在刀库中，在加工过程中由机械手抓取。目前刀库形式主要有盘式刀库和链式刀库两种。盘式刀库一般容量为 30 把左右。如果刀库容量太大，就会造成刀库的转动惯量过大。木材加工所用的加工中心一般为中、小型加工中心，较多加工中心使用盘式刀库。链式刀库刀库容量较大，最多可以装载 100 多把刀具。链式刀库容量大，机床加工制造所用加工中心因为箱体类零部件加工内容多，使用刀具的数量增加，故多使用链式刀库。

②机械手　机械手的形式有单臂、双臂等多种，部分加工中心甚至没有机械手，只通过刀库和主轴的相对运动实现换刀。

14.3.5.2　换刀方式

根据自动换刀系统的工作原理的不同，自动换刀系统分为回转刀架换刀、更换主轴头换刀、带刀库自动换刀等方式。

回转刀架换刀的工作原理是通过刀架回转确定的角度，实现新旧刀具的交换。更换主轴头换刀方式时，首先将刀具放置于各个主轴头上，通过转塔的转动更换主轴头从而达到更换刀具的目的。以上两种换刀方式换刀系统结构简单，换刀时间短，可靠性高。缺点是刀具储备数量有限，尤其是更换主轴头换刀方式的主轴系统的刚度较差，所以仅仅适应于工序较少、精度要求不太高的机床。木材加工中心多采用以上两种换刀方式。

带刀库自动换刀方式由刀库、选刀系统、刀具交换机构等部分构成，结构较复杂。该方法虽然有着换刀过程动作多，设计制造复杂等缺点，但由于其自动化程度高，因此在加工工序比较多的复杂零部件时，被广泛采用。

14.3.6　刀具卡具

图 14-10 表示机床主轴上采用的传统锥形卡具。

刀具夹紧形式包括自动刀具卡具和手动式夹紧系统。手动系统中以液压膨胀夹紧卡盘占多数。德国制造的机床多采用中空锥体式刀具，其卡具锥体锥度多为 SK40、SK30，仅少部分为 SK50 或 SK63。

欧洲制造商生产的木工数控机床，中空锥体式卡具的应用已在减少，大多数的机床采用主轴自动夹紧的锥柄刀和卡具，其中少部分采用刚性较大的 SK40 卡具，而大部分机床主轴采用具有较小刚性的 SK30 卡具。

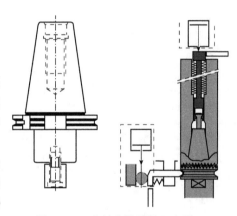

图 14-10　主轴上锥形装刀卡具

第15章
定制家具技术与设备

- 15.1　定制家具生产技术
- 15.2　定制板式家具机械

家具是人们生活中常用的日用品，具有很强的实用性和装饰艺术性。随着经济的发展，生活水平提高，家具个性化需求不断上升。家具逐渐成为消费需求高度个性化的产品，家具的设计和制造体现出不同民族、地域、文化、技术水平、个人兴趣和特有的生活方式。

目前市场的个性化需求与原有的工业化大规模生产出现了矛盾，高速度、高效率完成从原材料向成品的转化需要大规模工业化生产，而市场的个性化需求又要求进行多品种、小批量的轮番生产，产品巨大的市场消费量和产品零部件的相似性又让产品在一定的程度可以集成混流生产，这就需要生产工艺过程计算机信息管理与自动化制造高度融合，在此基础上延展到智能产品和智能服务，这也是中国制造2025和工业4.0的核心内容，如图15-1所示。

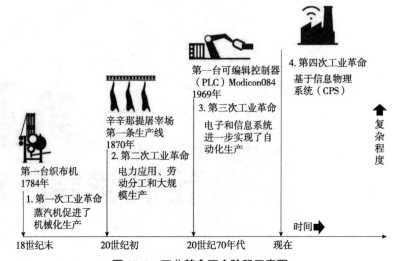

图 15-1 工业革命四个阶段示意图

15.1 定制家具生产技术

(1) 家具数字化设计与交互技术

利用数字化技术，改造传统的设计研发模式，将设计前伸，引入"用户参与"和"共创研发"的新模式。消费者基于手机移动客户端和互联网，用户参与家具产品设计，并进入虚拟网络体验系统，实现家具研发设计与反馈过程的智能化、信息化。

家具数字化设计流程如下：用户参与设计——云大脑——CAD(computer aided design)设计中心——修订确定设计方案——生成订货清单——用户确认——拆分生成零件清单——计算机辅助工艺规划系统 CAPP(computer aided process planning)——成组排产管理、多订单混流生产——计算机辅助制造 CAM(computer assisted manufacturing)——分拣包装发货。如图15-2所示。

(2) 家具定制化制造关键技术

家具生产工艺数字化管理、成组排产、混流制造、智能原辅材料仓储物流管理、柔性化加工、智能物联等技术的研究，可以实现产品设计与工艺生产、过程管理的并行协同和无缝对接。国内家具工业正在对大规模、大批量工业化生产的板式家具生产方式进行改良。家具生产过程引入计算机信息化管理，利用计算机管理将小批量的家具订单，集中分类，将相同或相近的零部件成组排产，实现零部件混流加工，提高生产效率，将单件、小批量生产集成为规模工业化生产。

(3) 家具定制化制造应注意的问题

①建立并行设计体系和产品零部件标准化体系　定制家具，作为个性化产品，并不是随意的，标准化对于定制家具更重要，甚至比大规模生产的板式家具还重要。因此根据建筑空间、人

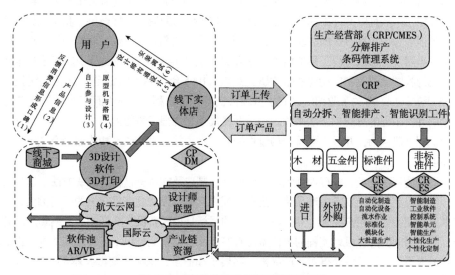

图 15-2　家具数字化设计流程示意图

体尺度、行为习惯、功能需求、家具用材、审美诉求等因素，建立产品族并行设计体系和零件尺度标准化体系。进行模块化、多功能的产品设计，以适应多品种、小批量、柔性化的生产要求。因为只有建立了零件的尺度标准体系才可以成组生产。

②大订单、大数据　规模定制采用并行流程，围绕产品族进行产品开发设计，才能有效地满足客户需求。并行流程是产品设计之初就要对产品及其相关过程(包括制造过程和支持过程)进行并行、集成化处理。产品开发人员从一开始就要考虑到产品整个生命周期内各阶段的因素(如功能、制造、装配、作业调度、质量、成本、维护与用户需求等)，综合考虑各相关因素的影响，使后续各环节中可能出现的问题在设计阶段就被发现，并得到解决，从而使产品在设计阶段便具有良好的可制造性、可装配性、可维护性及回收再生等方面的特性，最大限度地减少设计反复，缩短设计、生产准备和制造时间。这有别于以往的串行流程，所以会产生大量的数据。

定制家具是小批量、多品种、轮番、成组生产，成组技术主要是对零部件分类归组，将具有相似属性的零件归并一组，建立供检索和重复使用的信息和资源库，给出同组零部件的标准或统一的加工工艺方法，扩大相似零部件的批量，降低因差异而重复生产所造成的生产技术准备的成本，提高生产效率，降低成本。同样有大量的技术数据存储、交换。所以生产管理过程中存在大数据和数据库，如产品设计资料和加工工艺数据库，数据库中存储所有的产品资料，重复生产时无须重新设计，由计算机经过检索、比对、确认和调出，即可使用。同时成组生产要求有足够数量的订单，可以集成足够数量的相同的零部件，如果订单数量不足，很难构成成组生产模式。

15.1.1　与定制家具生产工艺相关的先进制造技术

15.1.1.1　并行设计流程

并行工程(concurrent engineering)是对产品设计过程、制造过程及支持过程进行并行、集成化处理的系统方法和综合技术。并行工程要求产品开发人员从一开始就考虑到产品从概念形成到产品报废全生命周期内各阶段的因素(如功能、制造、装配、作业调度、质量、成本、维护与用户需求等)，并强调各部门的协同工作，通过建立各决策者之间有效的信息交流与通讯机制，综合考虑各相关因素的影响，使后续环节中可能出现的问题在设计的早期阶段就被发现，并得到解决，从而使产品在设计阶段便具有良好的可制造性、可装配性、可维护性及回收再生等方面的特性，最大限度地减少反复设计工作，缩短设计、生产准备和制造时间。

20世纪80年代，美国人首先提出并行工程后，欧盟和日本等发达国家和地区均给予了高度重视，并实施了一系列以并行工程为核心的政府支持计划，取得了良好效果。我国在计划经济时代已经有了很多并行工程方面的成功范例，如新中国成立初期石油工业，两弹一星工程，航天工程等，不过当时没有形成并行工程的概念。进入20世纪90年代，并行工程引起我国学术界的高度重视，成为我国制造业和自动化领域的研究热点。1995年"并行工程"正式作为关键技术列入863/CIMS研究计划，有关工业部门设立小型项目资助并行工程技术的预研工作。国内部分企业也开始运用并行工程的思想和方法来缩短产品开发周期、增强竞争能力。

并行工程一般包括：并行工程管理与过程控制技术、并行设计技术和快速制造技术。

(1) 定义

并行设计流程是集成、并行地规划产品的设计、制造及支持全过程的系统方法。这种方法要求产品开发人员在一开始就考虑产品整个生命周期中从概念形成到产品报废的所有因素，包括质量、成本、进度计划和用户要求。并行设计流程的目标是提高质量、降低成本、缩短产品开发周期和产品上市时间。并行设计流程的具体做法是在产品开发初期，组织多种职能协同工作的项目组，使有关人员从一开始就获得对新产品需求的要求和信息，积极研究涉及本部门的工作业务，并将所需的要求提供给设计人员，使许多问题在开发早期就得到解决，从而保证了设计的质量，避免大量的返工浪费。

在产品的设计开发期间，将概念设计、结构设计、工艺设计、最终需求等结合起来，保证以最快的速度按要求的质量完成设计工作。各项工作由与此相关的项目小组完成。进程中小组成员各自安排自身的工作，但可以定期或随时反馈信息并对出现的问题协调解决。依据适当的信息系统工具，反馈与协调整个项目的进行。利用现代计算机集成制造(computer integrated manu-facturing, CIM)技术，在产品的研制与开发期间，辅助项目进程的并行化。

(2) 特征

①并行交叉　它强调产品设计与工艺过程设计、生产技术准备、采购、生产等各种活动并行交叉进行。并行交叉有两种形式：一是按部件并行交叉，即将一个产品分成若干个部件，使各部件能并行交叉进行设计开发；二是对每个部件，可以使其产品结构造型设计、工艺过程设计、生产技术准备、采购、生产等各种活动尽最大可能并行交叉进行。需要注意的是，并行流程强调各种活动并行交叉，并不是也不可能违反产品开发过程必要的逻辑顺序和规律，不能取消或越过任何一个必经的阶段，而是在充分细分各种活动的基础上，找出各子活动之间的逻辑关系，将可以并行交叉的尽量并行交叉进行。

②尽早开始工作　正因为强调各活动之间的并行交叉，为了节省时间，所以它强调在信息不完备情况下就开始工作。因为根据传统观点，人们只有等到所有产品设计图纸全部完成以后才能进行工艺设计工作，才能进行生产技术准备和采购，然后才能进行生产。

(3) 特点

并行设计流程具有以下五个方面的特点：

①基于集成制造的并行性。

②并行有序。

③群组协同。

④面向工程的设计。

⑤计算机仿真技术。

(4) 面向过程和面向对象

并行设计流程强调面向过程(process-oriented)和面向对象(object-oriented)，一个新产品从概念构思到生产出来是一个完整的过程。传统的串行流程方法是基于200多年前英国政治经济学家亚当·斯密的劳动分工理论。该理论认为分工越细，工作效率越高。因此串行方法是把整个产品开发全过程细分为很多步骤，每个部门和个人都只做其中一部分，而且相对独立进行，工作做完以后把结果交给下一部门。西方把这种方式称为"抛过墙法(Throw over the wall)"，他们的工作是以职能和分工任务为中心的，不一定存在完整的、统一的产品概念。而并行流程则强调设计要面向整个过程或产品对象，因此它特别强调设计人员不仅要考虑设计，还要考虑这种设计的工艺性、可生产性、可维修性等，工艺部门的人也要同样考虑其他过程，设计某个部件时要考虑与其他部件之间的配合。所以整个开发工作都是要着眼于整个过程和产品目标。从串行到并行，是观念上的很大转变。

(5) 系统集成与整体优化

在传统串行流程中，各部门的工作评价以工作任务完成的出色程度而定。就设计而言，主要是看设计产品是否新颖、有创造性、有优良的性能。而并行流程则强调系统集成与整体优化，它并不完全追求单个部门、局部过程和单个部件的最优，而是追求全局优化，追求产品整体的竞争能力。对产品而言，这种竞争能力就是由产品的 TQCS 组成综合评价指标——交货期、质量、成本和服务。在不同情况下，侧重点不同。在某一个阶段，交货期可能是关键因素，另一个阶段，质量可能是主要因素。因此有时是交货期，有时是价格，有时是成本，有时又是综合指标。对每一个产品而言，企业都对它有一个竞争目标的合理定位，因此并行流程应围绕这个目标来进行整个产品开发活动。只要达到整体优化和全局目标，并不追求每个部门的工作最优。因此对整个工作的评价是根据整体优化结果来评价的。

15.1.1.2 成组工艺技术

因为板式家具是零部件装配形成的产品，板件具有相同或相似属性。定制家具生产引入了成组工艺技术方法，利用计算机信息管理技术将相同或具有相似属性的零部件归并成一组，建立可供检索和重复使用的信息和资源库，给出同组零部件的标准或统一的加工工艺方法，扩大相似零部件的批量，降低因差异而重复生产所造成的生产技术准备的成本，提高生产效率，降低成本。

成组技术(group technology)于 20 世纪 50 年代起源于苏联与欧洲的一些国家。20 世纪 70 年代，柔性制造系统(flexible manufacturing system，FMS)出现并成为解决中、小批量生产新途径后，使用成组工艺方法组织生产的思想被融入到了柔性生产系统中，有效提高了生产柔性，很好地解决了多品种、小批生产的问题，有很好的应用价值。

揭示和利用事物间的相似性，按照一定的准则分类成组，同组事物采用同一技术方法进行处理，以便提高效益的技术方法，称为成组技术。成组技术涉及工程技术、计算机技术、系统工程、管理科学、心理学、社会学等学科和领域。欧美国家把成组技术与计算机技术、自动化技术结合起来发展成柔性制造系统，使多品种、中小批量生产实现高度自动化。全面采用成组技术会从根本上影响企业内部的管理体制和工作方式，提高标准化、专业化和自动化程度。在机械制造工程中，成组技术是计算机辅助制造的基础，将成组技术原理用于设计、制造和管理等整个生产系统，改变了多品种、小批量产品的生产方式，可以获得最大的经济效益。

成组技术的核心是成组工艺，它是把不同产品订单中结构、材料、工艺相近似的零部件组成一个零部件族(组)，按零部件族制定工艺进行加工，从而扩大批量、减少品种、便于采用高效加工方法、提高劳动生产效率。零部件的相似性是广义的，在几何形状、尺寸、功能要素、精度、材料等方面的相似性为基本相似性，以基本相似性为基础，在制造、装配等领域的生产、经营、管理等方面所导出的相似性，称为二次相似性或派生相似性。

成组工艺实施的步骤为：零部件分类成组；制订零部件的成组加工工艺；设计成组工艺装备；组织成组加工生产线。

随着生活水平提高，人们需求不断个性化和多样化，因此工业生产更倾向于产品品种多样，而每种产品生产的数量减少，以此来满足社会不断增长的个性化需求。传统意义上的加工部门，生产效率变低，因为各个加工部门间产生产品加工路径的浪费。为了缩短非加工时间，整合设计和制造阶段加工路径就显得十分必要。

成组技术所研究的问题就是如何改善多品种、小批量生产的组织管理，以获得如同大批量那样高的经济效果。成组技术的基本原则是根据零部件的结构形状特点、工艺过程和加工方法的相似性，打破多品种界限，对所有产品零部件进行系统的分组，将类似的零部件合并、汇集成一组，再针对不同零部件的特点组织相应的机床形成不同的加工单元，对其进行加工，经过这样的重新组合可以使不同零部件在同一机床上用同一个夹具和同一组刀具，稍加调整就能加工，从而变小批量生产为大批量生产，提高生产效率。

成组技术具有如下优点：

①产品设计的优势　从产品设计的角度，成组技术主要的优点是能够使产品设计者避免重复的工作。即由于成组技术设计的易保存和易调用性，使得它消除了重复设计同一个产品的可能性。另一个优点是它促进了设计特征的标准化，这样使得加工设备和工件夹具标准化程度大大提高。

②刀具和装置的标准化　有相关性的工件分为一族，使为每一族设计的工装夹具可以被该族中的每一个工件使用。这样通过减少工装夹具的数量从而减少了工装夹具的花费。

③提高了材料运输效率　当工厂的布局是基于成组原理时，即把工厂分为单元，每个单元由一组用于生产同一族零部件的各种机床组成，这时原材料的运输是很有效的，因为这种情况下零部件在机床间的移动路径最短。

④提高经济效益　应用成组技术生产的工件可以获得只有在大批量生产才能够获得的很高的经济利益。

⑤加工过程和非加工过程时间的减少　由于非加工时间的减少，使得加工过程和非加工时间相应地减少。换句话说，由于材料传递在每一个单元内有效地进行，工件在机加工部门间有效地传送，加工时间大大缩短。以成组技术原理设计的工厂的生产非加工时间相比以工艺布局的工厂要短的多。

⑥更加快捷、合理的加工方案　成组技术是趋于自动化的加工方法。可通过合理的工件分类和编码系统来获得，通过对每一个工件编码，可以很容易地从计算机中调出该工件的加工方案。

15.1.1.3　零部件混流生产管理

板式家具是指以人造板为主要基材，以板件为基本结构单元的拆装组合式家具。板式家具工业化生产最主要的特征是零部件具有标准互换性、工厂规模化加工、成品组装化生产。板式家具设计与生产中成品组装遵循"32mm 装配系统"，生产工艺遵循"零部件即产品"两个重要准则。

板式家具生产将大规模、高效率、工序高度分散的生产线作为首选生产模式，用于生产高质量、大批量、品种单一的家具产品，机械设备是功能相对单一、结构简单的专业化机床。20 世纪 70 年代初以来，板式家具生产线是国际家居制造业首选的生产模式。形式单一、结构简单、生产批量大的各种拆装板式家具，通过高度专业化的生产线生产，可以降低单位产品的固定成本，提高市场占有率，这几乎成了一条统治家具生产工艺设计和管理的"黄金定律"。很多家具生产企业在当时利用这一定律获得了巨大的成功。

板式家具定制生产模式是对规模工业化生产模式的一种改良，其典型做法是生产过程中引入计算机信息化解决方案。即从产品设计、工艺规划、加工生产，到原材料、辅助材料、刀具、机械管理统统纳入中心计算机控制。把"工业信息化"和"产品制造"深度融合，利用计算机管理将小批量的家具订单，集中分类，将相同或相近的零部件成组排产，设计、制造过程，以及设计图纸、原辅材料、刀具管理信息化，将单件、小批量生产集成为规模工业化集成生产。

如果家具制造系统的生产工艺管理完全采用计算机进行信息化管理，计算机精细生产规划软件对产品逐日、逐批、逐一排产，在计算机管理下生产有条不紊地执行生产计划。生产过程中原辅材料、半成品、成品和工具、刀具按数字编码管理，计算机数控机床组成的生产线，仓储物流系统按编码执行加工工艺和分配流动，加工执行系统只认零部件不认产品，生产线上可以有多个订单产品的零部件在加工，但生产过程只认零部件，不知订单，实现"零件混流"的生产，提高生产效率。零部件加工完成下生产线出车间按编码分拣到各订单，由智能仓储物流系统发货。

实现零件混流生产需要如下条件：

(1)引入成组技术方法

成组技术方法的核心是成组工艺,是把结构、材料、工艺相近似的零件组成一个零件组,按零件组制定工艺进行加工,从而扩大批量、减少品种、采用高效方法、提高加工生产效率。成组工艺实施的步骤为:产品设计过程中对零件分类成组,制订成组零件的加工工艺,设计成组工艺装备,组织成组加工生产线。

成组技术解决的问题是改善多品种、小批量生产的组织管理,以获得如同大批量生产一样的经济效益。成组技术的基本原则是根据零件的结构形状特点、工艺过程和加工方法的相似性,打破多品种界限,对所有产品零件进行系统的分组,将类似的零件合并、汇集成一组,再针对不同零件的特点组织相应的机床形成不同的加工单元,对其进行加工,经过这样的重新组合可以使不同零件在同一机床上用同一个工艺规程加工,从而变小批量生产为大批量生产,提高生产效率。

板式家具生产中产品零部件具备相当的相似性,因此具备采用成组技术进行加工和管理的条件,可以使定制的小批量、多品种产品生产制造时,在产品成本和加工时间上同大批量生产时一致。采用成组技术方法可以解决加工速度、生产成本、出错率等问题。采取高速、高效生产方式应对市场快变需求,低成本实现从材料到商品的转化。

(2)产品订单具备合理的数量

定制家具实现的途径是在板式家具生产工艺的基础上,引入计算机生产过程信息化解决方案,对大规模、大批量工业化生产的板式家具生产方式进行改良。引入成组排产技术、柔性生产线、零件数码化管理、实现零件混流加工,将单件、小批量生产集成为规模工业化生产。产品订货、设计、销售、配送、安装网络化。

定制家具是小批量、多品种、轮流、成组生产,成组技术主要是对零件分类归组,将具有相似属性的零件归并一组,建立供检索和重复使用的信息和资源库,给出同组零部件的标准或统一的加工工艺方法,扩大相似零件的批量,降低因差异而重复生产所造成的生产技术准备的成本,提高生产效率,降低成本,同样有大量的技术数据存储、交换,所以生产管理过程中存在大数据和数据库,如产品设计资料和加工工艺数据库,数据库中存储所有的产品资料,重复生产时无需重新设计,由计算机经过检索、比对、确认和调出,即可使用。因此成组生产要求又足够数量的订单,可以集成足够数量的相同的零件,如果订单数量不足,很难构成成组生产模式。同时成组生产又要求生产线上同一段时间内存在的订单数量也不能过多,订单数量过多,又不利于组织成组生产。所以针对不同的不同性能和数量数控机床组成的柔性生产线,产品订单应具备合理的数量。

(3)构建产品资源和加工工艺资源数据库

数据库是依照某种数据模型组织起来并存放在二级存储器中的数据集合。数据库的数据集合具有如下特点:减少重复,以最优方式为特定组织的多种应用服务,数据结构独立于应用程序,对数据的增、删、改和检索由统一软件进行管理和控制。采用成组技术方法,采用并行流程,围绕产品族进行开发设计,建立合理的产品族结构,利用成组技术对千差万别的零件分类归组,将具有相似特征或属性的零件归并成一组,建立可检索,并可以重复使用的信息和资源库,给出同组零部件的标准或统一的加工工艺方法,扩大相似零件的批量,降低因差异而重复生产所造成的生产技术准备成本,提高生产效率,降低成本,因此,生产过程中产品资源和生产加工资源的数据库尤为重要。

板式家具是零部件装配形成的产品。一个企业根据内部产品零部件属性和图形信息,建立产品设计图册和图形库。图册和图形库的内容是所有产品的设计图纸,图纸按照产品的零部件分类编号,用于计算机检索。成组技术首先从产品研发阶段开始,摆脱传统的设计模式,使产品设计实现简单化、模块化、标准化和快速化,因此在产品开发阶段可以有效使用数据库中标准的零部件模块,使企业最大限度利用现有的资源,因此建立产品设计方案、图纸、标准产品、标准零部件数据库可使产品设计更合理、快捷。

规模定制制造系统面对的是随时性的生产需求,种类繁多,交货期短,家具生产系统必须具有足够的柔性和响应速度来处理动态的市场需求。传统的批量化生产的家具制作系统难以应付订单的灵活插入，频繁的订单改变和批量的改变，因为这些变化会导致生产的混乱，生产周期延长。对于生产周期长而又需要大量定制的零部件首先开具生产通知单，提高整体的生产效率，降低由于生产排单不合理而导致的人力资源浪费，同时使产品能够在规定时间内出货，完成生产任务。为避免分散存贮工艺加工过程中各相关的技术数据，减少存贮单元的数量，使所有的工艺参数在整个工厂系统中能互相兼容，统一工厂的产品设计和控制信息系统，有必要建立一个工艺规程数据库，以提供标准的产品设计信息。根据标准的方法，编写独立于机床设备的加工程序，此程序可以被 CAM 识别并翻译成机床可执行的程序，在系统以外，修改已经数据化的产品技术参数。因此建立原材料、辅料、刀具、工具和加工工艺规程数据库势在必行，对定制产品编排产品生产工艺单，计算机辅助工艺设计，自动调拨原料、辅料，安排加工设备和工位，统计制成品出厂状况等。

定制生产是根据客户的个性化需求，以批量生产的低成本和高效率提供个性化的产品和服务的生产模式。定制生产模式的核心是在多样化和定制化家具品种急剧增加的状况下，不增加成本，提供战略优势和经济价值。生产制造系统是符合多品种、小批量产品生产的计算机数控加工机械和辅助系统，依靠柔性制造系统来完成。因此由中心计算机管理控制柔性生产系统，即建立具备快速响应需求变化，可以高效、可靠地完成加工的机械设备资源数据库也十分必要。

(4) 建立企业内部信息通讯系统

为了便于柔性工艺系统的集成和控制，工厂信息通信和监控系统是至关重要的。工厂信息系统的结构组成和功能如下：根据生产工艺 EDP 所列的生产计划制订的生产程序，包括根据设备和原材料原始数据制订的加工中心优选的生产工艺计划安排，根据机床设备技术性能制订的机床加工工艺方案 CAM，分配协调工厂技术信息流向各控制器和执行机构，保证加工工艺技术数据的准确传输，生产过程的跟踪监控，内部管理和生产过程的有效控制。

一般的工厂信息系统可以完成加工阶段的各主要功能，如加工区域内的纵横裁板、封边、钻孔、装榫等，系统可以根据主要的生产程序制订加工中心的优选生产计划，然后根据计划将加工工艺技术数据传递到每台机床。在生产工艺的各个阶段，大量的技术数据和管理程序统一由中心计算机管理，完成各系统、数据库之间的信息交换，此项技术不仅适用于自动加工中心，也适用于手动加工生产工艺，特别是在生产大量的、组成部分特别复杂的生产工艺线上。监控系统对切削加工系统各机床的加工状况进行监视，对工件进行自动检测，对刀具进行自动补偿。

15.1.2　板式家具柔性加工系统

柔性加工制造系统是一个由计算机信息处理系统、控制系统、数控加工中心和原辅材料的自动储运系统有机组合而成的整体，可以按任意顺序加工一组有不同工序和加工节拍要求的工件，能适时地自由调度管理。该系统可以在设备的技术性能范围内自动适应工件品种和生产批量的变化，其最重要的特征是可以获得机床最大的利用率和提高生产效率。把多个柔性系统连接起来，用中心计算机进行管理控制，纳入 CAD、CAM 及企业的经营和管理系统，即可组成一个自动化柔性制造车间或生产企业。

家具柔性生产工艺是 20 世纪 80 年代后期发展起来的高新综合技术产物。当时，在 CNC 镂铣机的基础上研制出了 CNC 木材制品加工中心。这些机床设备均采用计算机数字控制，效率比普通机床高 3~4 倍，加工精度高，没有人为因素产生的加工误差，加工质量稳定。随着 CAD、CAPP、CAM、CAT(computer aided translation)技术的进一步完善，人们试图发展一种将设计、制造、检验三者结合在一起加工系统，这就是柔性加工系统。

15.1.2.1　柔性的度量

柔性是指工厂或生产车间系统具有同时加工多种产品形式的能力、容忍故障的能力和无人照看条件下延长运行时间的能力，即对变化调节的能力。柔性有如下三种基本形式：

①溶合柔性　是系统适应产品形式变化的能力，可以用从产品设计至投入生产的时间来衡量。时间越短则系统的溶合柔性越大，这对加工批量小、结构形式复杂、多变的产品至关重要。

②容量柔性　是系统适应产量变化的能力，是以系统有用的能力和被利用的能力间的比值来计算的。

③可扩展柔性　表明系统适应引入新产品的能力，即生产工艺系统对市场的需求变化做出相应的反应、进行调节快慢的能力，这对系统适应市场的需求，在短时间内生产出适销对路的产品，在战略上有重要的意义。

15.1.2.2　柔性生产系统的组成

FMS 是数控机床与自动物料传送装置相结合，由计算机控制的加工综合体，能自动同时完成多品种、中小批量的生产任务。FMS 主要由多工位的数控加工系统、自动化的物料输送和贮存系统、计算机控制的信息系统三个部分组成。

柔性制造系统的功能如下：①以成组技术为核心对零件分析编组；②以计算机为核心编排作业计划；③以加工中心为核心自动换刀、换工件；④以托盘和运输系统为核心存放与运输工件；⑤以自动检测为核心自动检测、定位和自锁。

柔性系统的机床一般由 5~10 台机床组成，10 台以下的占 75%。若将 FMS 的应用突破部门的限制，把各个部门，如计算机辅助设计(CAD)、计算机辅助工艺过程设计(CAPP)、计算机辅助加工(CAM)、计算机质量保证系统(CAQ)、生产信息管理系统(MES)、自动化制造系统(MAS)等用中心计算机集成起来，就是计算机集成制造系统(CIMS)。

15.1.2.3　自动储运系统

由于加工没有一定的节拍，系统必须具备储存装置，以调节各工位间加工时间的差异。其主要的形式有：①大型的托板自动交换台(automatic pallet changer，APC)，即多工位环形或圆形的托板运输装置，它即是一个储存站，又负责运送并与机床工作台交换工件；②回转式环形多层立体仓库；③回转式环形平面仓库；④大型仓库，具有被保管物品的取送、在库管理、出入库指令等自动功能，以适应系统发展的需要。

运输线路的形式基本上可分为四种：直线型、封闭回路型、随机存取型和机械与柔性单元连接型。应用最广泛的是封闭回路型。运输设备主要有输送带、轨道小车、悬挂运输机、各式吊车等。

15.1.2.4　柔性生产工艺的集成组织管理

该管理系统不仅仅要对生产过程的某个环节，如 CAD、CAM 等进行管理，而是要综合、分析、协调整个生产过程的各个环节，为生产工艺中各个环节间工艺技术参数的输送、交换提供一种安全有效、准确及时的方法。其目标是优化各环节的联接，加强各环节的综合、协调能力。

柔性工艺生产系统一般有如下层次组成：

①加工机床层次　包括生产机床、自动输送线、物料交换台、工业机器人或机械手、CNC 机床控制系统等。此层次中每个系统是相对独立的单元，处于不同的水平上，执行对工件的加工任务。

②柔性加工生产单元　包括物料的输送系统、生产计划管理、计算机管理、CNC 机床控制系统等。每个单元是一组工作站，每个单元配备可编程序、具有记忆功能的控制器，控制器存贮记忆每个工艺环节的各种技术数据、信息和操作指令，操作指令上一层次的机床。

③监督控制管理加工的控制元件区　这是柔性系统的中心，是整个生产加工实施至完成阶段，如锯割、裁板、封边、钻孔、装榫、组装等各加工环节的控制管理区域。这里包括根据设备和原材料资料数据所优选的加工工艺程序，根据 CNC 机床可实现的加工工艺制订的加工工艺技

术参数，以及分配协调技术数据流向各单元控制器和执行机构，保证加工数据和参数的准确传递等。因此其功能是监督管理一定数量的柔性单元及单元间的材料、数量、比例和动作协调，主要是生产计划调度、工艺过程控制、原材料管理、外购标准件管理和刀具的管理，即为柔性加工系统(FMS)。

④柔性自动化工厂(factory automation，FA)　此层次是一个非常复杂的生产工艺过程，这里包括具有以上三个层次的若干个柔性系统组成的一个加工系统或工厂，柔性系统具有高度集成的能力，包括诸如逻辑分析、自我维护调节、综合判断的能力，有 CAE(computer aided engineering)、CAD、CAM、CAT 以及办公自动化等方面的支持。

15.1.2.5　家具柔性制造的控制系统

控制系统负责管理柔性系统各种机构的协调配合，以实现生产工艺过程的自动化操作。控制系统控制包括机床、物料储运、监视、通信和系统的控制及计算机系统，计算机的软件提供所有的控制管理及监视功能，以使系统充分利用。计算机控制系统如图 15-3 所示。

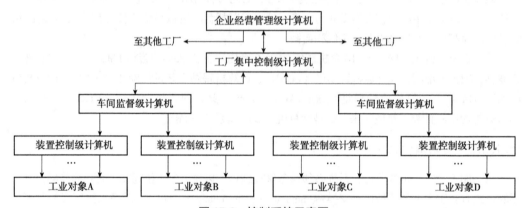

图 15-3　控制系统示意图

FMS 的控制分级如下：

①厂级控制　主要完成制订协调控制全厂范围内材料的需求计划、控制全厂的工艺生产计划、管理和控制全厂的数据库和信息系统三个职能。

②FMS 的一级控制　各种生产工艺计划的制订和评估，主要从事的内容是制订 FMS 较长期的运行决策，评审 FMS 运行的各项性能，提供 FMS 运行的辅助支援。

③FMS 的二级控制　为生产工艺过程的协调控制。其主要功能是对生产线上的零件按类别分批，以最优的方案分配 FMS 的资源并均衡地、有效地加工利用，适应上一级计划和物料流的变化。

④FMS 的三级控制　指生产工艺过程中机床设备的控制和管理工作，即各数控加工中心的数控微机系统，其主要功能是加工工艺过程的优化处理，刀具的分配，进刀、行刀计划，作业指令的制订、传送和发出。

控制系统需用的软件包括机床控制、运输控制、监视系统、检测系统、仓库管理、过程控制、质量控制、刀具及工具库管理、数据库管理、数据控制、仿真等功能。

为了便于柔性工艺系统的集成和控制，在控制系统中有三个部分是至关重要的：一是工艺技术数据库，二是工厂信息系统，三是监视系统。

15.1.3　智能制造的解决方案

智慧工厂采用的生产模式是智能制造，智能制造模式主要的体现形式是数字化自动加工、网络化连接、信息化管理。数字化和信息化是将许多复杂多变的信息转变为可以度量的数字、数据，再以数字、数据建立适当的数字化模型，将其转变为一系列二进制代码，引入计算机内部，进行统一处理。网络化是指利用通信技术和计算机技术，把分布在不同地点的计算机及生产车间各数控机械设备、各数据监测点和传感器等电子终端互联起来，按照一定的网络协议，相互通信，以达到所有用户都可以共享软件、硬件和数据资源的目的。目前板式家具已经实现了定制化生产，通过计算机信息化生产工艺管理和数字化生产的技术手段，将原来的大规模工业化生产，转换成为集成订单的混流工艺、柔性化加工。

企业的经营理念应当是以客户为中心，以客户为中心主要是两个方面，一方面，由大规模的流水线的生产方式转向定制化规模生产。如家居产品中，家具、地板、门窗等都属于大规模的工业化生产，现在要转变为定制化生产。另一方面，从生产型制造业向全生命周期的服务型制造业转变。而物联网、云计算、大数据技术的迅猛发展，完全可以把企业的机械设备和设施在内的工业网络与先进传感器、控制装备和应用软件相连，把服务整合在内，延展到产品的全生命周期和产业链的同时，也延伸了企业的价值链。

15.1.3.1 家具智能化生产技术

基于数控加工设备、工业机器人、数控立体仓库等装备，家居制品制造设备的传感和控制元件，实现生产过程的数据采集与生产管理系统的运行控制，即可以实现定制家居制品的柔性化生产。家具生产企业原材料、半成品和产品仓储智能管理的软件，给生产过程的原材料、半成品和产品赋予条形码或二维码，使其智能化，自身携带产品设计、工艺信息，将每班消耗、产出、合格率、入库、发货等生产流程环节的物料和工艺数据进行统计和管理，通过物联智能管理系统，实现原材料和产品识别与信息采集、库管和过程管理功能。基于木制品生产企业的产品数据库、企业资源数据库、工艺技术数据库计算机存储和检索产品信息，节省产品生产中的技术准备时间，可以实现生产车间不同工艺的快速转换。

15.1.3.2 智慧工厂的实施方案

（1）智能工厂管理系统

智能数字工厂管理系统（intelligent digital factory management system，IFMS/MES+）是生产过程信息化管理的重点，它是基于公司架构、面向车间加工工艺过程管理的信息化管理系统。能够实现加工过程中排产、工艺控制、品质管控等的高度集成，对工厂加工过程的各环节进行统一调度，实现生产过程人、机械、物料、工艺、环境、检测等全要素的数字化管理（图15-4）。

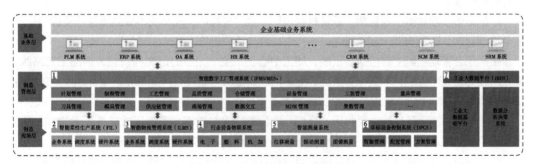

图 15-4　智能数字工厂架构图

（2）智能柔性生产系统

智能柔性生产系统（FIL）是生产信息管理系统与自动化制造系统高度集成的智能柔性生产系统。在这个系统中，所有的加工机械、传感器、测量系统与生产计划、生产工艺、产品品质要求高度融合、协同，集成在一个系统平台中，并能动态配置，实现工业 4.0 数字化工厂要求。其主要功能与特点：①计算机数字化管理系统与数控自动加工系统高度融合，系统管理软件与生产机械、检测装置、数据采集传感器等硬件集成在一个平台上自动接收调度中心信息，如生产计划、原辅材料信息、加工中心指令等自动安排生产。生产指令可以直接下达到自动生产机械、执行机构。实现人机之间、设备之间互联互通。②制造过程全程追溯，机器视觉与智能传感相结合，实现生产系统自动在线检测。自动剔除缺陷产品，对产品品质进行实时评测、记录，并发布在线检测报告。可实现多任务订单同时并行混流生产。系统可实现三个典型的智能制造场景：个性化定制产品的规模化生产，生产系统根据订单变化动态自动重构生产资源要素，根据大数据分析结果动态性地调整生产要素的配置。

（3）智能物流系统

智能物流系统（intelligent logistics management system，ILMS）指在加工企业内部集仓储管理与物料配送管理于一体的仓储物流管理系统。在这个系统中，所有的物料配送都建立在物联网技术和信息处理技术的基础上，相关配送指令根据排产流程指令及拉动式要求展开，输送机械可根据要求规划最佳路径。其主要功能与特点：①与 ERP（enterprise resource planning）系统、MES 系统、FIL 系统一体化集成，对储存现场数字化空间设计，库位精确定位，与生产指令、仓储库存信息高度集成，可自动生成配送指令，配送到位后可在 MES 系统、ERP 系统自动生成汇报单据。②FIL 生产系统与物流系统无缝对接，能够精确配送到工位，采用 WIA-FA 工业无线物联网，信息高速无线传输，AGV 等智能搬运工具，采用磁条、惯性、图像等导航系统，实现复杂场景应用。③智能搬运全程可控，通过视觉辅助，智能搬运工作精度控制在 1mm 内，智能搬运工具有叉车、真空吸盘、带式或辊台运输机等，点对点配送路径的自动规划，搬运工具可自行接驳立体仓库。

（4）智能检测系统

智能检测系统是为实现加工过程中各关键节点运行状况实时检测、数据实时传输和数字化管理要求，利用光学设计、结构设计、电路设计、机器视觉设计、PLC 设计和 DSP 算法、ARM 算法、FPGA 算法等，研发位移测量、振动测量、图像测量等多种智能测量解决方案。

智慧工厂的智能数字工厂管理系统（IFMS/MES+）、智能柔性生产系统（FIL）、智能物流系统（ILMS）和智能检测系统同处于一个顶层设计架构下，可以实现数据库间数据交互，系统间的业务逻辑。IFMS 协助企业组建一个高度灵活的生产组织，通过结构化的生产数据来缩短生产管控水平，快速发现生产过程中产生的问题，提升现场的管理水平、优化工艺流程、改善产品质量、提高生产效率、降低损耗与成本。其各功能内容如下：

生产管理功能主要包括：自动排产管理；工厂的监控与调度，与 ERP 系统接口集成，流程实时汇报管理等。

产品品质管理功能主要包括：原辅材料进厂、生产过程中、成品或半成品质量检验管理，产品全追溯管理，在线 SPC（statistical process control）统计分析等。

生产工艺管理功能主要包括：工序、加工中心、工位、工步的定义与管理，产品工艺路线、作业路线的定义与管理，车间物料搬运、配送路线的定义与管理，产品工时定额管理，工艺物料清单管理等。

车间仓储物流管理功能主要包括：仓库、库位的定义与管理，条形码或二维码管理，材料、半成品、成品的入库、调拨与出库管理，外协移库管理；供应商仓储库存管理等。

生产供应链管理功能主要包括：供应商库存管理、供应商备选管理、预测采购订单管理、正式采购订单管理、收货管理、财务管理、供应商绩效管理等。

工厂或车间数据联通交换功能主要包括：各种系统的数据接口、交换、核对等。

集数管理功能主要包括：传感器配置管理；设备配置管理，传感器、设备原始数据管理等。

MDM（master data management）管理功能主要包括：物料组、参数的定义与管理，编码规则管理，编码管理，基本视图、采购视图、销售视图、MRP 视图、计划视图、会计视图、成本视图的编制及审批管理等。

加工设备管理功能主要包括：机械、机械主要附件的编号管理，机械的点检、保养、维修管理，机械的登记、验收、调动、封存、报废、出售、盘点管理等。

刀具、工装、模具、量具管理功能主要包括：刀具、工装、模具和量具的登记、入账、入库登记、上架登记、下架登记、借用、归还、报废、维修、检定管理等。

生产现场管理功能主要包括：车间生产线看板管理，移动终端管理，用于物流交接、机械点检、品质管理，工位终端管理，用于对现场工位的计划、品质、工艺作业指导书下发等。

生产工艺过程监控管理功能主要包括：生产现场状况实时视频监控，现场故障干预和处理。

（5）设备物联系统

设备物联系统是根据不同木质家居制品生产线上的加工机械，分别开发相应的硬件模块和软件管理系统，实现机械物联网级别的互联互通，从而对机械实现有效的运行、维护管理与监控。其主要功能与特点：①防错料管控，在加工机床或工位切换不同加工对象、上料、换料、加工工艺程序变更时，系统要将待上料的机台、料仓、通道对应关系与标准材料表进行比较，自动根据校验规则进行校验，校验通过才能正常生产，从而防错、避免报废。②全追溯管理，基于生产机械状态、生产人员、生产环境情况、生产投入材料批次、生产工艺以及品质信息实现物料的全追溯管理。③机械数据自动采集，利用控制模块，实时获取机械运行状态、原材料状况、质量数据、机械运行参数、产能等数据，替代人工抄录。④无纸化作业，系统运行全过程无手填报表，全过程使用二维码识别，用手持移动终端（personal digital assistant，PDA）代替人工输入，提升工作效率。系统基于采集的数据自动生成电子报表。⑤生产报警，生产过程发生异常，系统报警。

（6）工业大数据平台

工业大数据平台（IBDS）以 Hadoop 架构为基础，存储企业生产链各个环节所产生的各种数据，满足智能制造大数据存储和可靠性要求；并提供数据分析决策能力，利用大数据驱动业务发展，构建制造型企业新型能力。其主要特点及功能是：①扩展性能，数据免迁移，支持异构数据源重复使用，可实现多元数据快速接入。②数据分析、处理和应用能力强，强大的并行处理实时数据能力。统一监控，高效预警，发现生产异常，产生报警信号。可实时分析诊断机械状况、能耗、质量事故，可通过数据建模进行仿真。③大量数据的实时采集、存储能力，高速接入机械采集终端生成的实时工业数据。可完成结构化数据、非结构化数据的海量存储及管理。

15.2 定制板式家具机械

15.2.1 数控裁板锯

数控裁板锯，常用名为电子开料锯，又名数控板材开料锯、电脑控制裁板锯、卧式精密裁板锯等。数控裁板锯是将单张、多张木质人造板裁切成小规格板件的一种加工机械。由于数控裁板锯有着高精度、高产能、高出材率和操作工人劳动强度低等特点，使其广泛应用于家具、建材加工行业。

数控裁板锯的最大加工长度有 3100mm、3200mm、3800mm、4300mm、5600mm 等规格。对于定制板式家具而言，3100mm、3200mm、3800mm 可以满足锯切人造板常用规格的板材，如 4′×8′in（1220mm×2440mm）、4′×9′in（1220mm×2745mm）和 7′×9′in（2135mm×2745mm）；最大加工厚度通常在 40~120mm。定制板式家具生产时，一次锯切往往只锯切一张板，效率较低；揉单效果好的，会同时进行 2~3 张板叠切，最大锯切厚度 75mm 即能够满足使用要求。

15.2.1.1 分类与特点

根据板材上料的方式，数控裁板锯可以分为前上料数控裁板锯（图 15-5）和后上料数控裁板锯(图15-6)。前上料数控裁板锯板材从锯机的前方上料,因价格低,使用最为广泛;后上料数控裁板锯板材从锯机的后方自动上料,价格较高,但因自动化程度和效率更高,劳动强度低,在大中型定制家具企业使用广泛。

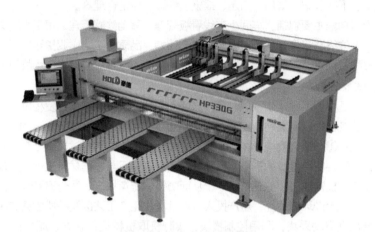

图15-5 前上料数控裁板锯

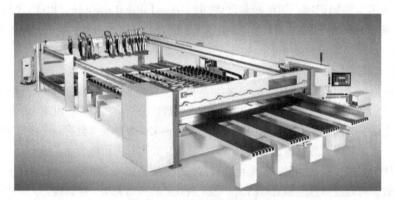

图15-6 后上料数控裁板锯

根据锯切的方式,可以分为单机式数控裁板锯和纵横数控裁板锯,上述前上料数控裁板锯和后上料数控裁板锯都属于单机式数控裁板锯,单机式数控裁板锯应用广泛,更适用于板式定制家具的生产;纵横数控裁板锯(简称纵横锯)是后上料式的锯机,虽可以一次性实现纵切、横截,但投资很大,通常用于人造板行业和大批量生产模式的家具企业(图15-7)。

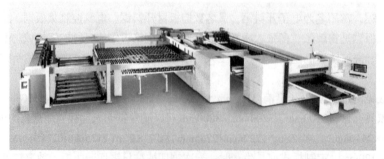

图15-7 纵横数控裁板锯

根据作业模式和锯机的结构、重量,数控裁板锯分为轻型机和重型机,轻型机通常适合单班作业,重型机可以适应2~3班的重负荷作业。

15.2.1.2 结构组成和工作原理

(1) 控制系统

控制系统是数控裁板锯的大脑,负责给各个加工单元发出加工操作指令,从而实现数控开料。控制系统包括硬件和软件两部分。

硬件由电脑主机、显示屏、鼠标、标签打印机等构成,必须配有有线、无线网卡以及 USB 接口,用于接收加工程序和远程诊断。为了适应工厂长期不间断稳定使用,以及防尘、防震、耐高温、坚固耐用等要求,电脑主机多采用工业电脑。软件包括操作系统、控制系统和板材开料优化软件。

操作系统负责管理硬件,控制其他程序运行,并为用户提供交互操作界面(图 15-8),通常采用微软的 Windows 系统。

控制系统往往是设备制造商自己开发的控制系统软件,用于控制数控裁板锯的上料、锯切等各项加工操作;在锯切时通过二维或三维动画显示锯切过程和生产的完成情况;在发生故障时通过文字、图片或录像显示故障发生的位置及解决方法;可以通过远程诊断由设备供应商提供远程故障诊断、软件升级等服务;生成加工数据、锯片磨损数据及设备工作时间等数据。要求操作简单、界面直观以及加工过程可实时监控。

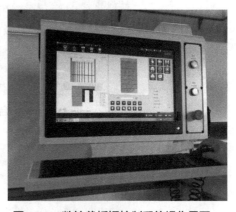

图 15-8 数控裁板锯控制系统操作界面

为了达到板材的出材率和效率最大化,还需要有单独的板材开料优化软件。优化软件通常是在办公室使用,主要用于对板材锯切方案进行最佳优化的编制,可以实现多订单合并优化,并根据不同锯机的参数,生成开料优化方案及对应的锯切程序,分配给不同的数控裁板锯,通过网络或 USB 闪存盘将锯切程序和工件标签信息导入到数控裁板锯的电脑,锯切出工件的同时,由标签打印机同步打印出一一对应的包含加工数据、图形和条码的标签,便于操作工通过标签识别工件后下料堆垛。后期的封边、钻孔、分拣、包装等工序,也是通过人工识别此标签上的文字与图形信息、扫描标签上的条码,从机器的电脑上自动调用加工程序而进行加工。优化软件还可以实现数控裁板锯与仓储控制系统的全面对接,动态显示仓储系统中的板材及余料的规格、花色、数量、位置等信息。

(2) 台面

台面包括锯切台面、后侧进料台和前侧辅助上、下料台面。通常采用气动浮珠台面,有效防止板材划伤、板材移动更轻便。

锯切台面和前侧辅助上下料台面,如图 15-9 所示,通常由酚醛树脂板制成,前侧辅助上下料台面配有气浮台,开机时,风机鼓风,将台面上的钢珠顶出,板材无论轻重,在移动过程中都可以轻松的与钢珠进行滚动摩擦,轻松省力。

经济型数控裁板锯的锯切台面一般不配气浮台,高配的数控裁板锯的锯切台面会选择气浮台如图 15-10 所示,使锯切台面摩擦小,使用寿命更长。

锯切台面在锯切线上开有通槽,是主锯片和划线锯片的通道,如图 15-10 所示;同时,在夹钳送料方向也开有会有槽口,如图 15-11 所示,逐个对应夹钳位置,便于夹钳送料时通过锯切线,实现最后锯切。

位于数控裁板锯后侧的后侧进料台面,由几条带有滑轮的承托架构成,必须能够稳定承托设备所能锯切的最大规格的板材,如图 15-12 所示。

(3) 锯切系统

图 15-13 所示为数控裁板锯机的锯切系统,锯切系统是数控裁板锯的核心系统,主要包括锯切小车、主锯单元、划线锯单元(也叫划线锯单元或预切锯单元)。

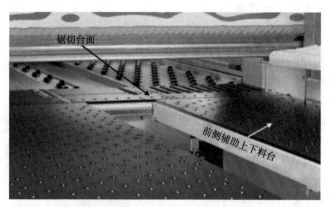

图 15-9　锯切台面和前侧辅助上、下料台

图 15-10　锯切台面配有气浮台

图 15-11　夹钳槽口

图 15-12　后侧进料台面

锯切小车要经过合理的配重设计,以减少与导轨的摩擦,确保其运行平稳,避免崩茬、掉角等问题的发生。

锯切小车在导轨上运行,通过齿轮齿条驱动,速度无极调整,导轨与齿轮齿条的精度与耐用性在一定程度上决定了锯切的精度与稳定性。锯车的运行速度通常在 80m/min 以上,以提供较大的产能。

锯座牵引采用齿轮齿条结构,伺服驱动,运行平稳;锯切时能根据木板宽度自动定位行程,使生产效率大大提升(图 15-14)。

图 15-13　锯切小车、主锯单元、划线锯单元　　图 15-14　锯车牵引机构

主锯单元和划线锯单元安装在锯切小车上,通常具有机械或气动等快速更换与夹紧锯片功能,靠手动就可以实现快速更换锯片,如图 15-15 所示。

为了避免板材锯裁时发生崩边和起毛,在锯切时,划线锯先在板材背面锯开 2mm 左右深度的浅槽,划开板材的装饰表面如三聚氰胺浸渍纸等,而后主锯将单张或多张板材锯开,划线锯锯路要比主锯锯路宽 0.1~0.2mm,为此,划线锯片由两个锯片组成,可以调整两个锯片的距离,从而调节划线锯的锯路。

锯片的升降采用曲柄连杆机构实现,配置高的数控裁板锯,主锯及压梁会根据锯切厚度自动调节高度,并可以根据不同锯切长度,自动调节锯切小车行程,减少空行程,以达到最佳锯切效果、提高工作效率的目的。

图 15-15　快速锯片夹紧系统

(4) 定位系统

定位系统是确保锯切精度的关键,由程控推板器、直角靠尺、压梁和侧靠器组成。

程控推板器由测量系统、导引系统、驱动系统、抓料系统构成,如图 15-16 所示,运行速度通常在 60m/min 以上。

导引系统通常采用滚轮和圆棒导轨结构,要求坚固耐用,高速运行平稳。驱动系统通常采用齿轮齿条结构,确保稳定的驱动。抓料系统主要由多个抓料器构成,每个抓料器配有单指或双指的夹钳,上料时要将板材紧紧靠住夹钳的背部靠档。在横截窄板件时,双指可以有效夹紧窄工件,因此靠近直角靠尺的几个夹钳多采用双指,远离直角靠尺的夹钳采用单指就可以满足需要,如图 15-17 所示。

通过双推手抓料系统,可以实现不同长度板材同步锯切,如图 15-18 所示。

(5) 压梁系统

独立的压梁压料系统,可根据板料的厚度控制锯片升出高度,从而达到更好的锯切品质。压

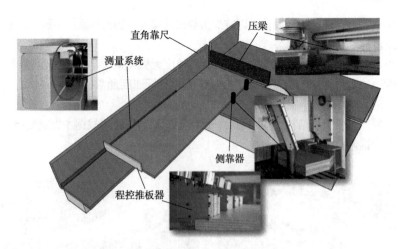

图 15-16　定位系统示意图

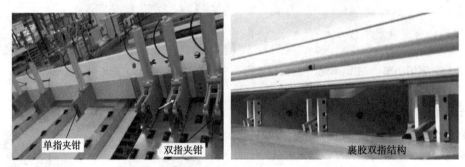

图 15-17　抓料系统及单指夹钳、双指夹钳

图 15-18　不同长度板材同步锯切的双推手

梁必须结构坚固，压梁自上而下平稳压住板材，压梁下方粘有橡胶缓冲垫，从而使振动最小化，且有效压紧板材。压梁的升降由一根同步传导轴，协同两侧的齿轮齿条同步升降，确保压力均匀。针对不同的板材数量、厚度和材质，压梁压力可调。压梁内部是方管结构，同时也是除尘通道，在端部设有除尘口，压梁下方的锯路开口略宽于主锯锯路，以达到较好的压紧和密封效果，从而使除尘效率最高（图 15-19）。

个别进口的高配数控裁板锯，会在锯路端部的靠尺上开孔，实现定向吸尘，达到更好的除尘效果。

侧靠器与直角靠尺、压梁联合作用，确保板材在锯切前与直角靠尺紧密接触。侧靠器有两种结构，一种是双侧靠轮，如图 15-20 所示，侧靠轮安装在压梁上，分别位于锯切线两侧，靠轮从上方降下，再将板材向着直角靠尺推，为了避免靠轮与台面产生摩擦，靠轮要高出台面几毫米，为此，不适合锯切薄板材；另一种是中央侧靠器如图 15-21 所示，侧靠器位于锯切线上，根据

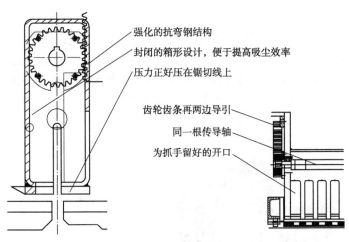

图 15-19 压梁系统

图 15-20 双侧靠轮侧靠器

图 15-21 中央侧靠器

板材的位置自动定位，针对板材的数量、厚度与材质，压力可以无极调整，且因为工作时，中央侧靠器由锯切线下方升起，就可以加工很薄的板材。

15.2.2　大板套裁加工中心

大板套裁加工中心又称开料加工中心，起源于欧洲，最早用于 MDF 吸塑门板的铣型和开料，只配铣刀轴。北美洲、欧洲、澳大利亚等地有大量的作坊式工厂，生产的产品供应周边地区，作坊式工厂往往前店后厂，场地小，因此希望设备一机多用，占地尽量小，为此欧洲木工机械企业将大板套裁加工中心增加了垂直钻组，垂直钻孔、开料一次完成，再配合单独的钻孔机进行水平钻孔，甚至于德国某些家具五金制造商开发了不需要水平孔的新型板式家具五金系统，以适应大板套裁加工中心无法准水平孔的现实。

大板套裁的产能不高，与"推台锯+三排或四排钻"的开料钻孔加工组合线相比，投资高。当"数控裁板锯+封边机+数控钻孔加工中心"新三件套板式定制家具生产模式风行于世时，中国的木工机械企业大多都采用跟随战略，但因为品牌、质量等因素，一直不能占据市场主导地位，直到国内某些木工机械制造商另辟蹊径，率先在国内推出大板套裁加工中心的开料和钻孔模式，因其投资较低，并能实现数字化生产，为广大中小企业提供了新三件套以外的另外一种选择，一些企业开始使用，并取得了一定的经济效益，迅速发展成为定制板式家具两大主流生产模式之一。

大板套裁模式之所以在中国广为流行，主要源于以下优点：投资较低，产能适中，数控加工模式，精度高、出错率低，比数控裁板锯的规方精度更高，后段的封边加工工段不需要规方功能，开料和垂直钻孔可以在一台机器上完成，没有累计误差，上料—贴标签—开料—除尘—下料可以连线作业，用人少。

15.2.2.1 分类与特点

①按照加工工艺连线方式　大板套裁加工中心可以分为单机和连线两种。单机式的大板套裁加工中心，如图15-22所示，投资较低，需要人工上下料，劳动强度较大，且上料、下料占用较多时间，影响了生产效率。如图15-23所示，连线式的大板套裁加工中心是在单机式的大板套裁加工中心上集成了自动贴标、上料、下料等装置，实现了自动化生产，生产效率大大提高，劳动强度较低。

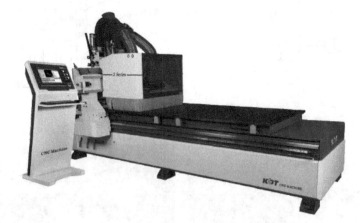

图15-22　单机式的大板套裁加工中心

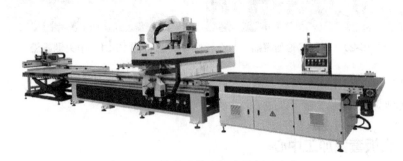

图15-23　连线式的大板套裁加工中心

②按照加工板材的最大规格　可分为4′×8′in(1220mm×2440mm)、4′×9′in(1220mm×2745mm)和7′×9′in(2135mm×2745mm)等几种，国内刨花板、中密度纤维板规格尺寸多为4′×8′in，因此一直以来4′×8′in是常用规格的机型，随着定制板式家具中整体衣柜的流行，4′×9′in大板套裁加工中心开始流行，且因为设备投资增加的不多，逐渐有替代4′×8′in的趋势。

③按照主轴和龙门机身的数量　大板套裁加工中心分为单龙门单主轴、单龙门多主轴(图15-24)、双龙门双主轴、双龙门多主轴等，市场上普遍使用单龙门单主轴，并配备自动换刀库，多主轴的往往不配刀库，如图15-25所示为双龙门四主轴大板套裁加工中心，通常用于交替加工，以实现不间断生产。

④按照加工工位数量　大板套裁加工中心分为单工位(图15-26)和双工位(图15-27)，目前市场主流机型是单工位的，双工位机型往往配备机器人，实现开料、封边、钻孔连线作业。

15.2.2.2 结构组成和工作原理

(1) 控制系统

控制系统是大板套裁加工中心的大脑，负责给各个加工单元发号施令，从而实现数控开料、钻孔。控制系统包括硬件和软件两部分。

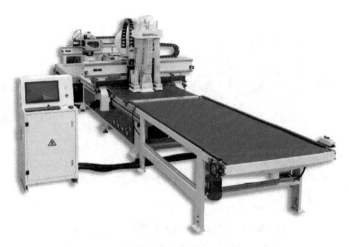

图 15-24　单龙门多主轴大板套裁加工中心

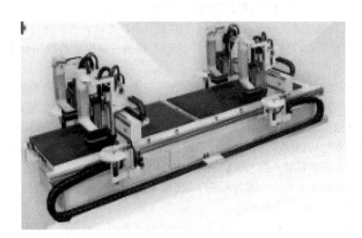

图 15-25　双龙门四主轴大板套裁加工中心

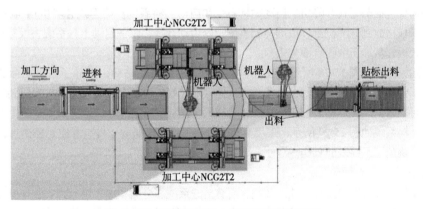

图 15-26　双机双工位大板套裁开料工作站

　　硬件由电脑主机、显示屏、鼠标、标签打印机等构成，必须配有有线和无线网卡，及 USB 接口，用于接收加工程序和远程诊断，为了适应工厂长期不间断使用、防尘、防震、耐高温、坚固耐用等要求，以维持长时间连续稳定运作，早期的主机多采用工业电脑。

　　软件包括操作系统、控制系统和板材开料优化软件；操作系统负责管理电脑硬件，控制其他程序运行，并为用户提供交互操作界面，通常采用微软的 Windows 系统。

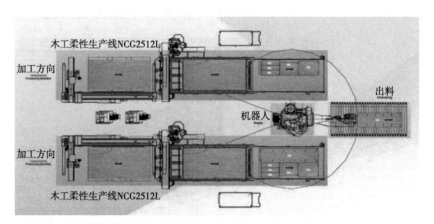

图 15-27 双机单工位大板套裁开料工作站

控制系统往往是设备制造商自己开发的系统，用于控制大板套裁加工中心的上料、开料、钻孔、下料等各项功能，在开料时通过二维或三维动画显示锯切过程和生产的完成情况；在发生故障时通过文字、图片或录像显示故障发生的位置及解决方法；可以通过远程诊断由设备供应商提供远程故障诊断、软件升级等服务；生成加工数据、锯片磨损数据及设备工作时间等数据。

为了达到板材的出材率最大化的同时，兼顾效率极大化，还需要有单独的板材开料优化软件，这种软件类似于用于数控裁板锯的开料优化软件。优化软件是在办公室使用，主要用于对板材开料、钻孔方案进行最佳优化的编制，可以实现多订单合并优化，并根据不同锯机的参数，生成开料优化方案及对应的锯切程序，分配给不同的大板套裁加工中心，通过网络或 USB 闪存盘将锯切程序和工件标签信息导入到大板套裁加工中心的电脑。

单机式的大板套裁加工中心，通常先在办公室按照开料方案打出对应的标签，在开料完成，板件推出到下料输送带时，人工贴标签。

连线式的大板套裁加工中心，在开料前，由标签打印机打印标签，并自动贴在板件对应的位置。

(2) 上料系统

上料系统包括剪刀式升降机、自动贴标系统和自动上料系统。剪刀式升降机用于存储板材，叉车将一垛板材放到升降机上，根据控制系统指令自动升降，以备自动上料系统将板材从升降台中抓取到大板套裁加工中心台面上去。

自动贴标系统如图 15-28 所示，在开料的同时，进行自动贴标，消除了人工贴标的错误概率，降低了劳动强度，可实现两台设备一人操作，配置高的设备会配备标签缺失报警装置，在缺标和错标时报警，以及贴标前的正位功能，无需人工摆料。

自动上料系统如图 15-29 所示，采用真空吸盘装置，直接抓取工件，悬空运输到加工不摩擦工件表面，避免了工件表面划伤。

(3) 机身与工作台面

机身是整台设备性能及稳定性的基础，所有传送系统、台面和加工单元都安装在机身上，因此机身用料、热处理、加工工艺都要严格要求。工作台面通常采用使用酚醛板等高强度板材如图 15-30 所示，在稳定性、高速运行、加工精度方面起到一个基础作用，通常，在机器安装完毕、调完水平后，会用铣刀将整个台面再铣一遍，以取得平整稳定的台面，不受真空力量大小的变化而变动，降低刀具的抖动。

实际生产时，工作台面上还要放置中密度纤维板用坐垫板，然后再将板件置于其上，确保将板件完全平稳地吸附在台面上。加工一段时间后，垫板表面的刀痕较多，影响吸附效果时，需要将垫板定厚砂光，再重复使用。稳定的机身和台面，不易造成工件崩边，并有效地提升刀具的使用寿命。

工件在大板套裁中心工作台面上的固定采用真空吸附方式，为此，要配置真空泵（图 15-31），根据使用要求，可以配置单泵、双泵。

图 15-28　自动贴标系统

图 15-29　自动上料系统

图 15-30　大板套裁加工中心工作台面
（金属真空腔体工作台剖切面）

图 15-31　真空泵

（4）电主轴

如图 15-32 所示为电主轴，电主轴是一种永磁高速电机，驱动刀具裁切板材和钻孔，是大板套裁加工中心的核心单元，因此电主轴要选择质量可靠、性能稳定的产品。用于木材加工的加工中心电主轴，最高转速可以达到 24000r/min，主轴功率通常要在 7kW 以上，以达到一定的切削速度。电主轴分风冷和水冷两种，木质材料切削用的电主轴常用风冷。

有些机型会为主轴配置自动换刀库（图 15-33），根据不同的加工需求，自动更换不同直径、不同结构的刀具，以尽可能少停机。

图 15-32　电主轴

图 15-33　自动换刀库

(5)自动对刀仪

配置高的大板套裁中心会配有自动对刀仪,如图 15-34 所示。换刀时,根据指令设备自动进行对刀,消除人工对刀器对刀的误差,以保证加工精度和切削质量。

(6)钻孔单元

钻孔单元用于板材开料前,对板材板面进行垂直钻孔,采用单独的电主轴驱动,控制系统可以驱动钻组中的一个或多个钻头同时进行钻孔,灵活机动,对产能要求不高时,可以选择带钻孔单元的大板套裁加工中心,以节省投资(图 15-35)。

图 15-34　自动对刀仪

图 15-35　钻孔单元

(7)传动系统与导向系统

传动系统包括 X 轴、Y 轴、Z 轴三个方向运动的驱动力传递和导向,X 轴、Y 轴方向由斜齿轮齿条驱动,Z 轴方向由滚珠螺杆驱动。导向系统均采用直线导轨(图 15-36)。主轴、钻孔单元和换刀库都安装在龙门上,而龙门则安装在机身的导轨上,通过伺服电机和减速机来驱动龙门高速运行。齿轮齿条与导轨均要求高耐磨、高精度,方能保证主轴在高速切削过程中的稳定和精度,避免工件崩边、波浪纹等质量问题。

(8)出料系统

在上料的同时,依靠跟踪推料吸尘装置,将料推到自动出料台上,如图 15-37 所示,实现自动出料后,机器人下料或人工下料。跟踪推料吸尘装置,会自动调节与工作台面的高度进行吸尘,无须人工二次气枪吹净。出料台配备光电检测,可根据情况自动进行开始和停止出料,防止板件掉落。

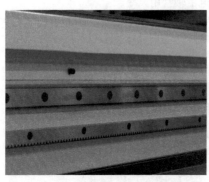

图 15-36　传动系统与导向系统

图 15-37　出料系统

15.2.3　两机联线的柔性封边线

两机联线的柔性封边机,通称为左右手柔性封边线,是将一左一右两台单面封边机通过中间的转移输送机连接起来(图15-38、图15-39),实现一次通过,完成板件的两边封边,一批板件除了厚度和封边带尽量一致外,长度和宽度任意变化;具有灵活、高效、高自动化等特点,非常适用于定制板式家具的生产。

板件长度一般为300~2500mm,板件宽度为300~1200mm,板件厚度为10~40mm,如有特殊需要,最大加工长度可达3000mm,最大板件厚度可达60mm。

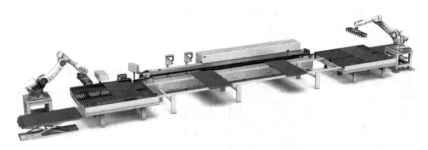

图15-38 柔性封边机单机自动扫描连线

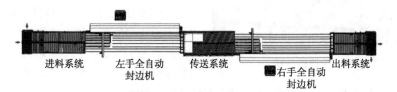

图15-39 两机联线的柔性封边线组成

15.2.3.1 分类与特点

按柔性封边生产线的配置,两机联线的封边柔性线可以分为经济型、标准型和豪华型。

①经济型 属于入门型,配置较低,没有定尺和规方单元,最大进料速度通常为25m/min左右,也不具备压梁高度自动调节功能;配有一个或两个封边带进料装置,在切换不同花色封边带或换新封边带时,都需要停机;厚度有变化时,也需要停机,人工调节压梁高度。适合于要求较低、单班作业的工厂。

②标准型 其配置相比经济型有了很大提升,增加了定尺和规方功能;通过程序自动调节压梁高度;最大进料速度可达35m/min,开跟踪修单元时,最大进料速度约25m/min。封边带进料架可装6卷封边带(图15-40);涂胶装置的溶胶能力大大提升,以适应更高的加工能力需求。

图15-40 可以装6卷封边带的伺服送带机构

③豪华型 在标准型的基础上，又增加了机器人上料和自动码垛等功能，最大进料速度可达35m/min以上；封边带进料架可装24卷，甚至48卷封边带，以适应多品种与高效率的个性化产品加工需求。

15.2.3.2 结构组成和工作原理

前面的章节已经就封边机的主要机械结构和工作原理做了介绍，本节不再赘述，以下就以标准型两机联线柔性封边线为例，介绍其主要配置，经济型与豪华型的配置也会对比标准型的配置予以说明。

(1) 进料输送机主要配置

滚筒输送机如图15-41所示，配有倾斜式传送滚轮与侧靠山，板件输送时，会自然向侧靠山靠齐。

(2) 进料扫描系统

固定式扫码装置通过支架安装在滚筒输送机上，如图15-42所示，工件通过时，自动读取工件上的条码信息，从而调取封边机数控系统中对应的工件加工程序，实现自动切换封边带、调整压梁高度、启动相应的加工单元等。手动扫码装置，用于特殊情况时，手动扫码，调取相应的加工程序。

图 15-41 滚筒输送机

图 15-42 固定式扫码装置

(3) 左手全自动直线封边机

两机联线柔性封边线上中的两台封边机，除了具备正常的预铣、板边预热、涂胶、封边、前后齐头、粗修、精修、跟踪修圆角、开槽、仿形刮边、刮胶、抛光单元以外，还需要有控制系统(图15-43)，包括硬件和软件两部分。

经济型封边线的控制系统比较简单，也不一定能够控制所有的工作单元，也不具备与工厂的MES或ERP系统进行实时对话的功能。

进料系统如图15-44所示，配有传送滚轮、侧靠山和上压轮组，上压轮组向内偏斜一定角度，碾压着板件向着靠山靠近，辅助送料进入封边机，直至封边机上压梁皮带压住工件。

图 15-43 封边机电脑控制系统

上压梁自动高度调节，在切换不同厚度的工件时，扫码调取加工程序后，实现快速调整。

封边线防粘胶分离剂喷洒装置(清洁和脱模装置)如图15-45所示，用于喷洒防粘胶分离剂于工件边部上下表面，封边过程中，挤压封边带会溢出一些胶，这些胶会浮在分离剂表面，由后面的胶线刮刀刮去，免去后续人工清胶环节。清洁剂喷洒装置如图 15-45 所示，用于喷洒清洁剂于工件边部上下表面，消除静电，抛光装置抛光时，将粘在工件边部的碎屑也清除干净。

图 15-44　封边机进料系统

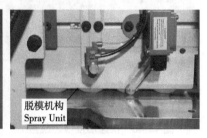

图 15-45　防粘胶分离剂和清洁剂喷洒装置

浮动铣边装置位于封边机的开放端（右侧），第一刀轴逆着工件进料方向旋转，第二刀轴顺着工件进料方向旋转，用于对板材的另一边进行修边和定尺，保证板材的宽度和平行度。

板件规方加工是板件相邻边垂直度和相对边平行度加工，规方进料单元如图 15-46、图 15-47 所示，板件规方加工单元是豪华型封边线的标配，以保证工件的垂直度和平行度，此单元由一组前靠装置和一组后推手构成，将工件夹着送入封边机，上压梁完全压住工件后，加工终了退出。

图 15-46　规方进料单元（左式直线封边机）

图 15-47　规方进料单元（右式直线封边机）

通常，先封工件的1#、2#长边，封1#长边时，启动浮动铣边装置，配合左式全自动直线封边机的双立轴预铣单元，保证1#和2#边的平行度，以及工件的宽度。后二次进入两机联线柔性封边线，此时，不开启浮动铣边装置，只开启板件规方进料单元，分别以工件的1#和2#边为基准，来封3#和4#短边，确保工件相邻边垂直。

快速切换修边装置如图15-48所示，豪华型封边线配置此快速切换修边装置，精修刀、跟踪修圆角刀及刮刀可以通过程序自动切换，以实现不同圆弧、斜角的边部效果。

（4）转移输送机

两机联线柔性封边线的滚筒输送机如图15-49所示，配有倾斜式传送滚轮，板件输送时，会自然转向右侧，进入右手全自动直线封边机。

图15-48 快速切换修边装置

图15-49 转移输送机

（5）右手全自动直线封边机

右手全自动直线封边机配置与左手全自动直线封边机相同，只是没有浮动铣边装置。

15.2.4 数控六面钻床

随着定制家具行业的发展，数控钻是近几年出现的新的机型，有五面钻和六面钻（图15-50）两种，可以一次性的完成工件的五面或者六面钻孔。

图15-50 数控六面钻床

现在的数控钻一般情况下与拆单软件配合，通过生产拆单软件信息，经过扫描条码，机器自动进行读取加工信息进行打孔加工的自动化设备。适合用户定制标准化生产，五面孔与六面孔的工件直接混单生产，无须分单。

数控六面钻主要由机身、进料和出料工作台面、传动和运动系统、钻组（一般配置为上2、下2和上2、下1）、控制系统等部分组成。

(1) 机身

机身(图 15-51)用于承载设备的各个部件,其稳定性至关重要,机身的变形会影响设备的使用精度,由于变形同时会降低线轨、滚珠丝杠等的使用寿命等。要求机身必须稳定,并经过热处理,使机身在长期使用中不变形。

(2) 进料气浮工作台

气浮工作台,方便大小件的摆放,操作时人员进入不到高危加工区,使操作更安全气浮避免快速移动时划伤工件,工作台通常采用采用高强度酚醛板。高压风机确保气浮有效的漂浮。有些气浮台还设计成可以平移式,可根据孔位灵活移动,这样可以提高钻孔精度(图 15-52)。

图 15-51　进料气浮工作台

图 15-52　双平移式气浮工作台

(3) 加工区工作台

加工区的工作台,需要不易划伤工件,在运动过程中工作台上不能存留粉尘和杂质(图 15-53),因为杂质会垫在工件的下面影响孔位的精度,同时工作台不要影响钻组的布局。

(4) 钻组

在钻组的配置上,一般上面采用双钻组布局,可对水平孔、垂直孔同时加工。下部可以采用单钻组或者双钻组的方式。钻组布局一般包含垂直钻、X 方向水平钻、Y 方向水平钻(图 15-54、图 15-55)。

图 15-53　带集尘功能的输送带

图 15-54　钻组布局

(5) 开槽、铣型装置

配置一上一下两个开槽加工组,用于对工件的上下面进行双面开槽(图 15-56)。

(6) 板件夹持机械手

板件夹持机械手用于夹持工件,并进行工件移动(图 15-57、图 15-58)。双机械手智能躲避加工孔位,降低倒换机械手的概率,提升产能。指型机械手,可不用避让垂直孔直接钻孔,减少

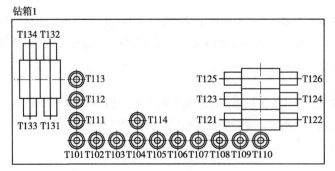
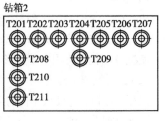
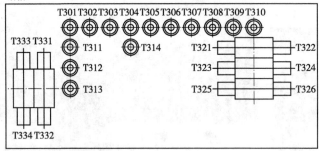

图 15-55 钻组示意图

图 15-56 开槽铣型加工组

图 15-57 板件夹持机械手（一）

图 15-58 板件夹持机械手（二）

倒换机械手提升产能。机械手 X 向运行部位采用滑块、双线轨布局。机械手夹持运动方向，采用滑块、双线轨布局，工作时要求间隙小、不抖动、精度高、夹持力大。

（7）控制系统

控制系统采用基于 Windows 的电脑控制系统。配置高性能中央处理器、显示器、内存、大容量硬盘、带 USB 接口、Ethernet 网络接口等，便于数据的传输。

设备控制软件，交互式图形界面，用于生成 CNC 控制程序。一般情况下配置：刀具数据库管理，人性化、智能化的检测工件与标签信息是否符合，智能化提示板件旋转，以达到最优化加工。

此外还有机器人数控钻连线机型，如图 15-59 所示，有机器人抓取，异常板件自动排出，对称式双层分流加工等功能,并可实现可视化线控界面,实时监控云控系统控制。可以减少75%人员配置,节省40%车间用地。

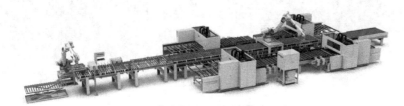

图 15-59　机器人数控钻连线

15.2.5　分拣搬运机械手

板式定制家具在生产的过程中,为了提高工作效率,通常会将多个订单柔和在一起进行开料、封边和钻孔。这样做虽然提高了生产效率,但是会给后期的分拣工作带来较大的难度。在这种情况下,分拣机器人应运而生。与人工分拣相比,机器人分拣有如下的优势:分拣效率高。减少了对人员的依赖。分拣出错率低。在手工分拣的时候,容易造成分拣错误。通过机器人智能分拣,确保了分拣的准确率。减少了用人,降低了人工成本。

根据不同的产能,板件分拣搬运机械手可以分为单台分拣机器人、两台分拣机器人和多台分拣机器人。其操作的过程如下:

①进料　工件通过扫描装置后,软件系统获取标签信息根据工件分包规则和工件架缓存饱和度,通过平移皮带机控制工件输送至相应机器人前辊筒位置。

②分拣　机器人根据订单工件分包规则抓取工件放至对应工件架内进行缓存(图15-60)。

③出料　每包最后一块工件到达机器人前辊筒位置时,机器人先将工件抓取放至工件架内缓存,然后根据该包内的工件尺寸大小,优先将大尺寸工件下料、放至中间出料辊筒位置,按照尺寸由大到小顺序完成整包工件的堆垛,整包工件再通过辊筒出料,后方可直接连接包装台,进行后续的包装工作。

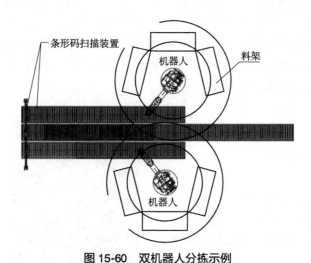

图 15-60　双机器人分拣示例

15.2.6　立体仓库

立体仓库如图15-61所示,主要由堆垛机、货架、托盘、入料输送系统、出料输送系统、智

图 15-61 立体仓库

能仓库软件管理系统等部分组成。

其中，有轨制导车辆(rail guided vehicle，RGV)，又称有轨穿梭小车，RGV 小车可用于各类高密度储存方式的仓库，小车通道可设计任意长，可提高整个仓库储存量，并且在操作时无需叉车驶入巷道，使其安全性会更高。

选择立体仓库时需要考虑如下的因素：存储的货物的尺寸和重量，存贮货物的数量，货架所在地的抗震等级要求，货架的整体高度，货架的高度与消防、厂房结构的关系。结合实际的使用需求确定进料口和出料口的位置。

15.2.6.1 货架

货架构件截面尺寸见表 15-1，货架主要材料采用优质钢材。

表 15-1 货架构件截面尺寸

序号	项目	内容
1	货架型式	横梁式货架
2	立柱	立柱截面 HR120
3	横梁	截面 100mm×50mm

货架结构形式如图 15-62 所示，横梁式组合货架，每个货格放 2~3 个料框。

货架片是整个货架系统的主支撑结构，主要由立柱和支撑构成；立柱和支撑采用材料选用优质钢材轧机轧制。柱面孔距 75mm，空间利用率高。柱孔为自锁式，插接牢靠，可以避免脱落及堆垛工具误操作带来的危险；立柱轧制后具有复杂的 13 个折面，使立柱拥有更强的刚性和强度；表面采用热固性环氧树脂(粉状)静电喷涂。

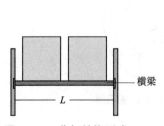

图 15-62 货架结构形式　　图 15-63 立柱与横梁连接

横梁是直接承载货物重量的梁，通过横梁可将货物重量传递到货架片上；横梁通过挂片同立柱相联接，挂片挂销采用承载性非常好的柱形销；横梁同立柱联接后，在每个挂片上加上一个保险销，以保证系统安全；梁采用 C 型抱合梁，使上、下厚度增加一倍，大大增强承载性能，且外形美观，材料选用 Q235（或同等性能材料）；满载荷时横梁挠度不大于 $L/300$；立柱与横梁连接如图 15-63 所示。

同时货架还配置水平拉杆和竖直拉杆，水平拉杆装置同垂直拉杆装置一起组成了一个牢固稳定的塔状钢结构，如图 15-64 所示。

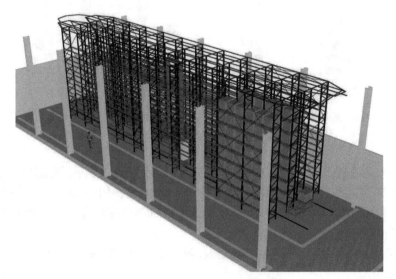

图 15-64　立体仓库货架示意图

15.2.6.2　堆垛机

堆垛机（图 15-65）是立体仓库的核心设备之一。堆垛机在巷道内进行水平运动，为了保证工作效率，需要高速、稳定的运行。带动货叉垂直升降的装置也需要高速、稳定。货叉的承重，应该满足货物的重量要求。

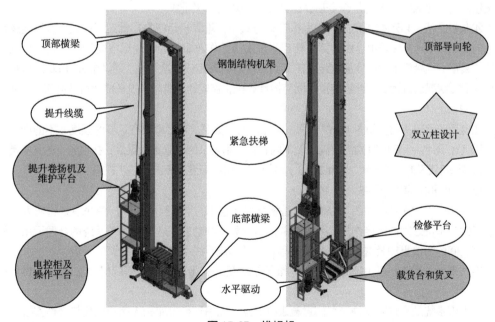

图 15-65　堆垛机

目前常用堆垛机如图 15-66 所示，主要有：常规堆垛机，超重、超高堆垛机，转轨堆垛机，双伸位堆垛机，双工位堆垛机和轻型堆垛机。

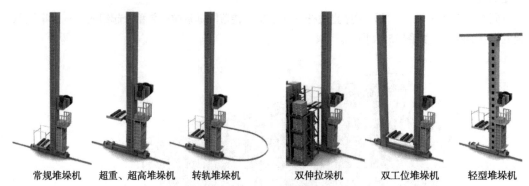

  常规堆垛机 超重、超高堆垛机 转轨堆垛机 双伸拉堆机 双工位堆垛机 轻型堆垛机

图 15-66　堆垛机种类

堆垛机一般采用无线以太网通讯方式通讯，采用激光测距认址方式水平、垂直认址。以确保定位准确、运行可靠。堆垛机设置有爬梯和顶部维护平台。载物台安装有防坠落装置，在发生断绳情况时，防坠落装置检测到速度异常时，防坠落装置通过刹车片夹抱立柱轨道，使载物台停止坠落。

(1) 运行控制

堆垛机采用 PLC 程序控制，一般设有维修控制模式、手动控制模式、单机自动控制模式及联机自动控制模式。

①维修控制模式　在堆垛机出现故障时，工作人员通过维修控制或人工方式将堆垛机运行到检修区维修。

②手动控制模式　手动方式采用手操开关控制堆垛机的水平和垂直运行及货叉的伸缩运行。主要作用于安装、调试和故障状态，堆垛机的运行以低速或中速运行，用堆垛机操作面板上按钮选择命令。

③单机自动控制模式　在上位机上输入作业命令，堆垛机即自动完成一次作业，并等待下次作业。通过地操的操作面板来选择命令。命令会进入部件，如进入堆垛机运行的货位地址。按开始按钮即可。进入下一个定位命令后，比如将料框放在货叉上等。

④联机在线全自动控制模式　在联机自动方式下，堆垛机运行是自动运行的，所有设定运行信息包括在命令选择终端中，由计算机管理系统发出的作业命令经由通讯电缆传达到巷道口远红外通信装置，堆垛机上的红外通信装置在接到命令后自动完成一次作业，堆垛机的 PLC 及时将堆垛机的运行状况通过远红外通信装置返回监控计算机，监控计算机将各设备的运行状态实时显示。

(2) 托盘

托盘用于承载货物，如图 15-67 所示，对托盘的具体要求是必须具有足够的强度，不能产生变形。托盘在设计、生产的时候需要满足以下内容：达到要求的承载货物重量；托盘预留的叉车槽口位置和堆垛机货叉的位置一致。满足放置的货物尺寸规格。托盘有钢托盘、木托盘、塑料托盘等。

(3) 入库和出库输送系统

入库和出库输送系统如图 15-68 所示是智能立体仓库的重要组成部分。输送系统起着人与工位、工位与工位之间的衔接作用，具有物料的暂存和缓冲功能。通过对输送系统的合理运用，使各工序之间的衔接更加紧密，提高生产效率，它是物流系统中必不可少的调节手段。

出入库输送系统一般由链条输送机、滚筒输送机、皮带输送机、移栽机、旋转台、RGV 等组成。

出入库系统是通过实体物流和信息流进行交互，而后进行出库和入库的优化与合理安排，一般出入库作业流程如图 15-69 所示。

图 15-67　托盘

图 15-68　入库和出库输送设备

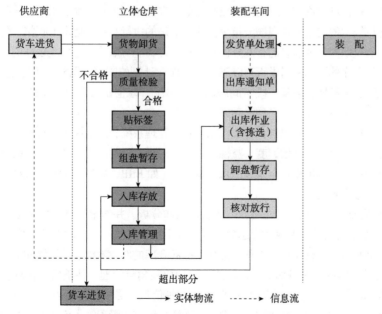

图 15-69　入库和出库输送系统示意图

(4) 仓管管理系统(WMS)

企业仓库管理系统是一款标准化、智能化过程导向管理的仓库管理软件，它结合了众多知名企业的实际情况和管理经验，能够准确、高效地管理跟踪客户订单、采购订单、以及仓库的综合管理。使用后，仓库管理模式发生了彻底的转变。从传统的"结果导向"转变成"过程导向"；从"数据录入"转变成"数据采集"，同时兼容原有的"数据录入"方式；从"人工找货"转变成了"导向定位取货"；同时引入了"监控平台"让管理更加高效、快捷。条码管理实质是过程管理，过程精细可控，结果自然正确无误。

WMS 仓库管理系统主要包括物料管理、库位库区设置、用户工位设置等多个功能模块，如图 15-70 所示。

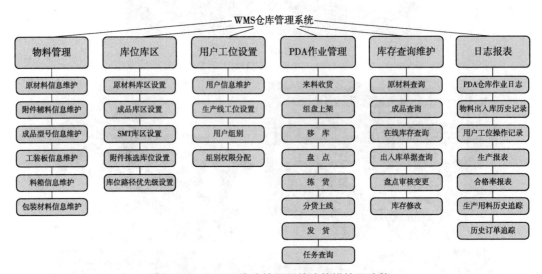

图 15-70　WMS 仓库管理系统功能模块及功能

自动化物流系统是以生产服务为核心的在线物料管理系统，集物流生产管理、物料转运管理及仓库日常管理于一身。在整个自动化物流系统中，计算机系统上连企业的企业资源计划(enterprise resource planning，ERP)、企业管理解决方案(systems applications and products in data processing，SAP)、生产执行管理系统(manufacturing execution system，MES)等信息管理系统，下连工业实时控制系统，是自动化物流系统的调度核心和信息存储处理中心，如图 15-71 所示。

通过计算机技术的应用能实现物流指令快速、准确的执行及物流信息的收集、处理、传送和存储，通过对所获取的各种信息的智能分析和仿真运行，能有效的找出物流运作的合理路径，从而实现物料高效有序的流动和科学管理以满足工厂作业计划的需要；同时，还通过对物资消耗、库存分析，及时、准确地了解某一段时间内的生产情况，为企业信息决策支持系统提供基础数据，为上级信息管理系统提供生产物流动态信息。

通过计算机技术的运用和建立，构建自动化仓库管理系统，满足在生产过程中生产工艺的要求，实现货物流转过程中的有效调度、监视、统计、分析，同时系统应具有良好的伸缩性和可扩招性。仓库管理系统应满足用户企业级信息管理系统(如 ERP、MES 等)的信息对接，同时具备自身运作的独立性和封闭性。

WMS 负责物流信息的收集、处理、传送、存储和分析，并作出正确的决策以协调各业务环节，与 MES 制造系统通过以太网进行连接，实现各系统无缝集成、实时互通、资源共享。WMS 对人工、半自动和全自动仓库进行管理和优化，提高仓库的作业效能、准确性和配送处理能力。

一般情况下，WMS 应具备如下综合功能：用户权限角色管理，基础信息管理，从企业信息管理系统获取基础信息，生产计划、生产调度计划等信息，提供循环盘点、定期盘点等盘库功能。小数量分配、平均分配、层递增、列递增、物资指定存放管理等入库货位分配功能，平均分

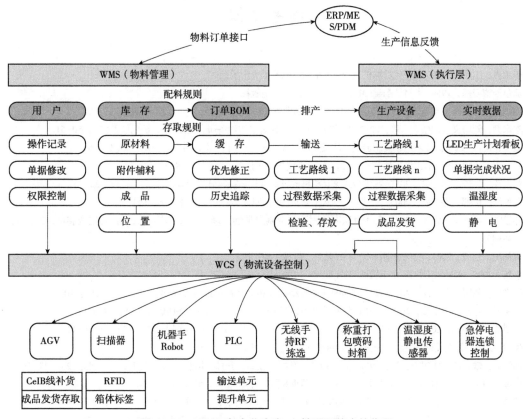

图 15-71　WMS 在企业生产、管理系统中的作用

配、紧急出库、先进先出、散盘先出等。

出库货位分配功能，对运输单元动态管理与调度，全面支持条形码、二维码技术实现物流管理，对任务实时检测、监控、管理，提供作业任务信息、库存信息、货位状态信息、物料信息、计划信息、入出库信息等信息的查询，提供各类综合报表统计、打印，提供入库任务维护、上架单维护、收货单维护等入库管理的操作记录日志，提供出库任务维护、下架单维护、发货单维护等出库管理的操作记录日志。

通过 WMS 与其他系统的集成，可以实现物料流、生产线、操作者以及信息流的无缝连接（图 15-72），实现完善的企业仓储信息管理，可提供更为完整全面的企业业务流程和财务管理信息，可以对生产过程进行有效的精细化控制和过程化管理，也可以通过对市场和生产能力进行分析后合理安排原料仓储量，使企业实现集自动化仓储与自动化生产物流的统一解决方案。

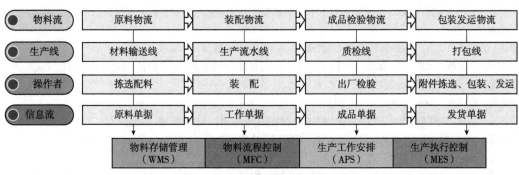

图 15-72　WMS 的集成化系统示意图

参考文献

毕承恩，丁乃建，1991. 现代数控机床[M]. 北京：机械工业出版社．

别尔沙德斯基，1959. 木材切削学[M]. 北京：中国林业出版社．

陈俐华，于大国，赵慧瑜，2022. TC4钛合金深孔钻削方式和轴向力研究[J]. 机床与液压：1-7.

陈彦勤，刘培义，刘振宇，等，2019. 板式家具自动化封边修边设备研究进展[J]. 机电信息(2)：50-51.

戴军，2021. 基于云技术的家具制造企业质量成本管控对策分析[J]. 木材科学与技术，35(4)：6.

董本志，2010. 走近木工机床数控软件[J]. 林业机械与木工设备，38(02)：8-12.

黄淑芹，马岩，李光哲，2011. 我国板式家具机械的发展规模估算与分析[J]. 木材加工机械，22(1)：4.

金维洙，贾娜，冯莉副，2005. 木材切削与木工刀具[M]. 哈尔滨：东北林业大学出版社．

邝思雅，吴志军，杨元，2022. 基于互联网的固装类定制家具创新设计模式研究[J]. 家具与室内装饰，29(3)：45-49.

李伯民，赵波，2003. 现代磨削技术[M]. 北京：机械工业出版社．

李黎，2005. 木材加工装备 木工机械[M]. 北京：中国林业出版社．

李胥伟，赵军，于启龙，2021. 基于FluidSIM的气动钻床PLC控制设计[J]. 农业技术与装备(11)：10-11.

李晓旭，陈永光，李黎，2010. 木质材料砂带磨削的若干问题[J]. 木材加工机械，21(3)：44-48.

李砚咸，高丙元，2010. 我国涂附磨具现状及其在木材加工中的应用[J]. 中国人造板，17(12)：6-11.

梁婧，2020. 柔性设计在现代木家具制造中的应用研究[J]. 林产工业，57(1)：3.

刘红征，戴月萍，武旭方，等，2017. 基于PLC的数控地板纵向开榫机控制系统设计[J]. 木工机床(2)：25-28.

刘静，2020. 工业机器人在家具批量生产中的应用研究[J]. 林产工业，57(5)：72-74.

刘鹏展，邹文俊，彭进，2016. 砂带磨削技术研究进展与发展方向[J]. 山东工业技术(18)：9-26.

刘学莘，刘丽芬，徐住胜，2012. 板式家具PE-PU漆涂饰工艺[J]. 木材加工机械，23(6)：34-36.

刘玉，许民，朱晓冬，2022. 整木定制家具制造虚拟仿真实验平台的构建[J]. 家具，43(3)：91-94.

马尔金，2002. 磨削技术理论与应用[M]. 哈尔滨：东北大学出版社．

马岩，2008. 我国家具机械数控技术的开发方向与应用前景[J]. 林业机械与木工设备(1)：4-12.

马岩，王毅亮，罗阁，2010. 五轴联动数控木工机床的运动原理与结构特点[J]. 木工机床(2)：5-11.

毛磊，闫超．面向大规模定制下的家具柔性化制造体系[J]. 林业机械与木工设备，43(7)：3.

孟庆午，2008. 木材锯切技术的发展[J]. 林业机械与木工设备(9)：4-9.

裴晓涵，吴智慧，谢序勤，2022. 工业4.0理论下板式定制家具生产线典型设备和布局[J]. 家具，43(2)：117-121.

祁忆青，徐然，俞大飞，2021. 家具产业数字化转型与智能制造[J]. 家具与室内装饰(8)：4.

邱思维，2022. 基于TRIZ的木工开榫机概念设计[J]. 冶金管理(9)：67-69.

沈国峰，邹佳，汪进，2020. 家具产业的标准化生产[J]. 中国木材(4)：2.

沈宏岩，刘黎，纪龙江，2021. 高精密机械数控钻床关键技术指标评估方法[J]. 电子元器件与信息技术，5(10)：157-159.

宋林书，王浩，杨超，2022. 新发展格局下中国木材加工及家具制造业高质量发展探析[J]. 中国林业产业(2)：5.

孙奇，齐英杰，马雷，2015. 我国板式家具机械行业发展现状及展望[J]. 木工机床(3)：3.

汪子卜，朱兴微，何盛，等，2012. 数控木工机床发展综述[J]. 林业机械与木工设备，40(11)：8-13.

王家瑞，刘士孝，1986. 板式家具生产技术[M]. 北京：中国轻工业出版社．

王先逵，孙凤池，2008. 机械加工工艺手册：钻削、扩削、铰削加工[M]. 北京：机械工业出版社．

王小红，2014. 贴面压机电液压力控制系统的伺服比例优化研究[D]. 哈尔滨：东北林业大学．

王玉蓉，2022. 定制家具企业的发展及风险[J]. 襄阳职业技术学院学报，21(02)：112-115，124.

吴智慧，2004. 木质家具制造工艺学[M]. 北京：中国林业出版社．

吴智慧，沈忠民，2020. 家居木制品表面机械自动与智能喷涂技术设备分析[J]. 林业机械与木工设备，48(4)：8.

包瑜亮，熊先青，邱富建，等，2019. 基于数字化技术的木家具制造车间计划排产研究[J]. 林产工业，46(3)：65-68.

熊先青，杨为艳，黄琼涛，等，2016. 木家具异型零部件生产工艺[J]. 林产工业(11)：6.

徐立城，徐伟，黄琼涛，2018. 基于人-机作业分析的梳齿榫开榫工序优化研究[J]. 家具，39(6)：6-10.
闫晓峰，2021. 板式家具全自动化电子开料锯的研究[J]. 林业机械与木工设备，49(11)：3.
姚倩，李荣荣，龚建钊，2022. 基于设备综合效率的板式家具封边机生产效率分析与评价[J]. 木材科学与技术，36(3)：26-32.
叶芳，2012. 大规模定制家具设计方法研究[D]. 昆明：昆明理工大学.